PRZEWODNIK

NATIONAL GEOGRAPHIC

LONDYN

PRZEWODNIK

NATIONAL GEOGRAPHIC

LONDYN

Louise Nicholson

Spis treści

Strona 1: Tower Bridge. Strony 2–3: Katedra św. Pawła i Embankment nocą. Po lewej: Królewska kawaleria w galowych mundurach.

Jak korzystać z przewodnika

Objaśnienia symboli na tylnym skrzydełku okładki

Przewodnik National Geographic przedstawia Londyn z najlepszej strony w tekstach, na fotografiach i planach. Przewodnik podzielony na trzy części zaczyna się od zarysu historii i kultury. Potem następuje opis 13 obszarów, w których wybrane przez autorkę szczególnie interesujące miejsca i zabytki przedstawia się dokładniej. Dla ułatwienia każdy rozdział zaczyna się od spisu treści. Ostatni rozdział to propozycje wycieczek za miasto.

W każdym rozdziale znajduje się plan z omawianymi obiektami i innymi interesującymi miejscami. Zaznaczone na odrębnych planach trasy pomagają jak najlepiej obejrzeć opisywany obszar. Teksty w ramkach zawierają wiele niezwykłych szczegółów dotyczących historii, kultury i współczesnego życia.

Ostatnia część – Rady praktyczne – podaje wiadomości niezbędne przy ułożeniu planu zwiedzania i poruszaniu się po mieście, korzystaniu z komunikacji, posługiwaniu się miejscowymi pieniędzmi, szukaniu pomocy w nagłych wypadkach; są również adresy hoteli i restauracji ułożone rejonami, wiadomości o sklepach i rozrywkach.

Staraliśmy się, by informacje w przewodniku były aktualne, jednak przed wybraniem się w określone miejsce warto sprawdzić czy godziny otwarcia nie zmieniły się.

58

Kolorowy kod

Każdy opisany obszar miasta oznaczony jest innym kolorem. Wystarczy znaleźć poszukiwany obszar na pierwszym skrzydełku okładki, by po kolorowych kwadratach w górnych narożnikach stron łatwo odnaleźć go w książce. W rozdziale **Rady praktyczne** zastosowano taki sam kolorowy kod.

Museum of London
Plan s. 56
London Wall, EC2
0171-600 36999. 24 godz. informacja: 0171-600 0807.
Zamknięte pon.
$$
Metro: Barbican, St. Paul's, Moorgate, Bank

Informacje turystyczne

Informacje praktyczne dotyczące opisywanego miejsca są podane na marginesach (objaśnienie symboli na tylnym skrzydełku okładki). Odpowiedni symbol informuje, na której stronie szukać planu z lokalizacją danego obiektu, jaki jest jego adres, numer telefonu, dni i godziny otwarcia dla zwiedzających, cena biletu w przedziale od $ (poniżej 4 $) do $$$$ (powyżej 25 $) i najbliższa stacja metra. *Informacje turystyczne* mniejszych obiektów są podane w tekście kursywą w nawiasach.

RADY PRAKTYCZNE

CITY	Nazwa rejonu oznaczona kolorem
HOTELE	Typ obiektu
THE BARBICAN $$$ ✿✿✿	Nazwa hotelu, ceny i klasa
CENTRAL ST. EC1V 8DS TEL 0171-251 1565 FAX 0171-253 1005	Adres, telefon i faks
Dobrze usytuowany, 10 min spacerem do Barbican Centre, City i stacji metra Old Street.	Krótki opis hotelu
300 (167 annex) Old Street, Barbican 12 Wszystkie ważniejsze	Informacje o hotelu i możliwości płacenia kartą
RESTAURACJE	Typ obiektu
ALBA $$$	Nazwa restauracji, ceny
107 WHITECROSS ST. EC1Y 8JD TEL 020-7588 1798	Adres i telefon
Bardzo włoska restauracja blisko Barbican Centre. Makaron s sosem z kurzych wątróbek, nugat z lodami.	Krótki opis restauracji
60 Barbican Zamknięte sob., niedz. Wszystkie ważniejsze	Informacje o restauracji i możliwości płacenia kartą

Ceny hoteli i restauracji

Objaśnienie symboli cen w hotelach i restauracjach podano w rozdz. Hotele i restauracje (zob. s. 243–255)

PLANY OMAWIANYCH REJONÓW LONDYNU

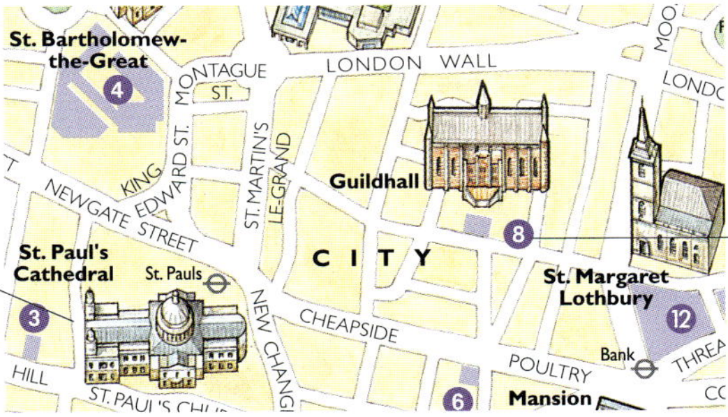

- Planowi każdego omawianego obszaru miasta towarzyszy miniaturowa mapka Londynu z zaznaczonym usytuowaniem tego rejonu.

TRASY SPACERÓW

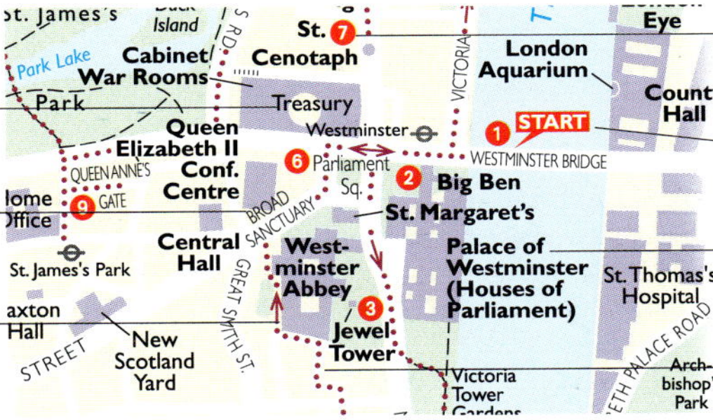

- W ramce podajemy punkt początkowy i końcowy, długość i czas spaceru oraz miejsca, które należy zwiedzić.
- Jeśli na planie wytyczono dwie trasy, druga zaznaczona jest kolorem pomarańczowym.

MAPKI WYCIECZEK ZA MIASTO

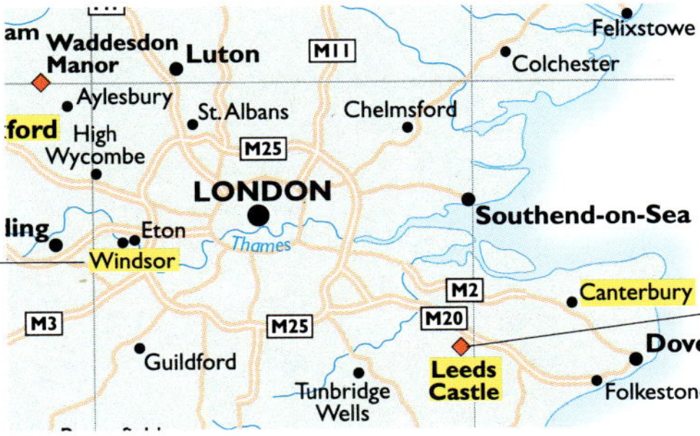

- Miejscowości opisane w rozdz. Wycieczki za miasto (s. 219–234) zaznaczono na mapie kolorem żółtym. Miejscowości, które warto zwiedzić, oznaczone są na mapie czerwonym rombem.

PRZEWODNIK
NATIONAL GEOGRAPHIC

LONDYN

O autorce

Louise Nicholson mieszka w Londynie od 1976 r. i ciągle jest pełna podziwu dla różnorodności i wspaniałości tego miasta, w którym nieustannie można odkryć coś nowego. Z wykształcenia historyk sztuki, pracowała jako konserwator zabytków, prowadząc batalie o londyńskie budowle. Zajmowała się także handlem dziełami sztuki w domu aukcyjnym Christie's, a od 1985 r. łączy dziennikarstwo z pisaniem książek. Z 25 książek osiem poświęciła Londynowi. Jest m.in. laureatką nagrody London Tourist Board za najlepszą książkę o Londynie w latach 80. XX wieku.

Historia i kultura

Wartownik w Whitehall.

Londyn dzisiaj

LONDYN TO ŻYWE, STALE ZMIENIAJĄCE SIĘ MIASTO. NIEKTÓRYM MIASTOM wielkość nadają imponujące zabytkowe budowle, innym fakt, że są siedzibą rządu, centrum kultury czy finansów, jeszcze inne fascynują tym, że są zupełnie nowe. Wyjątkowość Londynu polega na tym, że łączy wszystkie te cechy. Jest po prostu najbogatszym kulturalnie, najbardziej stymulującym i dynamicznym miastem na świecie.

Zawsze jest tu tyle do zobaczenia, tyle możliwości spędzenia czasu. I to jest cudowne. Po pierwszej wizycie zazwyczaj chce się tu wrócić, żeby raz jeszcze zobaczyć ulubione miejsca czy odkryć nowe. Za każdym razem bogactwo Londynu przekracza oczekiwania. Więc ludzie wracają tu jeszcze raz, i jeszcze raz bez końca. Co roku odwiedza Londyn 30 mln osób.

Dla 7 mln stałych mieszkańców miasto jest równie ekscytujące. Ponad 30% urodziło się gdzie indziej. Wśród pozostałych bardzo liczni to zaledwie drugie czy trzecie pokolenie imigrantów. Skąd przybyli? Niektórym udało się po prostu zrealizować dziecięce marzenia i przenieść się z prowincji do stolicy. Niektórzy przebyli znacznie dalszą drogę, decydując się zostawić własną ojczyznę, Indie, Pakistan czy wyspy Morza Karaibskiego, kiedy po II wojnie światowej rozpadło się Imperium Brytyjskie. Inni uciekali od politycznych zawirowań w Chinach, na Cyprze, we Włoszech, w Kenii czy Ugandzie. A jeszcze inni chcieli uniknąć prześladowań religijnych – 100 tys. Żydów przybyło do Londynu po pogromach w Rosji i Europie w końcu XIX w., a następni zjawili się podczas II wojny światowej. Toteż Londyn jest prawdziwie kosmopolityczny. Mówi się tu prawie 200 językami. Nawet jeśli angielski dominuje, niemal na każdym rogu ulicy można usłyszeć język chiński, gudżarati, urdu, pundżabi, bengalski, turecki, arabski, włoski czy hiszpański.

Pierwszy kontakt z barwnym tłumem mieszkańców po prostu zapiera dech. Trudno o bardziej wspaniałą różnorodność. Wystarczy przyjrzeć się choćby sztuce. Większość turystów już z góry wie, że chcą odwiedzić Muzeum Brytyjskie czy Muzeum Wiktorii i Alberta, ale tylko nieliczni zdają sobie sprawę, że jest tu jeszcze 300 innych muzeów, a także setki komercyjnych galerii, co czyni Londyn światowym centrum handlu dziełami sztuki. Również teatr londyński przeszedł do legendy, a turyści oczywiście sami chcą się o tym przekonać. Jakże często zaskakuje ich to, że mogą wybierać spośród ponad setki teatrów, wystawiających utwory dramatyczne czy musicale. Czasami najlepsze spektakle znaleźć można z dala od West Endu, czyli głównej dzielnicy teatralnej.

Muzea i teatry często mieszczą się we wspaniałych budynkach, stanowiących cząstkę dziejów miasta. Być może jakość londyńskich zabytków nie zaskoczy turysty, ale z pewnością oszołomi go ich liczba: niemal 17 tys. zabytkowych budowli rozsianych po wszystkich zakątkach tego olbrzymiego miasta. Na przykład pałac Buckingham nie jest jedynym pałacem królewskim, można odwiedzić jeszcze sześć innych, w tym Westminster, Hampton Court i Kensington.

Pałace te usytuowane są w różnych miejscach na olbrzymim terenie miasta, tak że pałac Hampton Court leżący na zach. stronie miasta dzieli ok. 19 km od pałacu Greenwich leżącego po wsch. stronie. Nawet w samym śródmieściu Big Ben oddalony jest od katedry św. Pawła o 4 km i 20 min jazdy metrem.

Pierwszym zadaniem każdego zwiedzającego powinno być zorientowanie się w ogólnym planie olbrzymiej metropolii. Serce Londynu usytuowane jest wzdłuż pn. brzegu krętej Tamizy, która stanowi kręgosłup miasta. Najstarsza część – City – to gęsto zabudowane centrum finansowe, gdzie jeszcze do niedawna uwaga kupców z całego świata skupiona była na wielkim porcie, który rozciągał się na wschód w dół rzeki. Wysokie budynki, wystrzelające ponad kopułę katedry św. Pawła i stu innych kościołów City, stanowią miejsce pracy wielu milionów elegancko ubranych pracowników, którzy od poniedziałku do piątku podążają do Londynu koleją podmiejską czy samochodem. Inni pracownicy City

Żołnierze symbolicznie strzegący królowej i pałaców królewskich wybierani są z siedmiu regimentów Gwardii.

EIIR

Uliczni artyści na Covent Garden Piazza w pobliżu kościoła św. Pawła. Jest to placyk dla pieszych otoczony kawiarniami, sklepami i muzeami.

przemierzają stolicę metrem (zwanym tu „tubą") lub tłoczą się w godzinach szczytu w piętrowych autobusach.

Za wschodnim murem City, nad rzeką stoi Tower of London, a obok – most Tower . Dalej rozciąga się East End, gdzie na uliczkach Whitechapel i Spitafields toczyła się historia imigrantów i londyńskich dokerów: eleganckie domy tkaczy francuskich hugenotów, żydowskie synagogi, targ przy Petticoat Lane, na którym handlują cockneye, i pachnące korzennymi przyprawami uliczki, gdzie ostatnio osiedliło się wielu Bengalczyków. Tutaj mieści się także największe w Europie skupisko artystów, projektantów i muzyków. Często za pracownie służą im stare magazyny. Kiedy port przeniesiono do Tilbury, na wschód od Tower pozostało 17,5 km

doków, które ostatnio znowu tętnią życiem. Tereny te, znane jako Docklands (Doklandy), mają własną kolejkę dojazdową, śmiałe nowoczesne budowle i liczne urządzenia sportowe. Stąd łatwo dotrzeć do dwóch interesujących obiektów na pd. brzegu: do pałacu Greenwich i otaczającego go miasteczka oraz ostatnio odmłodzonego półwyspu Greenwich z Kopułą Milenijną.

W pobliżu pn. muru City leży Clerkenwell z klasztornymi ruinami, a dalej Islington, dzielnica eleganckich domów, teatrów alternatywnych i mnóstwa restauracji.

Na zachód od City znajduje się Westminster, polityczny i królewski ośrodek Londynu. Tutaj, na północ od Westminster Bridge (Most Westminsterski) stoi gmach Parlamentu, Opactwo Westminsterskie i rozległe biura rządowe Whitehall. W pobliżu znajdują się też pałace Buckingham i St. James, otoczone parkami St. James i Green. To tutaj najpierw powstawały eleganckie londyńskie rezydencje, dzielnica do

dziś zachowała swój status: w St. James's i Mayfair znajdują się najbardziej stylowe sklepy, galerie, restauracje, a także kluby dżentelmenów, domy aukcyjne Christie's i Sotheby's oraz wytworne hotele, jak choćby Ritz. Dalej na zachód leżą dzielnice eleganckich rezydencji i sklepów: Belgravia, Knightsbridge i Chelsea. Jeszcze dalej na zachód położony jest Kensington, Holland Park i South Kensington, gdzie mieszczą się: Muzeum Nauki, Muzeum Historii Naturalnej, a także Muzeum Wiktorii i Alberta. W dzielnicach tych warto zwracać uwagę na fasady budynków, często ozdobionych dekoracyjnymi portalami, fryzami z terakoty. Niebieskie tablice informują, że pod tym adresem mieszkała kiedyś znana historyczna osobistość. Bardziej na zachód leżą dawne wiejskie rezydencje arystokratów (dziś wchłonięte przez rozbudowujące się przedmieścia): Osterley, Syon House, ogrody i pałac Kew, a wreszcie pałac Hampton Court.

Część miasta pomiędzy City a Westminsterem ma specyficzny charakter. Na pn. brzegu Tamizy stare uliczki i skwery Holborn, Bloomsbury, Covent Garden i Soho mieszczą teatry West Endu, a także mnóstwo muzeów i restauracji. Na pd. brzegu Tamizy pomiędzy mostami Tower i Westminster, znajdują się przybytki kultury, w tym Royal National Theatre (Królewski Teatr Narodowy) i Galeria Tate'a.

Yeomani – halabardnicy (Beefeaters) w Tower of London – nadal noszą stroje z epoki Tudorów.

Londyńskie instytucje prawnicze – Inns of Court położone są w Holborn, od Gray's Inn do nadbrzeżnych Inner i Middle Temple. Przy zielonych skwerach Bloomsbury mają swą siedzibę: Muzeum Brytyjskie, Uniwersytet Londyński i liczne inne muzea, które dochodzą aż do Covent Garden, gdzie mieści się wiele teatrów, sklepów, restauracji i gdzie chętnie występują artyści uliczni. Na zachód od Covent Garden znajduje się Trafalgar Square, pełen fontann i gołębi, a National Gallery wieńczy oś biegnącą od St. James do Whitehall.

Kilkuminutowy spacer doprowadzi nas od Trafalgar Square do Leicester Square – centrum nocnego życia, gdzie zaczyna się Soho. Jego pd. część to londyńskie Chinatown, w części pn. mieszanka barów, restauracji i sklepów z kontynentalną żywnością. Shaftesbury Avenue, pełna teatrów, przecina Soho aż do Piccadilly Circus. Stąd wzdłuż wsch. skraju Mayfair biegnie aż do Regent's Park elegancka ulica Regent Street, przy której mieszczą się drogie sklepy. Za parkiem znajdują się dzielnice mieszkaniowe St. John's Wood, położony na wzgórzach Hampstead i Highgate.

Tak więc każda dzielnica Londynu ma własny specyficzny klimat, własne dzieje i odrębny rytm. A ta różnorodność sprawia, że zarówno mieszkańcy, jak i goście muszą gdzieś znaleźć spokojne miejsce.

Od czasu rewolucyjnych przemian w odżywianiu Londyn śmiało może się ubiegać o miano światowej stolicy gastronomii. Łatwo się o tym przekonać, wybierając jedną z niemal 6000 restauracji. W prawie 5000 pubów i barów, często mieszczących się w starych budynkach czy w malowniczych miejscach nad rzeką, można coś zjeść, posłuchać muzyki, a nawet obejrzeć przedstawienie.

Jeśli ktoś wypoczywa robiąc zakupy, powinien udać się na Oxford Street, najdłuższą w Europie arterię „handlową" albo na Knightsbridge do domu towarowego Harrodsa, o którego rozmiarach najlepiej świadczy fakt, że znajduje się tam aż 19 restauracji. Wśród 344 ulicznych targów warto wymienić Portobello Road, gdzie mieszczą się sklepy i kramy z antykami. Jeśli ktoś lubi spacery w parku, ma do dyspozycji 180 km^2 londyńskich parków. Kto odpoczywa przy muzyce, na pewno wybierze jeden z 1000 koncertów, odbywających się w tygodniu w salach koncertowych, szkołach muzycznych, kościołach i muzeach.

Mimo tak ogromnych możliwości wyboru turyści często nie mogą poznać smaku i urody miasta z powodu tłumu zwiedzających. Jeśli tak się zdarzy, to najlepiej porzucić kolejkę po bilety do Madame Tussaud czy do Tower i pojechać metrem czy autobusem do którejś z barwniejszych dzielnic Londynu. Warto udać się do Soho czy do Islington, przejść się pd. brzegiem Tamizy od Westminster Bridge do Tower Bridge.

POWSTAWANIE LONDYNU

Kręta, powolna Tamiza, najdłuższa rzeka Wielkiej Brytanii, przez stulecia stanowiła centralny nerw Londynu. Londyn rzymski powstał na jej pn. brzegu, obok życiodajnego portu. Za panowania Tudorów rzeka pełna statków handlowych i wojennych umacniała międzynarodową pozycję miasta. Wpływały tu ogromne bogactwa i Londyn stał się zamożną stolicą imperium, które z czasem miało objąć niemal cały świat. Tysiąc lat po przybyciu Rzymian Edward Wyznawca zbudował swój nowy pałac i klasztor na zachód w górę rzeki, na błotach Westminsteru i tak powstał drugi ośrodek miejski. Wilhelm Zdobywca umocnił pozycję Westminsteru jako monarszej, politycznej i religijnej stolicy swego nowego kraju. Później kolejni władcy budowali dalsze pałace nad brzegami Tamizy, od Hampton Court po Greenwich.

Londyn rozrastał się szybko. W 1700 r. liczył 575 tys. mieszkańców, co czyniło go największym i najszybciej rozwijającym się miastem Europy Zachodniej. Wkrótce był 20 razy większy od następnego co do wielkości miasta angielskiego, mieszkała w nim jedna dziesiąta ludności Anglii. City powiększało się na zachód i na północ, a w XIX w. na południe dzięki nowym mostom, a także na wschód wokół doków. W latach 30. XX w. liczba mieszkańców osiągnęła 10 mln.

Jeszcze stosunkowo niedawno większość imigrantów przypływała Tamizą, szukając poprawy losu lub ucieczki od prześladowań. Nawet dzisiaj, mimo przeniesienia portu do Tilbury, rzeka stanowi główny czynnik rozwoju miasta. Doklandy to największy teren miejskiej przebudowy w Europie. Do zabytkowych budowli, takich jak Tower of London czy Parlament, dołączyły nowe, w tym Embankment Place i największa na świecie kopuła na półwyspie Greenwich.

PARKI

Londyńczycy szukający spokoju podczas weekendu nie muszą wyjeżdżać z miasta. Stolica ma bowiem mnóstwo rozmaitego typu parków, w sumie 1700. Są wśród nich takie jak ogrodzony murem Chelsea Physic Garden (zob. s. 169), maleńkie parki przykościelne w City (zob. s. 58), olbrzymie przestrzenie Richmond Park (zob. s. 178), Royal Botanic Garden (Królewski Ogród Botaniczny) (zob. s. 180). Niemal 11%

powierzchni wielkiego Londynu stanowią parki, w sumie zajmują 180 km^2.

Ochronę wielkich otwartych przestrzeni zapoczątkowali królowie, którym służyły jako tereny łowieckie. Zachłanni budowniczowie musieli zadowolić się działalnością na obrzeżach tych prywatnych włości królewskich. Dawne tereny łowieckie przetrwały do dzisiaj w postaci wspaniałych parków królewskich (zob. s. 89). Hyde Park, uważany niegdyś za wytworne centrum miasta, choć w istocie leży w Londynie zachodnim, jest pięknym parkiem krajobrazowym, w którym zawsze coś ciekawego się dzieje. Zupełnie inny charakter ma sąsiedni Kensington Park, zamknięty ścianą pałacu. Regent's Park zachował wspaniały plan i wielkość oryginalnej wiejskiej rezydencji. St. James's Park w pobliżu pałacu Buckingham jest widownią wielu uroczystości, a w pobliskim Green Park nie brak spokoju i pięknych drzew. Z pagórków Richmond Park na zach. krańcu Londynu, największego z królewskich

Trafalgar Square i kolumna admirała Nelsona stanowią centralny punkt spotkań turystów odwiedzających Londyn.

parków, rozciągają się piękne widoki, a Bushy Park z wielką aleją kasztanów, pełen płowej zwierzyny ma podobne dzieje jak pałac Hampton Court. Greenwich Park na wschodzie rozciągający się od błyszczącego Queen's House oferuje widoki na najpiękniejszą panoramę Londynu.

Pozostałe tereny zielone Londynu miały inną historię. Hampstead Heath (zob. s. 142) był kiedyś pastwiskiem. Battersea Park i Victoria Park, otwarte w 1858 i 1846 r., miały poprawić warunki życia w okolicy. Na gruntach City of London Corporation leży Highgate Wood, który ma służyć mieszkańcom City po wieczne czasy. Spokój i ciszę można znaleźć na cmentarzach i dziedzińcach przykościelnych, szczególną magią odznacza się tajemniczy ogród w obrębie zrujnowanego kościoła St. Dunstan-

-in-the-East (zob. s. 64). Typowe dla Londynu zielone place-skwery stanowią oazy spokoju wśród miejskiego zgiełku.

DZIKA PRZYRODA

W Londynie mieszka nie tylko 7 mln ludzi, jest on także ostoją dzikiej przyrody, która nie ma sobie równych w żadnej innej stolicy. Londyńskie pszczoły produkują dobry miód, a w Richmond Park występuje 200 gatunków owadów. Niegdyś Londyn otaczały wielkie gęste lasy, ustąpiły jednak miejsca uprawie roli i wypasowi zwierząt. Zachowały się jeszcze ich resztki w Highgate Woods i Holland Park oraz stare dęby w Richmond Park. W miarę rozwoju miasta królewskie parki stawały się ostoją zwierzyny. Oświecenie i rosnące zamiłowanie do piękna w XVIII w. zwróciły uwagę londyńczyków na uroki oswojonej i dzikiej przyrody. W tym okresie powstał Królewski Ogród Botaniczny w Kew (zob. s. 180).

W XIX w., w epoce wiktoriańskiej, wiele swojskich lip, wiązów i kasztanów zastąpiono

Londyńczycy odpoczywają, urządzają pikniki i zabawy w St. James's Park, jednym z wielu zielonych terenów miasta.

platanami, które doskonale rozwijają się w zatrutej atmosferze, dokonując samooczyszczenia za pomocą zrzucania kory. Wprowadzono do parków także zimozielone dęby, czerwone buki i inne gatunki drzew.

Inne części zielonego Londynu są naprawdę dzikie, szczególnie dotyczy to zaniedbanych cmentarzy, gdzie osiedliły się jeże, łasice, żaby i lisy. Do Londynu powracają też ptaki – pleszki, pustułki i czaple – by dołączyć do gołębi, wróbli i mew.

Proszę przyjrzeć się trzem zakątkom Londynu. W St. James's Park wierzby płaczące, figowce i platany porastają brzegi stawu w pobliżu Duck Island (Wyspy Kaczej). Na Berkeley Square olbrzymie platany posadzono w 1780 r., ogród różany królowej Mary w Regent's Park założono w 1938 roku. ■

Historia Londynu

LONDYN, ISTNIEJĄCY DZISIAJ, UKSZTAŁTOWAŁO WIELE POKOLEŃ LUDZI w ciągu 2000 lat jego dziejów. Niektórzy pozostawili po sobie konkretne dziedzictwo: Rzymianie – Świątynię Mitry, Samuel Pepys niezwykły dziennik, a William Hogarth – karykatury XVIII-wiecznych obyczajów. Bohaterom postawiono pomniki: Winston Churchill stoi na Parliament Square. Niektórzy londyńczycy są powszechnie znani: architekt Christopher Wren czy dr Johnson. Inni zasługują na to, by ich lepiej poznać, jak np. Joseph Bazalgette, inżynier, który realizacją swego planu pozyskiwania podmokłych gruntów odmienił XIX-wieczny Londyn. Jednak najważniejsze role pełnili ci, którzy władali dwoma centrami stolicy: w finansowym City of London – Thomas Gresham, założyciel Królewskiej Giełdy, a w monarchicznym i politycznym City of Westminster duża grupa osób, od Edwarda Wyznawcy po Margaret Thatcher.

LONDYN RZYMSKI

Początki Londynu sięgają 54 r. p.n.e., kiedy Juliusz Cezar ze swoją rzymską armią atakował siły celtyckie plemienia Catuvellauni, broniącego się na dwóch wzgórzach Lutgate nad Tamizą. Istniała tam osada o nazwie Llyndin (po celtycku – fort na jeziorze). Cezar po tej niezbyt udanej wyprawie wrócił do Galii (Francja). Rzymianie powrócili do Brytanii 100 lat później w 43 r. n.e. i założyli na tym samym miejscu port, który nazwali Londinium. Zbudowali pierwszy Most Londyński, łączący ich porty na pd.-wsch. brzegu (obecnie Kent) z Camulodunum (Colchester), stolicą brytyjskiego kraju Catuvellauni.

Po rozgromnieniu powstania plemion celtyckich pod wodzą królowej Boadycei, która spaliła miasto w 61 r. n.e., Rzymianie uczynili stolicą Londinium. Postawili wysoki i gruby mur chroniący to 30–60-tysięczne miasto. Budowali łaźnie, świątynie, ogrody, wille, bazylikę i forum. Ale w 410 r. wojska upadającego Rzymu opuściły Londyn.

SASOWIE I WIKINGOWIE

Po odejściu Rzymian Londyn podupadał. Jednak dzięki lokalizacji miasta handel toczył się dalej, a zamożność mieszkańców przyciągała najeźdźców. W ciągu następnych trzech stuleci Anglowie i Sasowie z pn.-zach. Niemiec kolejno tworzyli w Brytanii niewielkie królestwa: Kent, Mercia, Wessex i inne. W 604 r. król Kentu Ethelbert (pan. 560–616) zbudował na Ludgate Hill niewielki drewniany kościół dla Mellitusa, mnicha z Rzymu, którego papież mianował biskupem Londynu, choć siedzibą prymasa Anglii miało być Canterbury. Kościół był pod wezwaniem św. Pawła, a po wielu przebudowach, stał się katedrą.

Od końca VIII w. długie łodzie wikingów wypływały z Norwegii, Szwecji i Danii, by dokonywać najazdów. W 842 i 851 r. duńscy wikingowie szturmowali Londyn, a w 872 r. założyli tu swoją główną siedzibę. Alfred Wieki (pan. 871–99), chrześcijański saski władca królestwa Wessex, odbił miasto w 886 r. i zawarł pokój z Duńczykami. Królewską stolicą był wprawdzie Winchester, Alfred uczynił jednak Londyn, zwany Lundenwic, swoją główną siedzibą, przesuwając wcześniejszą saską osadę w głąb rzeki wzdłuż Strandu, by bez trudu mogły tu lądować długie łodzie, w dodatku w obrębie murów. Alfred odbudował urządzenia obronne i mury, ożywił handel międzynarodowy, utrzymując ścisłą kontrolę nad biciem monet, wprowadził kodeks praw obowiązujący w całym kraju, system podatków i służbę wojskową. Popierał uczonych, patronował przekładom ksiąg na miejscowy język i fundował klasztory. Kiedy duńscy wikingowie napadli znowu w 980 r. na Wessex, państwo było wystarczająco silne, by się utrzymać, choć trzeba było wykupić się od wojny wysoką daniną zwaną Danegeld.

Ostatnią Danegeld otrzymał młody duński król Danii i Norwegii Kanut Wielki (pan.1016–1035). Po zdobyciu korony Anglii na stolicę wybrał sobie Londyn, nie Winchester. Tę pozycję miasto miało zachować już na zawsze.

Koronę Świętego Edwarda, wkładaną na głowę władcy podczas koronacji, można obejrzeć w Tower of London.

Kanut Wielki przyniósł krajowi bogactwo, patronował też Kościołowi, zapewnił pokój, prawa i regularne podatki.

LONDYN ŚREDNIOWIECZNY

Podczas wydarzeń lat 1042–1485 Westminster stał się siedzibą monarchii, a kupcy z City zdobywali coraz większy wpływ na Londyn i na swoich władców.

Kiedy Edward Wyznawca (pan. 1042–1066) postanowił nie odbyć pielgrzymki do Rzymu (obawiał się zamachu w kraju podczas swojej nieobecności), papież Leon pozwolił mu w zamian odrestaurować skromne Opactwo Westminsterskie. I tak rozpoczęła się budowa jednego z największych założeń architektonicznych Londynu: klasztoru, kościoła i pałacu królewskiego. Jednak dopiero Wilhelm I Zdobywca (pan. 1066–1087), książę Normandii uczynił z Westminsteru siedzibę władzy królewskiej i państwowej. W 1066 r. najechał Anglię, rozbił wojska następcy Edwarda, Harolda II w bitwie pod Hastings. Anglosasów zastąpili Normanowie, normandzki rząd, administracja i wojsko. Do pilnowania kupców z City Wilhelm wzniósł twierdzę Tower.

Wielki spis powszechny do celów podatkowych *Doomsday Book*, zarządzony przez Wilhelma I, pokazuje zorganizowane społeczeństwo, które rozkwitało dalej pod rządami Normanów i Plantagenetów. Był to okres krucjat za granicą i budowania klasztorów w kraju. W latach 1077–1136 zbudowano w Londynie 13 klasztorów i 126 kościołów, w obrębie murów i poza nimi, w tym kościół i szpital św. Bartłomieja. W 1245 r. Henryk III (pan. 1216–72) rozpoczął gotycką przebudowę Opactwa Westminsterskiego.

W 1191 r. kupcy w City zdobyli prawo do samorządu. Ich pierwszym Lordem Mayorem (burmistrz) został Henry FitzAilwin, a Ryszard I (pan. 1189–99) oddał City zyskowny zarząd nad prawem korzystania z Tamizy w zamian za finansowanie krucjat. W 1215 r. król Jan bez Ziemi (pan. 1199–1216) podpisał *Magna Carta*, nadającą kupcom liczne przywileje, a znacznie ograniczającą jego władzę. Parlament wzorcowy Edwarda I (pan. 1272–1307) przyjął zasadę rządzenia za pomocą consensusu, nie nakazów.

W następnym stuleciu było wiele wydarzeń: Anglię nawiedziła epidemia czarnej śmierci (1348–50), zmarła wówczas połowa londyńskiej ludności, wybuchło powstanie chłopów, które Ryszard II (pan. 1377–99) zdławił w Smithfield, i wojna Dwóch Róż (1455–85) – spór o tron. Bardziej optymistyczny był fakt, że w 1477 r. William Caxton po raz pierwszy w Anglii odbił na swojej prasie w Westminsterze pierwszą książkę.

LONDYN TUDORÓW

Wstąpienie na tron Henryka VII (pan. 1485–1509) zapoczątkowało władzę Tudorów (1485–1603), podniosło zamożność i prestiż Londynu.

Kwitł handel. Na brzegu rzeki rozrastał się port. W 1566 r. Thomas Gresham utworzył Giełdę Królewską, by umożliwić Londynowi rywalizację z Antwerpią. Liczba ludności miasta wzrosła z 75 tys. do 200 tys., było to najszybciej rozwijające się miasto w Europie, dorównujące wielkością Paryżowi i Mediolanowi.

Do rozkwitu handlu przyczyniali się odważni kupcy, przecierający nowe szlaki handlowe: do Azji po jedwab i przyprawy, do Ameryki po tytoń i cukier. W Deptford i Woolwich powstała flota, która w 1588 r. zmiotła hiszpańską Wielką Armadę, dzięki czemu Francis Drake, Walter Raleigh, John Hawkins i inni mogli otwierać kolejne szlaki handlowe, kładąc w ten sposób podwaliny pod Imperium Brytyjskie.

Kościół tymczasem przechodził burzliwe dzieje. Ponieważ Henryk VIII (pan. 1509–47) nie doczekał się męskiego potomka, zlecił swemu lordowi kanclerzowi, kardynałowi Wolseyowi, uzyskanie zgody Rzymu na rozwód z Katarzyną Aragońską. Kardynałowi to się nie udało, więc król go zwolnił, przejął jego pałace w Hampton Court i Whitehall, a w latach 1532–34 zerwał z Rzymem i został najwyższym zwierzchnikiem Kościoła anglikańskiego. Rozpoczęła się Reformacja. Wprowadziła wiarę protestancką, Biblię po angielsku, a także posunięcie najbardziej radykalne: rozwiązanie katolickich klasztorów (1536–40). Zamknięto ok. 800 domów zakonnych, z czego 20 w samym Londynie i okolicy. Atmosfera i charakter stolicy uległy radykalnej zmianie, kiedy władza świecka zastąpiła władzę religijną.

Następcą Henryka VIII został jego syn, Edward VI (pan. 1547–53), potem córka Maria I (pan. 1553–58) i wreszcie najmłodsza córka Elżbieta I (pan. 1558–1603). Właśnie ona, dzięki inteligencji, wdziękowi, arogancji i sprytowi nadała imię epoce: Renesans Elżbietański. Była to epoka pierwszych teatrów budowanych

Plan Londynu z *Civitates Orbis Terrarum*, z ok. 1580 r.; widać na nim Most Londyński (jedyny w mieście) i Tower of London.

na zamówienie (w których wystawiano sztuki Szekspira), zapalonych mecenasów sztuki i uroczystych parad na dworze i w City.

STUARTOWIE I REWOLUCJA

Londyńczycy przyjęli Jakuba VI szkockiego jako angielskiego króla Jakuba I (pan. 1603–25) ośmioma łukami triumfalnymi. Jednak rządy Stuartów (1603–1714, z wyłączeniem okresu republiki 1649–60) nie zjednoczyły katolików i protestantów.

Parlament wszedł w konflikt z monarchią. Protestanci wyjeżdżali do Nowego Świata – Ojcowie Pielgrzymi wypłynęli w 1620 r. z Rotherhithe na statku „Mayflower" . Papiści nastawali na życie króla – katoliccy spiskowcy w 1605 r. usiłowali wysadzić w powietrze rodzinę królewską i parlament. Wreszcie król Karol I (pan. 1625–49) po wojnie domowej został zgładzony za zdradę. Oliver Cromwell i jego purytańscy zwolennicy utworzyli republikę (Commonwealth) (1649–53), a następnie po połączeniu z Irlandią protektorat (1653–59).

Purytańskie rządy nie trwały długo. Wkrótce po śmierci Cromwella przywrócono monarchię i na tron wstąpił Karol II (pan. 1660–85). Był to początek restauracji, a we wspaniałym rozwoju sztuki i nauki wielki udział mieli: dramaturg John Dryden, kompozytor Henry Purcell, uczony Isaak Newton, malarz William Hogarth i architekt Christopher Wren.

Kiedy katolicki następca Karola Jakub II (pan. 1685–88) zbiegł do Francji, bezkrwawa rewolucja skłoniła parlament do oddania tronu holenderskiemu księciu Wilhelmowi Orańskiemu (pan. 1689–1702) i jego żonie Marii (pan. 1689–94). Oboje byli protestantami. Podpisali ustawę *Bill of Rights* (1689) – o monarchii konstytucyjnej – określającą i ograniczającą władzę królewską i odsuwającą od tronu katolików. W parlamencie

pojawiły się nowoczesne elementy władzy, takie jak partie polityczne, rząd gabinetowy i ograniczona kadencja poselska. Za panowania królowej Anny (pan. 1702–14) Szkocja i Anglia podpisały unię (1707), dając początek Wielkiej Brynianii.

Wcześniej w 1665 r. na londyńczyków spadła wielka zaraza, która zabiła ok. 110 tys. osób, potem w 1666 r. wybuchł wielki pożar Londynu. Szalał przez cztery dni i zniszczył cztery piąte drewnianej zabudowy City. Po pożarze bogaci przenieśli się dalej na zachód, a nowa katedra św. Pawła (St. Paul's Cathedral) i kolejne kościoły Wrena nadały City inny charakter. Eksplozja handlowo-finansowa napędzana przez nowo utworzony Bank Anglii (1694) Williama Patersona zrodziła nowe potrzeby, w wyniku których powstała Giełda Londyńska, Giełda Bałtycka i towarzystwo ubezpieczeniowe Lloyd's.

LONDYN GEORGIAŃSKI

Po śmierci królowej Anny, która nie pozostawiła następcy, korona dostała się pra-prawnukowi

Na obrazie Lieve'a Verschuiera (1630–86) londyńczycy obserwują z łodzi, jak podczas wielkiego pożaru w 1666 r. staje w płomieniach katedra św. Pawła.

Jakuba I, mówiącemu po niemiecku elektorowi Hanoweru Jerzemu. Zapoczątkowało to dynastię hanowerską trwającą do dziś, a od 1917 r. znaną pod imieniem Windsorów.

Pod panowaniem kolejnych Jerzych – I (pan. 1714–27), II (pan.1727–60), III (pan.1760–1820) i IV jako księcia regenta (1811–20) i króla w latach (pan. 1820–30) – Londyn prosperował jak nigdy dotąd. Rozkwitał handel i sztuki, a liczba ludności osiągnęła milion. Było to wówczas największe miasto Europy.

W olbrzymiej metropolii potrzebne były mieszkania. Bogaci przenosili się na zachód, najpierw w okolice Dworu św. Jakuba, a potem na pola Bloomsbury i na północ do Islington, Hampstead i Highgate.

Wzorując się na Covent Garden Piazza proj. Inigo Jonesa z 1631 r. i eleganckiej zabudowie okolic St. James's Square proj. Henry'ego Jermyna z lat 60. XVII w., budowniczowie uzupełniali arystokratyczne rezydencje szeregami domów i placów, tworząc Mayfair, Marylebone, a później Belgravię – olbrzymią posiadłość rodu Grosvenorów, obejmującą

Przepych rezydencji Carlton House księcia regenta (dom zburzono) odpowiadał jego wizjom przebudowy Londynu.

większość Mayfair i Belgravii. Londyn rozwijał się również na południe. Westminster Bridge otwarto w 1750 r., a za nim przyszły następne. Wytworny książę regent i jego architekt John Nash w latach 1811–28 wytyczyli Regent's Street, Regent's Park i kanał.

Budowano również duże rezydencje prywatne: Apsley House, Kenwood, Syon i Osterley. W istocie klasycyzm i dociekliwość intelektualna były zasadniczymi czynnikami Oświecenia w XVIII wieku. W Londynie znalazło to wyraz w pierwszym słowniku języka angielskiego dra Johnsona (1755), w klasycznym aktorstwie Davida Garricka, palladiańskiej willi lorda Burlingtona w Chiswick i w zakładaniu licznych naukowych i artystycznych stowarzyszeń, takich jak Królewskie Towarzystwo Sztuki (1754) i Akademia Królewska (1768).

Zamożność Londynu opierała się na handlu. W 1800 r. rewolucja przemysłowa i rozwój imperium uczyniły z Londynu największy port na świecie – na Tamizie mogło równocześnie cumować 8000 statków. W obronie przed złodziejami i w celu przyspieszenia rozładunku kupcy wybudowali zamknięte, ogrodzone doki. To założenie liczące ok. 21 km długości ukończono w 1921 roku.

ANGLIA WIKTORIAŃSKA

Młoda Wiktoria wstąpiła na tron w 1837 r., by panować przez 63 lata. Nadała imię epoce zmian, inwencji, wzrostu i kontrastów, szczególnie w stolicy, która stała się stolicą imperium obejmującego niemal cały świat. Kolonializm przerodził się w imperializm: w 1877 r. Wiktoria została królową-cesarzową Indii.

W XIX w. liczba mieszkańców Londynu wzrosła z miliona do ponad 6 mln. Mimo zamożności miasta transport, brak wody pitnej, ścieków i slumsy stanowiły nie lada problem. Jednak entreprenerzy, filantropi i artyści nie dopuścili do zahamowania rozwoju.

Londyn był już zbyt rozległy, by można było poruszać się piechotą, nie wystarczały też promy na Tamizie. W 1829 r. ruszyły pierwsze publiczne autobusy, konne autobusy George'a Shillibeera woziły po 22 pasażerów z Paddingtonu na Islington i do City. W 1856 r. utworzono General Omnibus Company. W 1901 r. wprowadzono elektryczne tramwaje, a w 1905 r. – motorowe autobusy.

Pierwsza londyńska kolej ruszyła w 1836 r. Dwa lata później zbudowano dworzec Euston, a w 1899 r. było już 13 dworców, co ułatwiało wizyty w Londynie. Od 1851 r. linia North London Link przywoziła pracowników doków z podmiejskich wiosek. Towarzystwa kolejowe musiały opracować dokładne rozkłady jazdy, co przyczyniło się do ustalenia brytyjskiego standardu czasu (British Stantard Time) w 1844 r., wkrótce przyjęto go na całym świecie. Pierwszą na świecie kolej podziemną (underground) otwarto w 1863 r., w 1890 r. powstały pierwsze głębinowe linie kolei elektrycznych, wkrótce znane jako „tube".

Stacja St. Pancras i hotel Grand Midland George'a Scotta przedstawione na obrazie Johna O'Connora (1830–89) dziś są ważnymi punktami w krajobrazie Londynu.

Ludzie z prowincji masowo przyjeżdżali do Londynu. Napływały także fale imigrantów. Po irlandzkim wielkim głodzie ziemniaczanym (1845–48) do Anglii przybyło 100 tys. Irlandczyków, którzy tłoczyli się w czynszówkach należących do spekulantów. Brak kanalizacji i bieżącej wody sprawił, że domy te szybko przekształciły się w slumsy. W latach 80. XIX w. przybyło ponad 100 tys. Żydów uciekających przed pogromami w Rosji i Europie Wschodniej. Wielu osiedliło się w Whitechapel na East Endzie.

Bombardowania podczas II wojny światowej zdezorganizowały niemal cały Londyn, szczególnie teren City i doków, życie jednak toczyło się normalnie.

Od lat 30. XIX w. Londyn był poważnie przeludniony, czego nie wytrzymała infrastruktura. Do Tamizy miało odpływ ponad 400 ścieków. Szalały epidemie tyfusu, ospy i cholery, przeciętna długość życia robotnika wynosiła 22 lata. Po epidemii cholery w latach 1848–49 i wielkim smrodzie w 1868 r. inżynier Joseph Bazalgette zaprojektował w Londynie pierwszy system kanalizacji. Następnie w latach 1864–74 stworzył Embankment, wydzierając rzece teren, na którym powstał główny kolektor, stacja kolejki podziemnej, główne przewody gazowe, wodociągi, a na powierzchni droga i ogrody publiczne.

Tymczasem działacze społeczni i filantropi również wzięli się do pracy. Lord Shaftesbury walczył o lepsze warunki pracy w fabrykach i lepsze mieszkania dla ubogich, lekarz misjonarz dr Thomas John Barnardo otworzył w 1867 r. pierwszy dom dla bezdomnych dzieci, a kaznodzieja William Booth założył w 1878 r. Armię Zbawienia.

Książę Albert, małżonek królowej Wiktorii, realizował swój wielki plan rozwoju nauki i rzemiosła. 1 maja 1851 r. otwarto Wielką Wystawę Przemysłu Wszystkich Narodów w olbrzymiej szklanej hali zwanej Crystal Palace w Hyde Parku, zaprojektowanej przez Josepha Paxtona. Odwiedziło ją 6 mln gości, jedna trzecia brytyjskiej ludności. Dziełem Alberta były późniejsze stałe ekspozycje nauk i sztuk w South Kensington. Na terenach, zwanych życzliwie Albertopolis, w 1855 r. wyrosło Muzeum Wiktorii i Alberta, a później kolejne muzea, college i inne instytucje.

Londyńczycy potrzebowali również lżejszej rozrywki. W Alhambrze otwartej w 1858 r. przy Leicester Square królowa Wiktoria oglądała występy cyrku. W pobliżu i wzdłuż Shaftesbury Avenue zbudowano kolejne teatrzyki. W latach 90. XIX w. na londyńskim West Endzie istniało już 38 teatrów, co czyniło Londyn teatralną stolicą świata. W każdym z ponad 30 teatrów East Endu mieściło się 1400 widzów. Niezliczeni bohaterowie imperium, uczeni i artyści zostali uhonorowani pomnikami, z których najbardziej znany jest pomnik admirała lorda Nelsona na Trafalgar Square; nazwa placu upamiętnia bitwę, podczas której admirał zwyciężył Francuzów i zginął.

LONDYN XX-WIECZNY

Za panowania Edwarda VII (pan. 1901–10) wiktoriańska wspaniałość nabrała pewnej ekstrawagancji i dekadencji, której kres położyła I wojna światowa. Jerzy V (pan. 1910–36) patrzył, jak Londyn bombardują niemieckie zeppeliny, nękają bezrobocie, przeludnienie i napływ uchodźców. Jerzy VI (pan. 1936–52) obserwował bombardowania podczas II wojny światowej, przybycie polskich uchodźców, rozpad imperium i stworzenie Commonwealthu w 1948 roku. Od 1952 r. jego córka Elżbieta II króluje w prawdziwie wielokulturowym Londynie, którego kosmopolityzm rodzi nadal wspaniałą kulturę promieniującą na cały świat.

Wiek XX przyniósł Londynowi głównie zmiany zabudowy. Zapoczątkowało je wytyczenie przez Astona Webba uroczystego traktu królewskiego z Buckingham Palace przez The Mall do Admirality Arc (Łuku Admiralicji). Po II wojnie światowej w zniszczonych bombami dzielnicach, takich jak Barbican, zbudowano wieżowce mieszkalne, bezwzględni spekulanci wykorzystali obniżkę cen nieruchomości – zniszczono wówczas większość rezydencji Mayfair. Zainicjowało to poważny ruch ochrony zabytków, którego uczestnicy walczyli o ocalenie Covent Garden, Islington i innych dzielnic.

Kiedy port londyński przeniesiono do Tilbury, zaczęto zamykać doki. W 1981 r. podjęto największy program odnowy miasta przy zdecydowanym poparciu rządu. „Wielki boom" 1986 r. sprawił, że w City odbudowano połowę powierzchni biurowej, następny rok przyniósł wywołaną przez Ruperta Murdocha rewolucję w produkcji gazet, przez co ucichło londyńskie serce prasy – Fleet Street.

Zmienili się też mieszkańcy Londynu. Kiedy w latach 30. XX w. ludność Wielkiego Londynu osiągnęła 10 mln, brakowało mieszkań, smog zatruwał powietrze, a milion osób pracowało w dokach. Przybywało tysiące uchodźców politycznych: Żydzi wprowadzili się na East End, a potem do pn. dzielnic Golders Green, Edgware i Stamford Hill, Turcy cypryjscy do Haringey i Stoke Newington, a Włosi do Clerkenwell. Po II wojnie ponad milion londyńczyków przeniosło się na zielone przedmieścia. Ich domy przerobiono na mieszkania dla tysięcy przybyszów z Commonwealthu – imigranci z Jamajki zamieszkali w Brixton i Stockwell, z Trinidadu i Barbadosu w Notting Hill, Azjaci w Southall, Grecy cypryjscy w Camden, a Chińczycy z Hongkongu w Soho.

W tym czasie w Londynie miało miejsce wiele historycznych wydarzeń: w 1922 r. nadano pierwszą audycję radiową, w 1928 r. wszystkie kobiety powyżej 21 roku życia zdobyły prawo głosu; telewizję zobaczono po raz pierwszy w 1936 r., a w 1951 r. odbył się Festiwal Brytyjski. Urządzono go na pd. brzegu rzeki, by podnieść morale londyńczyków po surowym okresie wojny, a przyczynił się zdecydowanie do rozbudzenia twórczej energii. South Bank (pd. brzeg) jest obecnie jednym z największych w Europie kompleksów związanych ze sztuką.

Potem nastąpiły tzw. swinging sixties czyli rozkołysane lata 60. XX w. z nagłym rozkwitem nowatorskiej muzyki, sztuki, architektury i mody. Terence Conran, Andrew Lloyd Webber, Norman Foster, Vivienne Westwood podnieśli prestiż Londynu. Miasto znowu stało się modnym i fascynującym miejscem.

MILENIUM

Przygotowania do milenium były dla Londynu szczególnie ekscytujące. W 1994 r. ze stacji Waterloo do Paryża zaczęły jeździć tunelem pod kanałem La Manche pociągi Eurostar.

Sklep z modnymi ubraniami w stylu Beatlesów przy Carnaby Street na West Endzie, przeznaczonymi dla londyńskich nastolatków zafascynowanych tym zespołem.

Renowacja Doklandów wpłynęła na ożywienie londyńskich brzegów Tamizy, gdzie powstały zarówno budowle publiczne, np. Tate Gallery przy Bankside, jak i mieszkania w przerobionych magazynach. Kiedy labourzyści wygrali wybory w 1997 r., premier Tony Blair podtrzymał propozycję torysów, by w Greenwich w dawnym obserwatorium astronomicznym przy współudziale rządu stworzyć Millenium Experience, którego centrum stanowi największa na świecie kopuła. Inne projekty milenijne obejmują Wielki Dziedziniec British Museum, nowe skrzydło Muzeum Nauki i nowy most na Tamizie w pobliżu katedry św. Pawła. ■

Sztuka

W LONDYNIE FASCYNUJĄCA JEST NIE TYLE JEDNOLITOŚĆ KULTURY, ILE JEJ różnorodność. Można tu znaleźć niemal wszystko, jeśli się tylko odpowiednio poszuka. Tysiąc lat architektury, malarstwo sięgające cudów gotyku, posągi od czasów rzymskich do współczesnych, a także wszelkie gatunki muzyki i teatru. Kto chce zobaczyć prawdziwą średniowieczną twierdzę, powinien pójść do Tower of London. W poszukiwaniu barokowego malarstwa warto iść do Banqueting Hall, gdzie Peter Paul Rubens wymalował olbrzymi plafon. Kogo interesuje przebudowa starych dzielnic, powinien pojechać kolejką do Doklandów lub przejść pd. brzegiem Tamizy. Niezwykłe bogactwa kryją się w londyńskich muzeach, galeriach, kościołach i dostępnych do zwiedzania rezydencjach. Jeśli Muzeum Wiktorii i Alberta wydaje się zbyt przytłaczające, można zwiedzić mniejsze Courtauld Galleries czy Whitechapel Art Gallery, bądź prywatne rezydencje, jak Osterley House czy domy-muzea, jak dom Thomasa Carlyle.

Sztuka jest wszechobecna. Galerie komercyjne i domy aukcyjne pokazują ciągle zmieniające się ekspozycje. Ulice i parki pełne są rzeźb. Zarówno prywatne domy, jak imponujące budowle publiczne bywają udekorowane ornamentami z kutego żelaza lub fryzami z terakoty.

Można też poznać tu obyczaje z całego świata. W sierpniu Włosi urządzają w Clerkenwell całodzienną fiestę ku czci Matki Boskiej. W Brixton zobaczyć można pełen życia karaibski targ, a sklepy z jedwabnymi sari, sprzedawcy przypraw, muzyka z bombajskich filmów i restauracje w Southall przeniosą nas w atmosferę Indii. Nowoczesne wzornictwo, kawiarnie, restauracje można zobaczyć na Knightsbridge i w Islington.

ARCHITEKTURA

W Londynie znaleźć można wspaniałe przykłady niemal każdego stylu brytyjskiej architektury. Westminster to cała historia wielkich budowli publicznych: opactwa Westminster, pałaców królewskich i parków, rezydencji arystokratów i przybytków rozrywki. W City zachowały się domy cechowe (gildie), biura, kantory i targowiska, których kulminację stanowi Broadgate oraz liczne budowle z bliższych nam czasów.

Pozostałości prenormańskie

Ślady osadnictwa na terenach Londynu pochodzą sprzed 5000 lat p.n.e., ale najważniejsze pozostałości prenormańskie sięgają czasów rzymskich. Archeolodzy zlokalizowali forum, bazylikę, amfiteatr, pałac gubernatora i publiczne łaźnie. W Muzeum of London znajdują się piękne mozaiki podłogowe i malowidła ścienne z Southwark. Na Trinity Square i Tower Hill w City zachowały się fragmenty rzymskiego muru.

Normańskie zamki i kościoły

Domy średniowiecznych londyńskich kupców i rzemieślników, Sasów i Normanów budowane były z drewna i gipsu, więc się nie zachowały. Tuż przed podbojem Normanów król Edward Wyznawca zbudował Opactwo Westminsterskie (poświęcone w 1065 r.), którego inspiracją były budowle w Jumièges i Caen we Francji. Przyjęty przez niego styl romański – kamienne kolumny, okrągłe łuki, galerie i otwarte drewniane sklepienia, był tak często stosowany przez Normanów, że w Wielkiej Brytanii znany jest jako styl normański.

Wilhelm I zbudował wokół swej stolicy krąg zamków, m.in. Windsor, a jego White Tower (1078–97), serce londyńskiej Tower, stanowi ważny przykład normańskiej architektury wojskowej. Ściany zbudowane z kamienia z Caen mają 3,6 m grubości, budowla na planie kwadratu ma po trzy pomieszczenia na każdej kondygnacji. Kopuły na narożnych wieżach pochodzą z XIV wieku.

Najlepiej zachowanym normańskim kościołem w Londynie jest St. Bartholomew-the-Great,

***Koty* Andrew Lloyda Webbera, jeden z jego najdłużej granych musicali.**

wzniesiony w 1123 r. jako część opactwa i szpitala. Obecnie jest to jedyny zachowany w City kościół klasztorny z XII wieku. Inne arcydzieło normańskiej architektury kościelnej to kaplica św. Jana w White Tower, miniaturowa, niezwykle prosta, z dwoma olbrzymimi łukami.

Architektura średniowieczna

Bieg średniowiecznych murów Londynu z basztami i siedmioma podwójnymi bramami (gate) można jeszcze odtworzyć na podstawie nazw ulic, takich jak Aldergate, Aldgate i Bishopsgate. Mury otaczały miasto składające się z nędznych drewnianych domków, budynków gildii i 140 kościołów. Okrągły kościół Temple, którego budowę rozpoczęto w 1160 r., a powiększono w 1220 r., to jedna z najwcześniejszych gotyckich budowli Londynu, z ostrymi łukami arkad, filarami (późniejszymi) prezbiterium, kapitelami i ostrołukowymi oknami.

Tamiza wije się między kolejnymi mostami od Westminster do City, co najlepiej widać z lotu ptaka.

Zachowały się też budowle korporacji prawniczych Inner Temple i Middle Temple z 1350 r. i Lincoln's Inn z 1400. Pałac Westminster Hall Ryszarda II z malowniczym sklepieniem rozpoczęto w 1394 r. (zob. s. 33), a kupcy z City wznieśli swój Guildhall w latach 1411–40. Arcybiskup Morton zbudował ok. 1495 r. budynek bramny z czerwonej cegły w swoim Lambeth Palace.

Najbardziej imponujące z 20 średniowiecznych domów zakonnych w Londynie było Opactwo Westminsterskie. Henryk III zburzył je w 1245 r. i zaczął budowę olbrzymiego gotyckiego kościoła. Na północ od City znajdowały się cztery klasztory: St. Bartholomew's Priory, klasztor Charterhouse, opactwo St. John's of Jeruzalem's i klasztor żeński Clerkenwell.

Budowle z epoki Tudorów

Niektóre wspaniałe budowle londyńskie miały świadczyć o rosnącej międzynarodowej pozycji stolicy za panowania Tudorów w latach 1485–1603. Henryk VII w latach 1503–12 dobudował do opactwa Westminster smukłą koronkową kaplicę. Subtelne wachlarzowe sklepienia i wielkie okna, typowe dla tego okresu, nadają jej pogodną przestronność i lekkość. Ostro kontrastuje z nią zachowany budynek gospodarczy, ciężki dziedziniec pralni w klasztorze kartuzów Charterhouse z lat 1500–35.

Do rozwoju budownictwa przyczyniło się rozwiązanie klasztorów przez Henryka VIII (1536–40). Nagle na rozległych terenach mogli budować królowie, arystokraci i przedsiębiorcy. Królowie budowali pałace i tworzyli parki, arystokraci i biskupi wznosili budowle wzdłuż Strandu. Budowle te przetrwały jedynie w nazwach ulic – Bridewell, Savoy, Northumberland.

Old Hall w Lincoln's Inn z 1492 r. daje pojęcie o wyglądzie miasta w epoce Tudorów. Istnieje także Staple Inn z 1586 r., grupa domów mieszkalnych z XVI wieku. Konstrukcja szkieletowa, horyzontalne pasy okien, wysokie okapy i wykuszowe piętro są typowe dla tego okresu, choć budowano też domy z cegieł z kominami i oknami ze szkła.

Tudorowie mieli świadomość wagi zewnętrznych oznak władzy. Królewską modę wznoszenia świeckich budowli zapoczątkował Henryk VII budową Richmond Palace i zamku Baynard w Blackfriars, ukończonymi w 1501 roku. Po wstąpieniu na tron w 1509 r. Henryk VIII odziedziczył te pałace, prócz tego Tower of London, Eltham Palace i inne, w sumie 16 rezydencji oddalonych od stolicy o dzień jazdy.

W Greenwich Henryk VIII zbudował korty tenisowe, dziedziniec przeznaczony na turnieje rycerskie i wielką królewską zbrojownię. Po odsunięciu kardynała Wolseya król przejął Whitehall Palace, dodał do niego tereny rozrywkowe i apartamenty od strony rzeki, pomalował cegły na czerwono, biało i czarno. Do olbrzymiego pałacu Wolseya Hampton Court dobudował wielki hall, kaplicę, kuchnie i dziedzińce gospodarcze. Henryk przejął także dawny szpital trędowatych St.James's. Te dwie ostatnie budowle istnieją do dziś.

Przeludnienie w City było ogromne – jego efektami były nędza, przepełnione domy, zajmowane przez więcej niż jedną rodzinę, brak higieny, pożary i epidemie śmiertelnych chorób. W 1580 r. królewska ustawa zakazała budowy nowych domów i podziału już istniejących.

Kupieckie City było bardzo bogate. Bogactwem tym dysponowały głównie gildie (cechy) i urzędnicy Lorda Mayora w Guildhall. Dla ochrony swojej pracy średniowieczni rzemieślnicy i kupcy tworzyli gildie, które potem przerodziły się w monopole, ograniczając liczbę członków i rezerwując pracę dla londyńczyków. Członkowie gildii nosili specjalne liberie czy uniformy, stąd nazwa Liverymen, a gildie nazywano stowarzyszeniami liberii *(livery companies)*. Ci ludzie rządzili w City. Dick Whittington, kupiec bławatny, który zmarł w 1423 r., był trzykrotnie Lordem Mayorem Londynu.

Londyn Stuartów i Jerzych

Inigo Jones wzniósł w Londynie Stuartów pierwsze budowle palladiańskie – Queen's House (Dom Królowej) w Greenwich w 1616 r., Banqueting House w Whitehall w 1619 r., kaplicę królewską Queen's Chapel przy St. James's Palace w latach 1623–27, kościół St. Paul Covent Garden w latach 1631–38 i w 1631 r. pierwszy londyński plac – Covent Garden Piazza.

Wielki pożar w 1666 r. stał się impulsem kolejnych zmian. W 1667 r. wydano pierwszą ustawę budowlaną: wszystkie ściany strukturalne powinny być z cegły lub kamienia, a wystawać mogą jedynie balkony. Istniały także reguły dotyczące fundamentów, drewna w pobliżu kominów, wysokości budynków, szerokości ulic itd. W rezultacie w miarę rozrastania się Londynu budowano na polach proste szeregi domów o płaskich fasadach, tworząc ulice i place, stało się to cechą mieszkaniowych dzielnic Londynu epoki Jerzego.

Po wielkim pożarze słynnym architektem stał się Christopher Wren. Odbudował katedrę św. Pawła, poczynając od 1675 r., zaprojektował 51 kościołów, które miały ją otaczać, pracował dla króla i królowej w pałacach Kensington i Hampton Court i w szpitalach w Chelsea i w Greenwich.

Masywne kolumny otaczają chór w kościele St. Bartholomew-the-Great.

Oświecenie w XVIII w. przyciągnęło do Londynu wspaniałych architektów. Kościoły Christ Church proj. Nicholasa Hawskmoora w Spitafields ukończony w 1714 r. i St. Martin-in-the-Fields Jamesa Gibbsa z 1721 r. to tylko dwie z licznych nowych świątyń. Imponujące budowle publiczne obejmowały Treasury (Skarbiec) proj. Williama Kenta z 1733 r., Somerset House proj. Williama Chambersa z 1776 i British Museum proj. Roberta Smirke'a z 1823 roku. Pałac Chiswick House lorda Burlingtona z 1725 r. i przebudowanie przez Roberta Adama rezydencji Syon, Osterley i Kenwood w latach 60. XVIII w. wniosło nieznaną dotąd lekkość i elegancję do klasycystycznych budowli. Książę regent zaangażował Johna Nasha, który w latach 1816-28 stworzył wytworny łuk Regent Street i Regent's Park.

Londyn wiktoriański i edwardiański

Kiedy Londyn królowej Wiktorii przekształcał się w olbrzymią stolicę imperium, miejsce klasycyzmu w architekturze zajął neogotyk, powrócono także do budownictwa z czerwonej cegły inspirowanego przez Wrena i do budowy osiedli, których centralnym założeniem były place-ogrody, jak np. Belgravia proj. Thomasa Cubitta w pobliżu pałacu Buckingham, mniejsze osiedla Cadogan i Ladbroke, a także place Islingtonu. Bedford Park, rozpoczęty w 1875 r. i Hampstead Green Suburb, rozpoczęty w 1906 r., to przykłady nowych przedmieść.

Powstawało dużo budowli publicznych, jak np. National Gallery proj. Williama Wilkinsa z 1832 r. i wielkie cieplarnie w Kew. Budowle w South Kensington to związane z Wielką Wystawą 1851 r. Muzeum Historii Naturalnej proj. Alfreda Waterhouse'a i Royal Geographical Society Richarda N. Shaw, oba z 1873 r., a także Albert and Victoria Museum

Astona Webba z 1899 r. Budowano też hotele, jak „Ritz" proj. Arthura Daviesa czy hale targowe, jak Smithfield z 1866 roku. Westminster zmienił się zasadniczo, katastrofalny pożar zniszczył budynek parlamentu w 1834 roku. A.W.N.Pugin i Charles Barry zaprojektowali nowy parlament w stylu neogotyku wiktoriańskiego.

Poprawiano infrastrukturę miasta. Prace inżynieryjne Josepha Bazalgette'a na wydartych rzece rozlewiskach objęły budowę kolektora. Budynek Royal Courts of Justice (Sądy Królewskie) G.E. Streeta, ukończony w 1882 r., służył scentralizowanym od niedawna sądom. Rozwijająca się miejska komunikacja wymagała nowych budynków: G.G. Scott zaprojektował w latach 1868–74 neogotycki dworzec St. Pancras i sąsiadujący z nim hotel. Szeroka Shaftesbury Avenue była jedną z nowych, przecinających slumsy ulic.

LONDYN W XX WIEKU

Obecnie liczba mieszkańców Londynu (7 mln) jest prawie taka jak w 1900 roku. Nowy Jork miał wtedy 4 mln, a Paryż – 2,7 mln.

W latach 20. i 30. przeludnienie, smog i brud spowodowały exodus klasy średniej na przedmieścia, spotęgowany jeszcze II wojną światową. Zarówno powierzchnia miasta, jak i liczba jego ludności nie przestawały rosnąć i w latach 30. XX w. ludność osiągnęła 10 mln.

Basen Pingwinów Betholda Lubetkina w londyńskim Zoo z 1934 r. wprowadził do śródmieścia nowoczesne kontynentalne koncepcje. Powstawały nowe budowle: monumentalne elektrownie Battersea i Bankside G.G. Scotta z lat 1929–35 i 1955, projektowany przez niego Waterloo Bridge z 1939 r., Sun House Maxwella Fry'a z 1931 r. i budynek redakcji *Daily Express* Owena Williama z 1932 roku.

Po zniszczeniach II wojny światowej budownictwo koncentrowało się na bardzo potrzebnych mieszkaniach. W City wybudowano olbrzymie osiedle Barbican Estate, rozpoczęte w 1959 roku. Z budowli publicznych powstały Royal Festival Hall Roberta Matthew zbudowany na Festiwal Brytyjski i stanowiący zaczątek zespołu South Bank Arts Complex.

Chociaż w Londynie było mnóstwo interesujących teatrów, poczynając od niewielkiego Theatre Royal proj. Johna Nasha przy Haymarket z 1831 r. do wspaniałego Palace Theatre Thomasa Colcutta z 1890 r., bardzo wiele teatrów wzniesiono w XX wieku. Są to m.in.: Savoy z 1929 r., Royal National Theatre Denysa Lasduna z lat 1967–77 i odtworzony Globe Theatre, otwarty w 1997 r. (w dwóch ostatnich można zwiedzać wnętrza za sceną).

Nijakie budownictwo z lat 60. XX w., a także plany zburzenia hal targowych Covent Garden, St. John's Wood i innych dzielnic ożywiły ruch ochrony zabytków i nawoływania do zmiany stylu. Budowle Fredericka Gibberda, Jamesa Stirlinga, Richarda Rogersa, Terry Farrella i Nicholasa Grimshawa wprowadziły nowy styl. W latach 80. XX w. rozpoczęła się przebudowa starych doków (Doklandów), wielki boom ekonomiczny doprowadził do odbudowy City, a brzegi rzeki ożywiły się. Największym spośród 30 dużych projektów milenijnych w Londynie jest Millenium Experience Richarda Rogersa na półwyspie Greenwich.

TABLICE I POMNIKI

Pomniki lub niebieskie tablice na fasadach domów, na murach czy nawet fontannach upamiętniają tysiące brytyjskich bohaterów i niegodziwców.

Niektóre pomniki są olbrzymie: statua Nelsona stoi na wysokiej kolumnie na środku placu nazwanego od jego największej bitwy: Trafalgar Square. Inne pomniki są zadziwiająco skromne. Twórca zabudowy rozległej przestrzeni centralnego Londynu John Nash ma jedynie popiersie w projektowanej przez siebie kolumnadzie kościoła All Souls Church przy Langham Place. Niektórych upamiętniono w kilku miejscach: książę Albert ma wspaniały pomnik w Kensington Gardens, konną statuę przy Holborn Circus wykonaną przez Charlesa Bacona, statuę na fasadzie Muzeum Wiktorii i Alberta, i nie tylko. Ale to diuk Wellington, który nie był ani królem, ani królewiczem tylko jednym z największych brytyjskich generałów, ma aż trzy konne posągi: w katedrze św. Pawła, przed budynkiem giełdy i przed Apsley House.

W Hampton Court (z 1514 r.) połączono elementy architektury Tudorów z klasycystycznym stylem (apartamenty dla Wilhelma i Marii proj. Wrena z 1690 r.).

XVIII-wieczna karykatura wyborów politycznych, pędzla Williama Hogartha (John Soane's Museum).

WIELKIE MUZEA

W Londynie znajduje się ponad 300 stałych muzeów i galerii. Wszystkie istnieją dzięki niezwykłym ludziom.

Jako przykład może posłużyć British Museum, pierwszy wielki narodowy zbiór w stolicy. Hans Sloane zmarł w 1753 r., pozostawiając narodowi swą dużą bibliotekę i wspaniałe zbiory skamielin, monet, minerałów i innych obiektów w zamian za wypłacenie jego córkom 20 tys. funtów. Muzeum otwarto 15 stycznia 1759 r. w Montague House, a w 1838 r. przeniesiono je do nowego budynku proj. Roberta Smirke'a.

Zaczątkiem National Gallery (Galeria Narodowa), założonej w 1824 r., było 38 obrazów podarowanych przez finansistę Johna Juliusa Angersteina. Inne narodowe kolekcje to: National Portrait Gallery, National Maritime Museum, Science Museum i Victoria & Albert Museum, gdzie mieszczą się narodowe zbiory wzornictwa i sztuk pięknych. Tate Gallery podzielona jest obecnie na dwa działy: sztuka brytyjska w Tate Gallery przy Millbank i światowa sztuka współczesna w przebudowanej elektrowni Bankside.

Zbiory prywatne obejmują Dulwich Picture Gallery – otwarta w 1814 r. jako pierwsza publiczna galeria w kraju, poza tym the Iveagh Bequest w Kenwood House i Suffolk Collection w Ranger's House. W domach-muzeach indywidualne piętno kolekcjonera jest jeszcze bardziej wyczuwalne, zarówno w wielkich rezydencjach jak Ham House, Osterley Park, Apsley House czy Wallace Collection, jak i w bardziej kameralnym muzeum Johna Soane'a, domu Johnsona i Leightona.

Rolę muzeów pełnią również pałace, szczególnie Kensington i Hampton Court.

I wreszcie, w dość nieoczekiwanych zakątkach znajdują się specjalistyczne kolekcje: Percival David Foundation of Chinese Art, Design Museum, Museum of London, poświęcone dziejom stolicy, a także nowe muzeum w Doklandach.

ARTYŚCI W LONDYNIE

Niemal każde ważne wydarzenie w Londynie, każdy budynek, każdą postać z historii miasta od XVI w. utrwalili artyści zarówno światowej sławy, jak i całkiem anonimowi: sylwetki Globe Theatre i katedry św. Pawła, ekstrawagancję bogatych parad lorda mayora, uroczyste otwarcie St. Katharine Dock (doki św. Katarzyny).

Hans Holbein malował portrety dostojników, a Wenceslaus Hollar z Pragi pracował dla earla Arundel, rysując widoki XVII-wiecznego Londynu z dachu rezydencji earla przy Strandzie. Największy rozkwit ery mecenasów przypadł na czasy Karola I, który przez dziewięć owocnych lat zatrudniał Anthony'ego Van Dycka i zamówił u Rubensa plafon do Banqueting House. Bardziej prozaiczną stronę życia w mieście karykaturowali Thomas Rowlandson i William Hogarth. Z kolei Canaletto, Claude Monet, Joseph Mallord, William Turner, James Whistler i André Derain zachwycali się Tamizą.

Wiele obrazów artystów tworzących w Londynie można obejrzeć w Hampton Court i Buckingham Palace, a także w niektórych muzeach i galeriach.

W Museum of London znajduje się 20 tys. obrazów, sztychów, rysunków i eksponatów wybranych raczej z uwagi na temat niż nazwisko artysty. Należy do nich bardzo malownicze płótno przedstawiające wielki pożar Londynu w 1666 r. namalowane przez naocznego świadka – holenderskiego artystę. Jest także obraz Abrahama Hondiusa przedstawiający zamarzniętą Tamizę w 1677 r., co zdarzało się okresowo aż do 1828 r., kiedy zburzono stary London Bridge, a Tamiza mogła popłynąć szybciej, do czego później jeszcze dodatkowo przyczyniło się Embankment (zob. s. 48). Roderigo Stoop odmalował triumfalną procesję koronacyjną Karola II, a Henry Moore uwieczniał londyńczyków szukających schronienia na stacjach metra w latach wojny w 1941–42.

Holbein Młodszy przybył do Londynu w 1526 r., a później wstąpił na służbę u Henryka VIII. W królewskim pałacu Bridewell przy Fleet Street namalował swój znakomity podwójny portret *Ambasadorowie*, obecnie w National Gallery (zob. s. 101). Znajdują się tu także obrazy Van Dycka, Petera Lely'ego, który przybył do Londynu w latach 40. XVII w. i Thomasa Gainsborough, który zjawił się w Londynie w 1740 roku. W sąsiedniej Galerii Portretu znajduje się mnóstwo portretów osobistości londyńskich, m. in. portret Samuela Pepysa pędzla Johna Hayla i podobizna dyrektora teatru Petera Halla, malowana przez Toma Phillipa. Imperial War Museum (Imperialne Muzeum Wojny) ma bogatą kolekcję obrazów XX w. takich artystów jak Paul Nash, Stanley Spencer, William Roberts, Edward Ardizzone, Richard Eurich i David Bomberg. W John Sloane's Museum można obejrzeć Hogartha, a w Kenwood House obrazy Joshuy Reynoldsa, który mieszkał w Londynie w XVIII wieku.

Czasami domy londyńskich artystów stają się muzeami, jak np. ekstrawagancki dom lorda Leightona w Holland Park, przeładowany dom Linleya Sambourne'a w Kensington, wiejski domek Hogartha ukryty pomiędzy rondem a eleganckim Chiswick House.

Dział sztuki brytyjskiej w Tate Gallery wystawia mnóstwo prac londyńskich artystów. Turner, rodowity londyńczyk, studiował w Royal Academy i ze swoich europejskich wojaży zawsze wracał do rodzinnego miasta. Przez jakiś czas mieszkał przy Cheyne Walk w Chelsea, skąd miał widok na rzekę. Jego prace mieszczą się w Tate's Clore Gallery; w głównym budynku Tate Galery zazwyczaj wystawione są: *Otwarcie mostu Waterloo* Johna Constable'a, *Piccadilly Circus* Charlesa Ginnera i dzieła R.B.Kitaja, Petera Blake'a, Howarda Hodgkina, a także młodszych artystów, jak Rachel Whiteread, Damien Hirst i Fiona Rae.

Obecnie w Londynie mieszka wielu artystów przybyłych z całego świata: ocenia się, że tylko na East Endzie pracuje ich 10 tys. Do starszej generacji należą Howard Hodgkin, Lucian Freud, Richard Hamilton, Gilbert and George i Maggie Hambling.

Rzeźbę Oscara Wilde'a dłuta Hamblinga postawiono na Leicester Square w 1998 roku.

Doroczna nagroda Turnera jest najbardziej prestiżową nagrodą dla współczesnego twórcy. Jednym z pierwszych laureatów był Hodgkin; zdobyli tę nagrodę Damien Hirst i Rachel Whiteread, a laureat z 1998 r. Chris Ofili zapoczątkował powrót do dwuwymiarowego

Ze swojego miejsca na pomniku, dzieła George'a Gilberta Scotta, w Hyde Park królewski małżonek Albert spogląda na muzealny zespół South Kensington.

malarstwa figuratywnego. Warto zwrócić uwagę m.in. na Gillian Wearting, Garry Hulme'a i Jenny Saville, która najlepiej od czasów Rubensa maluje ciało ludzkie.

Aby poznać nowe tendencje w sztuce światowej, trzeba odwiedzić Whitechapel Art Gallery (zob. s. 199), tam także można znaleźć informacje o odbywającym się co dwa lata dniu otwartym Whitechapel, kiedy setki artystów East Endu udostępniają publiczności swoje pracownie. Najnowszą sztukę współczesną zobaczyć można też w pobliskiej galerii, otwartej w budynku Truman's Brewery przy Brick Lane, a także w galeriach przy Hoxton Square. Na West Endzie zawsze warto wstąpić do Photographers Gallery (Galerii Fotografów) i do galerii Anthony'ego d'Offaya. Położona dalej na zachód galeria nowoczesnej sztuki Serpentine w Kensington Gardens stanowi wyjątek w konserwatywnej dzielnicy Kensington.

LONDYN LITERACKI

Przez całe 2000 lat dziejów miasta londyńczycy i zwiedzający opisywali je w dziennikach, kronikach, wierszach i powieściach. Czytanie tych utworów to jeden ze wspaniałych sposobów poznania historii Londynu, przywołania atmosfery rozmaitych epok.

Najwcześniejszy znany opis sporządził rzymski historyk Tacyt. Napisał lojalnie, że podczas buntu Boadycei „nieprzyjaciel masakrował, wieszał, palił i krzyżował z zaciekłością... wskazującą, że wkrótce spadnie na niego odwet". Szczegółowy opis Londynu elżbietańskiego sporządził emerytowany krawiec, historyk amator John Stow, jego *Survey of London* opublikowano w 1598 roku.

Pierwszy angielskojęzyczny wiersz poświęcony Londynowi – *To the City of London* (ok. 1501) przypisywany niegdyś szkockiemu poecie Williamowi Dunbarowi, kończy się zwrotem „Londynie, jesteś kwiatem wszystkich miast". Z wyszukanych rozrywek oferowanych przez teatry elżbietańskie niemiecki turysta Lupold von Wedel wymienił „walki psów", a także „rakiety i fajerwerki".

Z XVII i XVIII w. zachowały się wspaniałe dzienniki. Mało znany John Manningham opisał w dzienniku spokojną śmierć Elżbiety I. „O trzeciej Jej Królewska Mość rozstała się z życiem, łagodnie jak owieczka, i tak łatwo jak dojrzałe jabłko spada z drzewa". Lepiej znany jest dziennik Samuela Pepysa z lat 1660–69. Ten urzędnik państwowy opisuje życie codzienne, dojazdy łodzią z City do Whitehall Palace, muzykowanie i chodzenie do kościoła, przywołuje żywy obraz epoki restauracji Stuartów, te błahe szczegóły są równie interesujące jak barwny opis wielkiego pożaru w 1666 roku. John Evelyn, którego diariusz obejmuje lata 1640–1706, z równym zapałem opisuje nowy pałac Wilhelma i Marii w Kensington, pojawienie się wieloryba na plaży w Greenwich czy pogrzeb Cromwella – „najradośniejszy pogrzeb, jaki widziałem". Szkot James Boswell prowadził swój *London Journal* w latach 1762–63; daje w nim wyraz przygnębienia z powodu „zgiełku" w parlamencie, cieszy się przyjaźnią z popularnym aktorem Davidem Garrickiem i podobnie jak Pepys popełnia niedyskrecje miłosne.

Wielu londyńczyków w XIX w. pisało dzienniki, poczynając od ucznia Johna Thomasa Pococka, a na królowej Wiktorii kończąc; również goście robili zapiski, np. Francuzi Gustave Doré i Blanchard Jerrold czy Amerykanin Nathaniel Hawthorne. Życie Londynu tętni na kartach wielkich wiktoriańskich powieści. *Targowisko próżności* Thackeraya pokazuje londyński świat w okresie regencji, kiedy Knigtsbridge było niemal wsią, a Belgravia jeszcze nie istniała. W powieściach Karola Dickensa czytamy o wyrzeczeniach, nędzy i trudnościach, do słownika na trwałe wszedł przymiotnik „dickensowski". W *Sketches by Boz* St. Gilesa slumsy opisane są jako „nędzne domki z wybitymi oknami, które zasłonięto szmatą czy papierem, wszędzie gnój... w rynsztoku przed domami i w odpływach na zapleczu".

Aby w pełni odczuć bogactwo życia w Londynie w XX w., należałoby zagłębić się w listy Oscara Wilde'a, dzienniki Beatrice Webb, autobiografię Bertranda Russella i zapiski Arnolda Bennetta. Równie zróżnicowany zestaw stanowią dzienniki George'a Orwella, autobiografia Laurie Lee, listy Raymonda Chandlera, wspaniałe pisma Winstona Churchilla, wiersze Johna Betjemana i powieści Martina Amisa.

Jednak romantyzm Londynu najlepiej oddaje radosny sonet Williama Worsdswortha *Westminster*, napisany w 1802 r., opisujący wrażenia autora po przejażdżce dyliżansem przez Westminster's Bridge o świcie: „Ziemia nic piękniejszego nie ukaże oczom./... Wielkie miasto przywdziało, jak szatę przeźroczą,/ Światło poranka: oto leżą obnażone/ Łodzie, wieże, kopuły, teatry, świątynie,/ ... Świetliście w powietrzu czystym roziskrzone." (przeł. Zygmunt Kubiak).

Niewielu współczesnych autorów może dorównać wspaniałości prozy opiewającej Londyn minionych wieków. Wyjątkiem jest tu Martin Amis i jego powieści *Forsa* i *Pola Londynu*, a także Michael Moorcock, który akcję wielu swoich książek (np. *Mother London*) umieścił w Londynie. Peter Ackroyd pisze zarówno biografie (np. Dickensa), jak i powieści osadzone w pomieszanych realiach historycznego i współczesnego Londynu – *Hawksmoor* dzieje się w Spitafields, a *The House of Doctor Dee* opowiada o alchemiku z ery elżbietańskiej. Jednak dopiero Iain Sinclair utrafia w sedno współczesnego życia, osadzając akcję wielu utworów w City i Doklandach. Powieść *Lud Heat* opowiada o założycielu Londynu. *Lights Out for Territory* to opis spacerów po mniej znanych okolicach stolicy. Ze współczesnych dzienników doskonałą lekturę stanowią wynurzenia Alana Clarka o parlamencie i opowieści Roya Stronga o życiu towarzyskim i artystycznym.

Samuel Pepys, wyższy urzędnik Urzędu Marynarki (1633–1703), przez dziewięć lat zapisywał w dzienniku wszystkie swoje obserwacje i wrażenia.

MUZYKA, TEATR

Co tydzień w Londynie odbywa się kilkaset koncertów. Opery, sztuki, musicale i balety wystawiane są w teatrach, na strychach, w ogrodach i kościołach – naprawdę niemal w każdym miejscu.

Londyn zawsze oferował mnóstwo nowatorskiej rozrywki, oszałamiał gości samą liczbą dostępnych spektakli i programów estradowych. W 1599 r. przybyły z Bazylei Thomas Platter zauważył, że „codziennie o drugiej po południu... dwie, a czasem trzy komedie grane są w różnych miejscach, gdzie ludzie mogą się razem weselić, a najwięcej publiki jest tam, gdzie najweselej".

W tym okresie scena elżbietańska była w powijakach, stanowiła mieszankę świeckich tradycji wystawiania sztuk na dziedzińcach

Gmach oryginalnego Globe Theatre w Southwark (akwarela).

zajazdów z tańcami, śpiewami i poskramianiem niedźwiedzi i byków. W 1574 r. purytańscy ojcowie miasta wypędzili teatr z City. Dwa lata później James Burbage zbudował pierwszy stały teatr w Londynie w Shoreditch City. W 1587 r. otwarto teatr Rose, pierwszy z czterech teatrów w Southwark, który wkrótce stał się londyńskim centrum rozrywki. Tutaj w 1599 r. Burbage otworzył Globe. Ponad 200 tys. widzów tłoczyło się w kolistych, piętrowych, drewnianych teatrach, by oglądać sztuki Szekspira, Bena Jonsona i Thomasa Dekkera, chociaż korzystanie z odkrytych audytoriów zależało od pogody. Na Boże Narodzenie 1603 r. w wielkim hallu Hampton Court dla Jakuba I wystawiono ponad 30 sztuk.

Wraz z panowaniem Karola II teatr powrócił do miasta. W Whitehall Palace niemal codziennie dawano przedstawienie. Król udzielił zgody na wystawianie sztuk dla publiczności dwóm ludziom: Thomasowi Killigrewowi, który w 1663 r. otworzył Theatre Royal przy Drury Lane, i Williamowi D'Avenantowi w Lincoln's Inn Fields (teatr szczycił się pierwszym łukiem proscenium i urządzeniami do zmiany dekoracji w trakcie przedstawienia).

Przez cały XVIII w. istniały tylko dwa oficjalne teatry i trupy teatralne w obrębie miasta, Drury Lane i Opera House w Covent Garden, inne były nielegalne. Później na teatry londyńskie spadły następne prześladowania, kiedy ostre satyry Henry'ego Fieldinga w Theatre Royal w Haymarket zmusiły lorda kanclerza do wprowadzenia cenzury w 1737 roku. Zniesiono ją dopiero w 1968 roku.

Mimo ostrej cenzury teatr i rozrywka kwitły. Aktor–entreprener David Garrick doprowadził do odrodzenia klasycznego teatru i podchodził do sztuk Szekspira z niespotykanym dotychczas szacunkiem. Domagał się, by aktorzy nauczyli się ról, podniósł poziom spektakli i kulturę zachowania publiczności, która często bywała nieznośna – widzowie przechodzili przez scenę podczas przedstawienia, by pogadać ze znajomymi. Program zmieniał się co wieczór. Główna sztuka zaczynała się ok. 18, po niej następowała pantomima, farsa lub opera komiczna. Pierwsze przedstawienie *Opery żebraczej* Johna Gaya w 1728 r. zapoczątkowało operę angielską. Londyn w XVIII w. rozbrzmiewał muzyką. Otwierano sale koncertowe i teatralne, by sprostać rosnącemu zapotrzebowaniu na opery, koncerty i maskarady: w salach Hanover Square pojawił się Mozart, J.S. Bach i Haydn dyrygowali wykonaniem swoich kompozycji, a Haendel tworzył opery, koncerty i muzykę kameralną.

Po 1840 r. w Londynie nastąpiła eksplozja teatrów, music-halli i wszelkiego rodzaju rozrywek. Music-hall powstał z towarzyskich wspólnych śpiewów w tawernach, takich jak stare Canterbury w Westminsterze, które można uznać za pierwszy londyński music-hall. Pod koniec wieku budowano już ogromne hale, takie jak Coliseum, otwarte w 1904 r., gdzie na scenie mogły się odbywać wyścigi rydwanów, a na widowni mieściło się 2558 widzów – rekord dotychczas nie pobity

Najwięcej teatrów West Endu skupia się na Shaftesbury Avenue.

LYRIC
APOLLO
APOLLO THEATRE
AIN'T MISBEHAVIN'
"PURE GENIUS"
PETER BOWLES
LISA HARROW
IN PRAISE OF LOVE
RACHEL WEISZ
AND NICHOLAS
SEAN MATHIAS
LYRIC THEATRE
TODAY
A great way to behave

w Londynie. Teatrzyki varieté przyciągały nową publiczność, przedstawicieli klasy średniej przybywających do miasta. Stopniowo stawały się mniej wulgarne, tak że w Coliseum wystąpiła nawet Sarah Bernhardt. Thomas Beecham dyrygował w Palladium fragmentami z *Tannhäusera*, a w jednym z music-halli odbył się na scenie mecz krykieta.

Proms – sześciotygodniowy program koncertów w Royal Albert Hall, co roku w lecie pozwala londyńczykom słuchać dobrej muzyki po przystępnych cenach.

W teatrze dominowali wielcy aktorzy-entreprenerzy. Herbert Beerbohm Tree zbudował Teatr Jej Królewskiej Mości i wystawił *Sen nocy letniej*, gdzie prawdziwe króliki kicały wśród dekoracji przedstawiającej las ateński. W 1895 r. wystawił *Męża idealnego* Oscara Wilde'a. Ellen Terry była gwiazdą teatru Lyceum, który Henry Irving prowadził przez 24 lata od 1879 roku. Richard D'Oyly Carte wystawiał operetki Gilberta i Sullivana w swoim Savoy Theatre (w tym *Mikado*) z takim powodzeniem, że mógł zbudować w pobliżu luksusowy hotel Savoy.

Znaczącym wydarzeniem w życiu teatralnym Londynu była wizyta Richarda Wagnera, który dyrygował swoim *Pierścieniem Nibelungów* w Royal Opera House w 1867 r. i londyński debiut baletowy Anny Pawłowej w Palace Theatre w 1910 roku. W tym teatrze, odrestaurowanym przez Andrew Lloyda Webbera, wystawiono musical *Jesus Christ Superstar* napisany przez Webbera wspólnie z Tomem Rice. Sztuka ta była najdłużej granym musicalem w Londynie, dopóki nie zdetronizował go kolejny musical Webbera – *Koty*.

Harley Granville-Barker zachwycił londyńczyków w Royal Court w Chelsea, gdzie w latach 1904–07 wystawił 32 sztuki, w tym prapremierę *Kandydy* George Bernarda Shawa. Peter Hall był pierwszym dyrektorem National Theatre, który otwarto wreszcie w 1976 r., co było realizacją dawnej idei Garricka.

Obecnie Peter Hall prowadzi własny znakomity zespół, którego klasyczne spektakle oglądać można w różnych teatrach. W Royal Court, Almeida Hampstead, w Old Vic, Young Vic i w teatrze Donmar Warehouse zazwyczaj wystawiane są najbardziej nowatorskie przedstawienia. Inne awangardowe teatrzyki alternatywne często działają w pubach, magazynach i na niewielkich strychach w całej stolicy. Na czoło wysuwają się: King's Head, Riverside Studios, The Bush, BAC i Tricycle, inne, mniej głośne, to Etcetera Theatre, Old Red Lion i The Finborough (więcej informacji na temat rozrywek – zob. s. 263).

W głównym nurcie życia teatralnego znajdują się finansowane przez państwo National Theatre i Royal Shakespeare Company (występujący w Barbican Centre). Turysta w ciągu tygodnia może zobaczyć kilka różnych spektakli. Tradycyjne wiktoriańskie i edwardiańskie teatry West Endu wystawiają bardziej konwencjonalne spektakle i musicale, długo utrzymujące się na afiszu. Dotyczy to przedstawień *Duch w operze, Koty, Nędznicy* Andrew Lloyda Webbera, wystawianych w jego odnowionym z przepychem Palace Theatre.

Odrestaurowano również w stylu art déco teatr Criterion i Richmond, a przebudowany Sadler's Wells Theatre otworzył podwoje w 1998 r. i koncentruje się głównie na wystawianiu baletów i oper, czasami także dramatów. Obecnie opery wystawiane są głównie w Coliseum, gdyż w Royal Opera House w Covent Garden trwa trudna i kosztowna przebudowa. ■

Wielka rzeka, Tamiza, wije się i opływa budowle, które świadczą o jej roli w historii – mija urzędy celne, nabrzeża portowe, elektrownie, pałace, budynki parlamentu, i Tower of London.

Tamiza

Barka holuje kontenery w dół rzeki.

Tamiza

MAPA TAMIZY (THAMES) MÓWI RÓWNIE DUŻO O RZECE, JAK I O LONDYNIE. Rzeka płynąca na północ od Hampton Court Palace jest jeszcze wąska, za śluzą Teddington poddana jest oddziaływaniu pływów dalekiego Morza Północnego. Zakolami przepływa obok dawnych wiosek Twickenham, Richmond, Kew, Chiswick i Barnes, które już dawno wchłonął Londyn. Następnie Tamiza skręca na wschód do centrum miasta. Ostatnie osiem z 32 londyńskich mostów położonych jest bardzo blisko siebie, obsługują samo serce miasta: Westminster i City. Za ostatnim mostem, Tower Bridge, wody poszerzającej się rzeki wolno opływają cypel Isle of Dogs i przeciskają się przez wielkie metalowe szczeliny zapory Thames Flood Barrier, chroniącej Londyn przed powodziami.

Wzdłuż brzegów Tamizy stoją budowle świadczące o historycznej roli tej rzeki. Przez stulecia stanowiła główną arterię komunikacyjną dla londyńczyków, fasady zwrócone w stronę rzeki dowodziły prestiżu, co zresztą nie zmieniło się do dziś. St. Pauls Cathedral, Tower of London i Houses of Parliament stoją niedaleko rzeki.

Królowie i królowe w otoczeniu dworzan i muzykantów pływali łodziami w górę i w dół rzeki między pałacami Greenwich, Tower of London, Whitehall, Westminster, Richmond i Hampton Court. Arystokraci często lokowali swe wiejskie rezydencje w górze rzeki. Najbardziej imponujące z zachowanych to: Ham House, Syon House i Marble Hill House. Nad rzeką założono wiele parków: w dolnym biegu będzie to Greenwich, a w górnym Battersea, Kew,

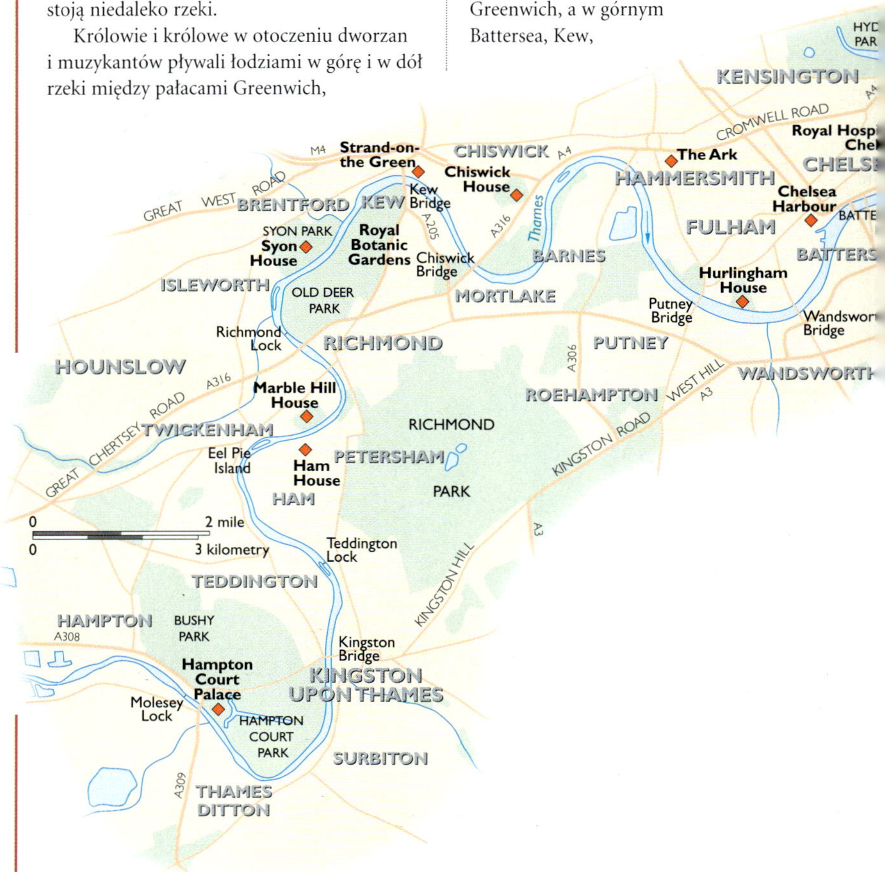

Richmond, Hampton Court i Bushy Park. Obecna intensywna zabudowa nadbrzeży świadczy o ponownym odkryciu rzeki. Przebudowa Doklandów, szczególnie Isle of Dogs (Wyspa Psów), okazała się zaraźliwa. Budowle nadbrzeżne, które przestały już służyć pierwotnym celom, wykorzystywane są na nowo, jak np. elektrownia Bankside czy County Hall. Pojawiają się nowe budowle, jak kwatera główna Wywiadu Wojskowego MI6 w Vauxhall.

Zapomniane przystanie, jak St. Katharine i Chelsea, zostały przerobione. Na moście Putney znalazła się restauracja, a nowy most Millenium przetnie Tamizę między katedrą św. Pawła a Bankside. Nowo wytyczona nadbrzeżna trasa spacerowa znowu zbliżyła mieszkańców do rzeki. ■

Śluza Teddington – tu kończy się oddziaływanie pływów morskich.

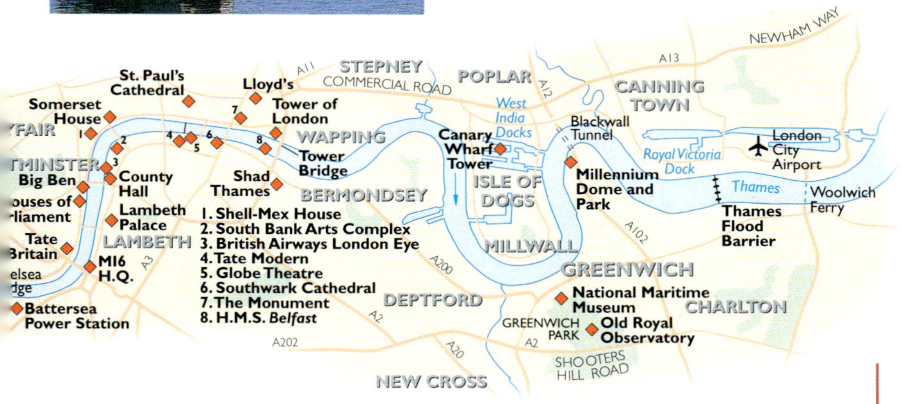

Nadbrzeżna zabudowa proj. Quinlan Terry'ego w Richmond wykorzystuje neogeorgiańską architekturę, by dopasować się do starych domów tego niezwykle popularnego londyńskiego przedmieścia.

Historyczny port

W Londynie nie widuje się już wyładowanych statków, płynących w górę i w dół rzeki. Dziś po Tamizie pływają statki wycieczkowe i komunikacyjne, nieliczne w porównaniu z czasami, kiedy większość brytyjskich bogactw wpływała i wypływała rzeką.

Rzymski port kwitł dokładnie w tym miejscu, gdzie dziś jest Cornhill. Znajdowały się tu drewniany most, magazyny i nabrzeża. Anglosasi handlowali z Francją i Nadrenią, a potem zapuścili się dalej, na Bałtyk i Bliski Wschód. W epoce Tudorów port tak się rozwinął, że pracowało tu 40 tys. ludzi – obsługiwali barki, budowali statki, byli dokerami i tragarzami – a 2000 łodzi przewoziło pasażerów w górę i w dół rzeki. Handel kwitł w XVII i XVIII w., Londyn stał się największym portem świata. W 1802 r. uruchomiono zamknięte doki, co zlikwidowało korki na Tamizie. W 1900 r. w porcie pracowało milion ludzi, kiedy jednak w 1985 r. port przeniesiono do Tilbury, rzeka w Londynie zamarła.

Na londyńskim odcinku Tamizy kwitł handel i odbywały się barwne uroczystości. Zakochany w przepychu minister Henryka VIII kardynał Wolsey ubrany w purpurowe szaty kazał się wieźć barką z Westminsteru do Greenwich na wizytę u króla. Najlepsze widowiska na Tamizie urządzał Lord Mayor. Od 1422 do 1846 r. co roku barki Livery Company (cechy rzemieślnicze) eskortowały Lorda Mayora elekta do Westminsteru po aprobatę monarchy.

W połowie XIX w. rzeka przekształciła się w otwarty ściek. Kiedy prawnicy królowej Wiktorii w 1857 r. odebrali ojcom miasta koronne prawa do eksploatowania rzeki, inżynier Joseph Bazalgette zaprojektował pierwszy w Londynie ogólnomiejski system kanalizacji. Znalazł także sposób na poprawienie czystości rzeki i jej częste zamarzanie, które wprowadzało w mieście chaos. Inspirowany sugestiami Wrena o wale nadrzecznym zwęził koryto rzeki, zyskując tym samym nowe tereny i przyspieszając jej bieg. Górą nowego nabrzeża biegła ulica, odciążająca natężenie ruchu w mieście, powstały tam ogrody publiczne i wysoki mur chroniący przed powodzią.

U góry: Obraz „Orszak Lorda Mayora na Tamizie", ok. 1747 r., pędzla G. A. Canaletta. Po lewej: Wioślarze Dogget's Coat & Badge w tradycyjnych strojach. U dołu: W latach 30. XX w. wozy konne oczekiwały podczas odpływu na piasek i żwir z barek na Tamizie.

OŻYWIENIE TAMIZY

Jakość wody w Tamizie wyraźnie się poprawiła, kiedy zamknięto doki, a przemysł nie mógł już wyrzucać odpadów prosto do rzeki. W londyńskim odcinku rzeki żyje obecnie ponad 100 gatunków ryb, w tym wrażliwy na czystość środowiska łosoś. Dzięki czystszej wodzie, wyremontowanym mostom i nowym budowlom londyńczycy na nowo odkryli swoją rzekę.

Zaczęło się to w latach 80. XX w. Rządowy projekt odnowy Doklandów – przekształcenie ponad 21 km^2 doków w domy mieszkalne i biura – zrodził się w 1981 roku. Stare magazyny przerabiano na mieszkania, najpierw dla pracowników City, a potem dla osób pracujących w samych Doklandach. Powstały nowe biurowce, odbijające się w wodzie dawnych doków, zachowanej tu ze względu na potencjał rekreacyjny.

W 1987 r. architekt Richard Rogers przekształcił dawny magazyn ropy w Hammersmith na biura i mieszkania, tworząc nowe osiedle. Znajdująca się w pobliżu zabawna bryła Arki z 1991 r. proj. Ralpha Erskine'a to śmiała próba stworzenia ekologicznego biurowca.

Przystań Chelsea, gdzie do 1960 r. rozładowywano barki węglowe, została w latach 1986–87 przerobiona na luksusowe osiedle nadbrzeżne. Na przeciwległym brzegu na dawnych terenach przemysłowych Norman Foster zaprojektował prostą budowlę z betonu i szkła, w której mieszczą się biura jego firmy Faster Associates, a na górze apartamenty mieszkalne.

Nową siedzibę wywiadu MI6, Vauxhall Cross, proj. Terry'ego Farrella, ukończono w 1993 r., zaś między budynkiem a rzeką powstała ścieżka dla pieszych. Nowa pływająca stacja straży pożarnej, zbudowana w stoczni Aberystwyth w Walii, zakotwiczona została przy Lambeth Pier w 1991 roku.

W centralnym Londynie najciekawszą budowlą nad rzeką jest Embankment Place, proj. Terry'ego Farrella zbudowany w latach 1987–90 jako biurowiec, malowniczo zawieszony nad dworcem Charing Cross. Zakrojona na ogromną skalę przebudowa City nie zmieniła szczególnie brzegów Tamizy, poza przerobionym przez Richarda Rogersa Billingsgate Fish Market (targ rybny) proj. Horacego Jonesa z 1875 roku.

W dolnym biegu rzeki trwa dynamiczny rozwój Southwark, zapoczątkowany przeróbką elektrowni Bankside. Dalej znajdują się przebudowane magazyny Shad Thames i Doklandy. ■

U góry: Katedra św. Pawła i most Southwark.
Po prawej: Wieżowiec Canary Wharf – centralny punkt Doklandów.
Poniżej: Embankment Place zbudowano nad dworcem Charing Cross.

Kulminacyjnym punktem każdej przejażdżki statkiem jest Big Ben i Parlament.

Dwie wycieczki statkiem po Tamizie

PRZEJAŻDŻKA PO TAMIZIE WYCIECZKOWYM STATKIEM w słoneczny dzień przekonuje o tym, że ta wielka rzeka stanowiła kościec rozwoju stolicy i główną arterię komunikacyjną. Statki płyną w dół rzeki od przystani Westminster, zatrzymują się przy Tower of London, a potem mijając Doklandy płyną do Greenwich, do Millenium Dome i Thames Flood Barrier. Trasa w górę rzeki jest dłuższa, prowadzi przez zielone okolice Londynu, mija wioski i wiejskie rezydencje, kończy się w Hampton Court Palace. Stąd można wrócić do miasta pociągiem.

Firmy oferujące wycieczki z przystani Westminster:

Tidal Cruises
Do zapory na Tamizie
☎ 0171-930 3373
🕒 III–XI
Czas przejażdżki: 1 godz. 15 min

Westminster Passenger Service
W dół rzeki do Greenwich
☎ 0171-930 1661
🕒 Cały rok
Czas przejażdżki: 1 godz.

W DÓŁ RZEKI: Z WESTMINSTERU DO GREENWICH

Niektóre statki przepływają za Westminster Bridge, by turyści mogli zobaczyć Parlament, zanim popłyną w dół rzeki. Po prawej County Hall, dawna siedziba władz miejskich, po lewej Victoria Embankment Bazalgette'a, znajduje się tu budynek Normana Shawa, Whitehall Court przypominający zamek i National Liberal Club, wzniesiony w latach 80. XIX wieku. Za schodami Whitehall – kiedyś setki takich schodków prowadziło na brzeg rzeki – stał pałac Whitehall.

Pod mostem kolejowym Hungerford, po lewej nad dworcem

Charing Cross nowy biurowiec proj. Farrella. Po prawej kompleks South Bank, po lewej przystań Charing Cross i ogrody Embankment, gdzie zachowała się brama wodna przypominająca dawną wspaniałość Strandu. W czasach wiktoriańskich odpływały stąd parowce na jednodniowe wycieczki do nadmorskich miasteczek przy ujściu Tamizy. Na horyzoncie widać Shell-Mex House z 1932 r. z zegarem, skrzydło sypialni dobudowane przez Macmurdo do hotelu Savoy w latach 1903–04. Monet malował most Waterloo z hotelowego pokoju. Na Victoria Embankment najstarszy pomnik Londynu: egipski obelisk z różowego granitu z 1450 r. p.n.e., niesłusznie zwany Igłą Kleopatry.

Spod Waterloo Bridge po prawej widać Royal National Theatre, po lewej Somerset House, potem ogrody – Inner Temple Gardens. Żelazne gryfy wyznaczają granice City. Po minięciu mostów Blacfriars (drogowego i kolejowego) w dali widać wieżowiec Canary Wharf. Po lewej ponad zatłoczone City wyrasta katedra św. Pawła i budynek Lloydsa. Po prawej elektrownia Bankside, obecnie część Tate Gallery, w głębi nowy Globe Theatre.

Następne mosty to Southwark Bridge i kolejowy Cannon Street, po lewej dorycka kolumna Monumentu, upamiętniającego wielki pożar, potem nowoczesny London Bridge; tu zaczynał się rzymski Londyn. Po lewej leży Billingsgate Market i Custom House, po prawej galeria Hays i okręt H.M.S. Belfast.

Po lewej wyraźna sylweta Tower of London, obok Tower Bridge. Poszerzająca się rzeka płynie obok odnowionych Doklandów przez Basen Londyński. Po prawej tereny Shad Thames, Bermondsey, Rotherhithe i Depford. Po lewej dzielnice Wapping, Shadwell i Limehouse, a potem wielki cypel Isle of Dogs (Wyspy Psów), którego południowy skraj leży naprzeciwko Greenwich. W głębi wznosi się Kopułą Milenijna, olbrzymie nowe centrum wystawowe na półwyspie Greenwich. Dalej w dole rzeki w Woolwich błyszczące bramy Thames Flood Barrier – zapory przeciwpowodziowej.

Westminster Passenger Service
W górę rzeki do Kew i Hampton Court
☎ 0171-930 2062
🕒 IV–X

Pora na zdjęcie – przepływamy pod mostem Tower.

W GÓRĘ RZEKI: Z WESTMINSTERU DO HAMPTON COURT

Statek wyrusza z przystani Westminster, przepływa pod Westminster Bridge. Po prawej budynek parlamentu i ogrody Victoria Tower, po lewej pałac Lambeth i pływająca stacja straży pożarnej. Za Lambeth Bridge umocnienia nabrzeżne Bazalgette'a podtrzymują Tate Gallery.

Za Vauxhall Bridge po prawej apartamenty na Dolphin's Square. Mijamy Chelsea Bridge, brzegi nabierają bardziej wiejskiego charakteru: po lewej Battersea Park z Pagodą Pokoju, po prawej ogrody Królewskiego Szpitala w Chelsea, gdzie odbywają się słynne wystawy ogrodnicze (Chelsea Flower Show). Po prawej za mostem Alberta leży

City Cruises
Do Tower of London
☎ 0171-237 5134
🕒 Cały rok
Czas przejazdu 20-25 min

Do Półwyspu Greenwich (Millenium Experience)
Czas przejazdu: 1 godz. 10 min

Zachód słońca nad Tamizą w piękny letni dzień.

stara wioska Chelsea. Za mostem Battersea, przystań Cheslea. Turner malował zachody słońca z wieży kościoła St. Mary w Battersea.

Po prawej w wielkim zakolu rzeki znajduje się Hurlingham House, zbudowany w 1760 r., w jego ogrodach obecnie działa prywatny klub sportowy. Most Putney Bazalgette'a zastąpił drewniany most z 1729 r., który wówczas był najdłuższym mostem na Tamizie, choć leżał daleko poza miastem. Po prawej Bishops Park, po lewej hangary wioślarskie, tu zaczyna się co roku wyścig wioślarski między załogami Oksfordu i Cambridge. Po prawej biura brytyjskiego architekta Richarda Rogersa i Arka proj. Ralpha Erskine'a, a następnie zwieńczony blankami Hammersmith Bridge. Po prawej Chiswick Malls z pięknymi domami, po lewej ładne miasteczko Barnes. Po minięciu Duke's Meadows po prawej wpływamy do Chiswick, z pięknym mostem; potem most kolejowy i drogowy w Kew, urocze domki przy Strand-on-the-Green po prawej. Następnie mijamy Royal Botanic Garden w Kew (zob. s. 180) z pałacem nad rzeką, a na przeciwnym brzegu błyszczący Syon House (zob. s. 185). Po minięciu mostu dla pieszych i śluzy w Richmondzie – mosty Twickenham i Richmond. Tu spotkamy pozostałości Richmond Palace w głębi za nadrzecznym Asgill House, zbudowanym w 1758 r. przez kupca z City Charlesa Asgilla. Następnie Richmond Park i Ham House po lewej, a Marble Hill House po prawej.

Śluza i zapora Teddington zaznaczają koniec oddziaływania pływów morskich na Tamizę. Za mostem Kingston i wielkim łukiem obok Home Park, bramy rzeczne Tijou zwiastują pałac Hampton Court (zob. s. 187). ■

Kościoły Wrena i podniebne biurowce tłoczą się wśród wąskich uliczek, pamiętających stolicę jako niewielki port cesarstwa rzymskiego, jakże różny od dzisiejszego, tętniącego życiem centrum finansowego.

City

Fragment wiktoriańskiego przepierzenia w hali targowej Smithfield.

Kościoły Wrena w City

DWA KATAKLIZMY – WIELKA ZARAZA W 1665 R. I WIELKI pożar w 1666 r. – na zawsze zmieniły oblicze City. Zamożni opuścili je, zapoczątkowując rozwój elitarnej dzielnicy mieszkaniowej St.James's. Odbudowane City było bezpieczniejsze, miało szersze ulice i domy o lepszej konstrukcji. Targowiska, sklepy meblowe i inne przesunęły się na zachód, bliżej swoich klientów. Nowa katedra i kościoły projektu Christophera Wrena nadały City spójny charakter architektoniczny, wyczuwalny jeszcze dzisiaj mimo pretensjonalnej zabudowy wiktoriańskiej i gigantycznych budowli XX wieku.

Wnętrze kościoła St. Bride w pobliżu Fleet Street, chodzili tu dziennikarze i drukarze.

51 kościołów proj. Wrena wybudowanych w City po 1760 r. odegrało olbrzymią rolę. Do dzisiaj zachowały się 23: aż 19 zniszczyły bombardowania podczas II wojny światowej, a 9 przepadło w innych okresach.

Kościoły różnią się dość zasadniczo swym planem i wyglądem. Są wśród nich świątynie z centralną kopułą, jak **St. Mary-at-Hill** *(Lower Thames St., tel 0171-626 4184)* i **St. Stephen Walbrook** *(Walbrook, tel. 0171-283 4444)*, kościoły pełne barokowego przepychu, jak **St. Bride** *(Fleet Street, tel. 0171-583 0289)* i **St. Lawrence Jewry** *(Guildhall, tel. 0171-600 9478)*, którego fasada wzorowana jest na projekcie katedry św. Pawła proj. Wrena. Warto odwiedzić **St. Magnus the Martyr** *(Lower Thames St., tel 0171-626 4481)* ze względu na klasycystyczne założenie i bogate wnętrze. Kolumnada podtrzymuje tunelowe sklepienie nawy prowadzącej do subtelnie rzeźbionych ołtarzy. Wśród barokowych posągów, grobowców i pozłacanych postumentów warto zwrócić uwagę na dwa oryginalne obiekty: chrzcielnicę i oprawę organów. Iglica, dobudowana w 1705 r. jest jedną z najlepszych wież Wrena; inne kościoły warte uwagi to **St. Bride** (zbudowana w latach 1701–03) i **St. Mary-le-Bow.**

W niektórych wnętrzach Wrena wyposażenie jest oryginalne, czasem z wcześniejszych lub zburzonych kościołów. **St. Margaret Lothbury** *(Lothbury, tel. 0171-606 8330)* łączy obie cechy. Wieżę w kształcie obelisku Wren umieścił na podstawie w kształcie kopuły. Wspaniałe wyposażenie prostokątnej nawy zawiera rzeźbione lektorium proj. Wrena. Kolumny w kształcie łodygi jęczmienia i wzlatujący orzeł przeznaczone były pierwotnie do kościoła All Hallows-the-Great (zburzonego w 1876 roku). Ołtarze, balustrada komunijna i chrzcielnica pochodzą z kościoła St. Olave, Old Jewry (zburzonego w 1888 roku).

Niemal każdy kościół Wrena odznacza się czymś specyficznym. Do ozdobienia wnętrza ślicznego kościoła **St. Mary Abchurch** *(Abchurch Lane, tel. 0171-626 0306)* Wren zaprosił swoich najbardziej utalentowanych przyjaciół. Poniżej malowideł Williama Snowa na płaskiej kopule zachowały się chyba najwspanialsze w XVII-wiecznym City rzeźby w drewnie ze śladami oryginalnego barwnika z byczej krwi. Są tu portale, pokrywa chrzcielnicy i balustrady Williama Emmetta, chrzcielnica Christophera Kempstera, ambona Williama Graya i – duma kościoła – ołtarz Grinlinga Gibbsona, jego jedyne autentyczne dzieło zachowane w City.

St. Margaret Pattens *(Eastcheap, tel. 0171-623 6630)* nazwę zawdzięcza wyrabianym w sąsiedztwie w XIII w. drewnianym chodakom (*pattens*), odznacza się szczególnym wnętrzem. Znajdują się tu jedne z nielicznych zachowanych w Londynie stalli z baldachimem, a jedna z nich z wyrzeźbionym „CW 1686" mogła być ławką samego Wrena. Obok ambony znajduje się piaskowa klepsydra do odmierzania długości kazań, ławka dla odbywających kary parafialnych rzezimieszków, a w bocznej kaplicy specjalne haki, na których dżentelmeni mogli wieszać peruki. Smukła ołowiana iglica wznosi się nad innym pięknym kościołem – **St. Martin within Ludgate** *(Ludgate Hill, tel. 0171-248 1817)*. Ołtarz, ambona, chrzcielnica i oprawa organów to wspaniałe przykłady rzeźby końca XVII wieku. Od kurzu Ludgate Hill chroni je przepierzenie tuż za drzwiami wejściowymi.

Kościół **St. Mary Aldermary** *(Queen Victoria St., tel. 0171-248 5139)* z ozdobioną pinaklami wieżą (dobudowaną w latach 1702-04), jest jedynym kościołem Wrena w stylu gotyckim. Fundatorem kościoła był niejaki Henry Rogers. Skomplikowane stiukowe sklepienie wachlarzowe, to jedyne dzieło tego rodzaju wykonane w City w XVII w. Pod sklepieniem oryginalna, rzeźbiona w drewnie ambona, chrzcielnica i drewniany stojak na szpady. ■

Wieża kościoła St. Mary-le-Bow – tylko urodzeni w zasięgu dźwięku jej dzwonów mogą pretendować do miana cockneya – prawdziwego londyńczyka.

St. Paul's Cathedral

KATEDRA ŚW. PAWŁA JEST KOŚCIOŁEM KATEDRALNYM diecezji londyńskiej – kościołem londyńczyków, w odróżnieniu od Opactwa Westminsterskiego, które jest świątynią narodową. Katedrę ufundował król Ethelbert z Kentu dla mnicha Mellitusa. Obecna katedra, piąta na tym miejscu, jest jedyną barokową katedrą Anglii, jedyną z kopułą, w całości zbudowaną pod kierunkiem jednego architekta – Christophera Wrena.

Plan s. 56
Ludgate Hill, EC4
0171-246 8348
Niedz. zamknięte dla zwiedzających (tylko nabożeństwa lub specjalne uroczystości)
Katedra i krypta $$, galerie $$.
Metro: St.Paul's, Mansion House, City Thameslink albo Blackfriars

Widok na nawę i prezbiterium, w głębi okno Amerykańskiej Kaplicy Pamięci.

Kamień węgielny położono 21 czerwca 1675 roku. Budowano ją z kamienia portlandzkiego z Dorset, którego transporty rozładowywano na najbliższych nabrzeżach. Korpus katedry wznoszono do 1679 roku. W 1708 r. syn Wrena położył ostatni kamień węgielny latarni wieńczącej trzypowłokową kopułę; całą katedrę ukończono w styczniu 1711 roku.

WYGLĄD ZEWNĘTRZNY

Przed wejściem do środka dobrze jest stanąć na Ludgate Hill i objąć wzrokiem całość budowli. Składa się ona z czterech wyraźnie widocznych brył: kopuła i skrzyżowanie, od którego odchodzą transepty, nawa główna, prezbiterium (chór) oraz zach. portyk. Kopuła spoczywa na szerokim bębnie – co tworzy otwarty taras – i składa się z wewnętrznej ceglanej czaszy, obudowy ceglanej w kształcie stożka podtrzymującej latarnię i zewnętrznej czaszy drewnianej pokrytej ołowiem. W fasadzie zach. dwukondygnacyjna kolumnada zamknięta jest dwiema wyszukanymi wieżami, a na frontonie znajduje się płaskorzeźba przedstawiająca nawrócenie św. Pawła.

WNĘTRZE

Zaraz po wejściu do środka katedry mamy doskonały widok przez całą długość nawy i prezbiterium aż do ołtarza. Ta niezwykła sceneria dodała blasku wielkim wydarzeniom, takim jak pogrzeb Nelsona w 1806 r. i Churchilla w 1965 r., obchodom diamentowego jubileuszu królowej Wiktorii w 1897 r., srebrnego jubileuszu Elżbiety II w 1977 r. i ślubowi księcia Karola z Dianą Spencer w 1981 roku.

Kopuła i skrzyżowanie

Skrzyżowanie nawy głównej i nawy poprzecznej jest miejscem, któremu trudno się oprzeć. Wystarczy usiąść tu i odpoczywać, spoglądając do góry na kopułę. Wspiera ją osiem olbrzymich łuków. Korynckie kolumny wznoszą się ku kopule, gdzie jedyną oryginalną dekorację stanowią freski grisaille przedstawiające życie św. Pawła, namalowane przez Johna Thornhilla w latach 1716–19. Mozaiki w kątach łuku – prorocy (proj. Alfreda Stevensa) i apostołowie (proj. G.F. Wattsa) – dodano w XIX w. po wizycie królowej Wiktorii, której świątynia wydała się ponura i mało kolorowa.

Wren przedstawił kilka projektów katedry. Wystawione są w **krypcie**, do której wchodzi się z pd. nawy poprzecznej. Znajduje się tu model starego kościoła św. Pawła, który Wren miał restaurować przed pożarem w 1666 roku. Po wielkim pożarze mianowano Wrena w 1669 r. generalnym architektem. W 1670 r. przedstawił pierwszy model katedry. Uznano, że jest zbyt skromny; kolejny projekt zwany Wielkim Modelem z lat 1673–74 to idealny projekt założenia na planie greckiego krzyża. Kiedy odrzucono i ten projekt jako nieprzystosowany do procesji biskupiej, Wren sporządził trzeci,

OMNES PECORA
QVAE MOVE NTVR IN
OMNIA VOLV CRES AQVIS
OMNES COELI

z niewielką kopułą i długą nawą. Po zaakceptowaniu tego projektu przez duchowieństwo i otrzymaniu w 1675 r. królewskiej zgody na budowę Wren powiększył kopułę, usunął iglicę, podniósł wysokość nawy i odrzucił trzy przęsła – wracając dość blisko do Wielkiego Modelu. Od razu położył wszystkie fundamenty, żeby już nikt nie mógł narzucić mu zmian.

W krypcie można obejrzeć program audiowizualny na temat historii katedry, a także Skarbiec oraz grobowiec Wrena z inskrypcją: *Lector, si monumentum requires, circumspice* (czytelniku, jeśli szukasz jego pomnika, rozejrzyj się wokół), słowa te powtarzają się na posadzce pod kopułą. W krypcie znajduje się dużo nagrobnych tablic. Spoczywają tu admirał Nelson, książę Wellington, a także artyści Joshua Reynolds, J.M.W. Turner i John Singer Sargent.

W nawie głównej umieszczano nagrobki brytyjskich bohaterów XIX i XX wieku. W pn. transepcie chrzcielnica Francisa Birda z 1727 r., w prezbiterium ozdobne kraty Jeana Tijou, za ołtarzem znajduje się **American Memorial Chapel**; oryginalny ołtarz główny Wrena ustawiony jest w **Lady Chapel** (kaplica Matki Boskiej). Obok znajduje się pomnik poety Johna Donne'a (1571–1631), dziekana katedry i największego kaznodziei swoich czasów. Zarówno stalle w prezbiterium, jak obudowę organów rzeźbił zespół prowadzony przez młodego Grinlinga Gibbonsa. W pd. transepcie można zobaczyć kopię malowidła Holmana Hunta *Światło świata*, wykonaną przez samego artystę (oryginał w Keble College w Oksfordzie).

GALERIE

Warto odbyć wspinaczkę po 560 stopniach na galerie i kopułę, by wzobaczyć stamtąd wspaniałą panoramę Londynu. Schody zaczynają się od łagodnych schodków wiodących do **Whispering Gallery** (Galeria Szeptów). Na ścianie – diagram konstrukcji kopuły. Jeśli nie przyjdziemy wcześnie, to nie znajdziemy ciszy i spokoju niezbędnych, by szepty niosły się po galerii. Na platformę przed **Stone Gallery** (Galeria Kamienna), wspartą na bębnie kopuły, prowadzą bardziej strome schody, stąd widać stożek podtrzymujący latarnię. Druga kondygnacja osłon wokół budynku jest ślepa, zbudowana dla efektu i nic się za nią nie kryje. Stąd kręte schody prowadzą na **Golden Gallery** (Złota Galeria), widok na Londyn zapiera dech w piersiach. ■

Galeria Szeptów – mozaiki dodano na życzenie królowej Wiktorii, by trochę ubarwić wnętrze.

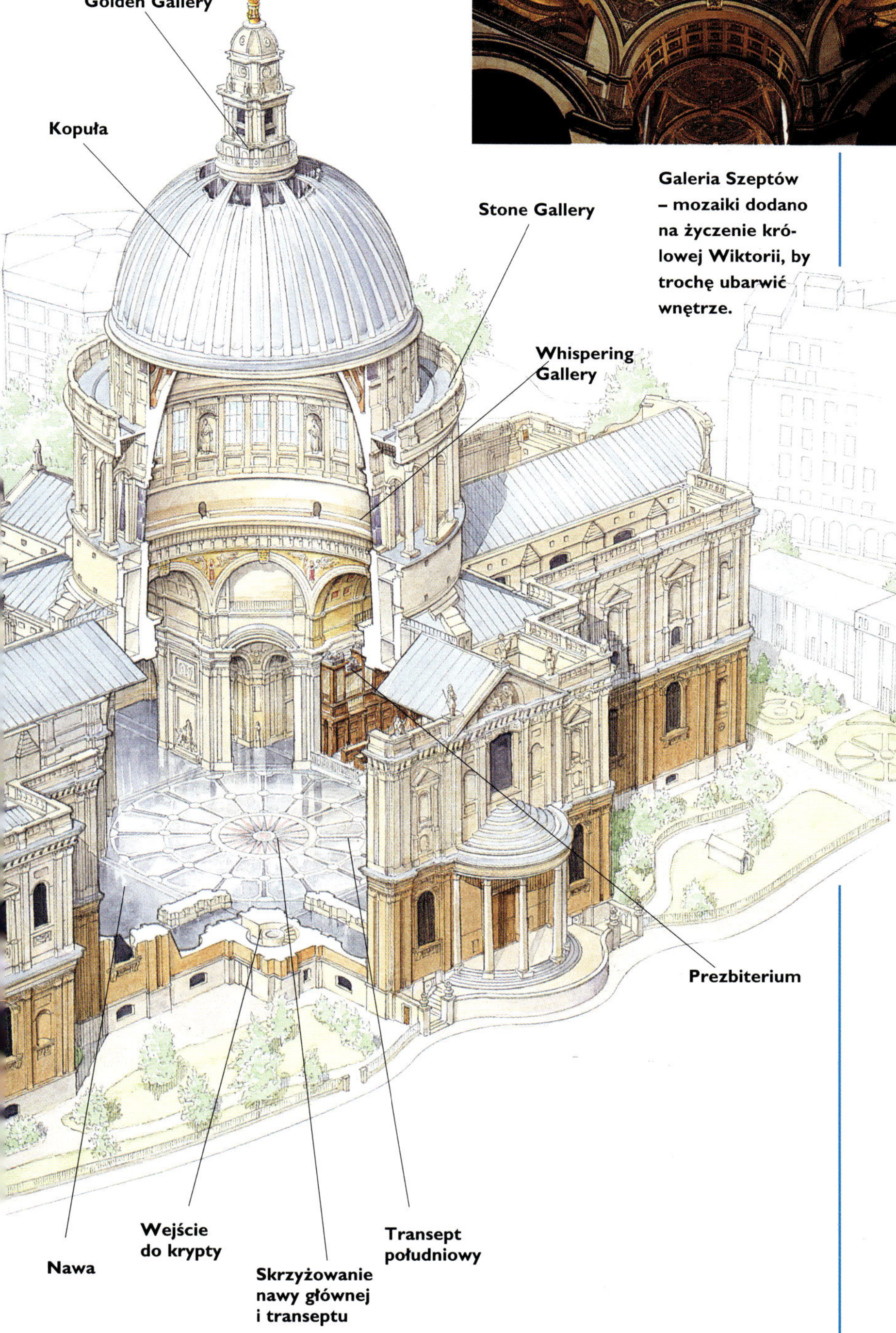

Spacer po City

Ten spacer daje dobre wyobrażenie o zwartej średniowiecznej zabudowie City, pozwala obejrzeć budowle z różnych epok. W dzień powszedni panuje tu nieopisany ruch, w weekendy – absolutny spokój.

Od stacji metra Monument idziemy na London Bridge – stąd podziwiany widok na City. Wracamy na brzeg. Idziemy Monument Street. Po prawej **Monument** 1 upamiętniający wielki pożar z 1666 r. Można wejść na szczyt.

Skręcamy w prawo w Fish St. Hill, potem w Lower Thames Street, gdzie stoi wspaniały kościół proj. Wrena **St. Magnus the Martyr** (zob. s. 58). Dalej na wschód St. Dunstan's Lane udajemy się do pozostałości kościoła **St. Dunstan-in-the-East**, gdzie wznosi się wspaniała wieża proj. Wrena z 1697 r. i ogród.

Na Fenchurch Street skręcamy w lewo w Lime Street. Przed nami barwny **budynek Lloydsa** 2 proj. Richarda Rogersa z lat 1978–86, z windami i schodami na zewnętrznych ścianach. Po lewej kryte arkady **Leadenhall Market** z 1881 r., targu spożywczego City, z wejściem od ulicy Gracechurch. Idziemy na północ, mijamy Cornhill, idziemy Bishopsgate. Po prawej **Międzynarodowe Centrum Finansowe (wieża NatWest)** Richarda Seiferta. W chwili powstania w 1981 r. był to najwyższy na świecie budynek na wspornikach (180 m). Po prawej średniowieczny kościół **St. Helen Bishopsgate** z pięknymi nagrobkami.

Po lewej, dróżka przez cmentarz przykościelny prowadzi do kościoła **St. Botolph** 3, z drewnianymi posągami ubogich dzieci. Skręcamy w lewo i dochodzimy do Old Broad Street, przecinamy Finch Lane, idziemy przez Cornhill do wąskiego dziedzińca naprzeciw **St. Michael Cornhill**, w którym średniowieczną wieżę uzupełniły dobudówki Wrena i Hawskmoora. Skręcamy w prawo w Lombard Street, bankowe szyldy zdradzają tu swój średniowieczny rodowód. Mijamy kościół **St. Mary Woolnoth** 4 proj. Hawskmoora z lat 1716–27, dochodzimy do Mansion House Square. **Mansion House** (1739–53), oficjalna siedziba Lorda Mayora, stoi naprzeciwko **Bank of England**. Mijamy bank i muzeum przy Bartholomew Lane, nieopodal kościoła **St. Margaret Lothbury** (zob. s. 59).

Lothbury prowadzi do Gresham Street, gdzie na wprost **Guildhall** stoi kościół **St. Lawrence Jewry** 5 (zob. s. 58). Można zwiedzać średniowieczną kryptę, zegary Clockmaker's Company (cech zegarmistrzów) wystawiono na parterze. Guildhall (Aldermanbury) to siedziba władz City – Lorda Mayora i radnych. W budynku wiszą chorągwie 12 głównych gildii City, na każdej symbol cechowej profesji. Idąc dalej Gresham Street dotrzemy do domu

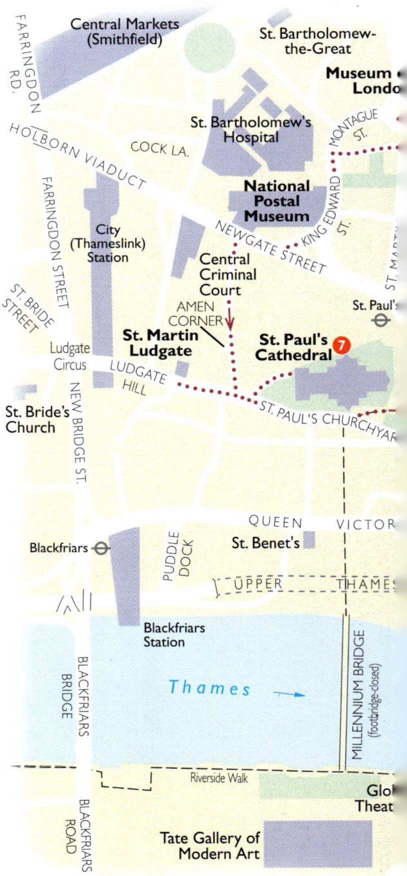

Goldsmith' Company (cechu złotników) przy Foster Lane (wystawy dostępne dla publiczności). Przy Stainnig Lane Haberdasher's Hall (dom pasamoników), przy Noble Street fragment rzymskiego muru. W prawo wchodzimy w St.Martin-le-Grand; **Museum of London** **6** (zob. s. 68) znajdziemy na końcu schodów przy rondzie. Wracamy St. Martin-le-Grand do Little Britain prowadzącej do King Edward Street i **National Postal Museum** (Muzeum Poczty) (*tel. 171-432 3851*). Po drugiej stronie Newgate Street, Warwick Lane mija Amen Corner, z domkami kanoników z XVII wieku. Na Ludgate Hill po prawej kościół St. Martin Ludgate, po lewej **katedra św. Pawła** **7** (zob. s. 60). Za katedrą Watling Street prowadzi do Bow Lane, na końcu ulicy kościół **St. Mary-le-Bow**. Przy Victoria Street rzymska **Świątynia Mitry** **8**. Za Mansion House kościół St. Stephen Walbrook, a kościół **St. Mary Abchurch** **9** (zob. s. 59) stoi na końcu St. Swithin Lane. Do stacji Monument dochodzimy Cannon Street. ■

Plan – druga strona okładki F4
Monument Tube Station
5,6 km
3 godz.
Monument Tube Station

ZOBACZ KONIECZNIE

- Guildhall
- Museum of London
- Katedrę św. Pawła

Smithfield i Clerkenwell

TE DWIE DAWNE ODNOGI ŚREDNIOWIECZNEGO CITY przetrwały jako północne ustronia, podczas gdy modny Londyn przesuwał się na zachód. W Clerkenwell zachowało się najwięcej średniowiecznych budowli, a jedyny hurtowy targ mięsny Londynu Smithfield Meat Market odrestaurowano z wielką starannością.

Tragarz na targu w Smithfield.

Do Smithfield najlepiej przyjść bardzo wcześnie – między godz. 5 a 8 rano.

Smithfield Meat Market, ECI (Targ mięsny Smithfield)

Plan s. 56

Niedz. zamknięte

Metro: Barbican, Farringdon albo City Thameslink

Jarmark koński z XII w. na „Smooth field" (gładkie pole) – czyli Smithfield – przekształcił się później w targ zwierzyny – miejsce pełne nieopisanego hałasu, bójek, pijaństwa, rżenia, muczenia i krwi zarzynanych zwierząt. W 1855 r. targ przeniesiono do Islington z powodu zakazu sprzedaży i uboju żywych zwierząt, zachowały się tylko wspaniałe hale **Smithfield Meat Market** z lat 1851–66. Tragarze (*bummarees*) rozwożą olbrzymie połcie mięsa pochodzące z całej Europy.

Na otwartej początkowo przestrzeni odbył się m.in.: turniej zorganizowany przez Edwarda III na cześć króla francuskiego w 1357 r., konfrontacja Ryszarda II i Lorda Mayora Walwortha z Watem Tylerem w 1381 r. przywódcą rewolty chłopskiej, Bartholomew Fair (Jarmark Bartłomieja) – międzynarodowy jarmark bławatny odbywał się tu corocznie w latach 1133–1855. Na obrzeżach wznosi się kościół St. Bartholomew-the-Great (zob. s. 67), domki i wąskie uliczki z XVII w. związane z jarmarkiem bławatnym, piękny kościół St. Etheldreda, zbudowany w 1300 r. dla biskupa Ely.

Na pn. wsch. od targu leży brukowany plac **Charterhouse Square**, bramy i domy z XVIII w., a w głębi okazałe ruiny Charterhouse Monastery (klasztoru kartuzów) *(tel. 0171-253 9503, z przewodnikiem śr. IV–VI)*. Przy St. John's Square stoi wielka brama **St. John's Gate**, z 1504 roku. Wraz z kryptą i prezbiterium stanowiła część Priory of St. John of Jeruzalem (opactwo św. Jana Jerozolimskiego) *(tel. 0171-253 6644, zamknięte niedz.)*

Clerkenwell było schronieniem mnichów i rzemieślników uciekających z City przed restrykcjami gildii. Ośrodkiem wioski był skwer, wokół osiedlali się rzemieślnicy, którzy teraz powracają w te okolice. Niewiele zachowało się z klasztoru żeńskiego St. Mary, ale na jego miejscu stoi kościół **St. James's** proj. Jamesa Carra z lat 1788–91 *(Clerkenwell Close, tel. 0171-251 1190)*, ze wspaniałymi organami oraz interesującymi tablicami fundatorów. ■

St. Bartholomew-the-Great

ŚREDNIOWIECZNA POBOŻNOŚĆ I PIELGRZYMKI WYWARŁY wielki wpływ na Londyn. Rahere, dworzanin Henryka I, ślubował, że jeśli wyleczy się z malarii, której się nabawił podczas pielgrzymki do Rzymu, zostanie mnichem i wybuduje kościół i szpital. Rzeczywiście wstąpił do zakonu augustianów i w 1123 r. ufundował Bartholomew's Hospital i Priory (szpital i opactwo św. Bartłomieja). Ślad tej fundacji to właśnie ten najstarszy kościół Londynu, jedyny kościół klasztorny z XII wieku.

St. Bartholomew--the-Great

Plan s. 56
West Smithfield, EC1
0171-606 5171
Zamknięte sob. po poł. i pon. w VIII. Nabożeństwa śpiewane: niedz. godz. 11 i 18.30, kiedy dzwonią dzwony.
Metro: Barbican

OPACTWO

Kościół opacki St. Bartholomew--the-Great z 1123 r., odrestaurował w latach 1880–90 Aston Webb. Do kościoła wchodzi się przez kamienny łuk z XIII w., pierwotnie było to wejście do nawy. Brama z epoki Tudorów pochodzi z czasów po rozwiązaniu klasztorów (1559). Ścieżka do drzwi kościoła prowadzi obok dawnej nawy, po prawej był klasztor.

Wewnątrz zachowało się prezbiterium Rahere'a, obejścia i Lady Chapel. Ściany w kolorze miodu, przysadziste kolumny, okrągłe łuki i prostota wystroju stwarzają atmosferę kontemplacji, daleką od miejskiego gwaru.

Rahere został tu pochowany w 1143 r., jego grobowiec (późniejszej daty) stanął obok ołtarza. Jeden z ostatnich przeorów William Bolton zbudował w 1515 r. Okno Tudorów. Wkrótce potem Richard Rich nabył tereny rozwiązanego klasztoru, zburzył większość budynków, zamieszkał w Lady Chapel, znajdującej się za przesłoną proj. Webba z kutego żelaza. Później mieściły się tu biura drukarni, w 1725 r. pracował w nich amerykański mąż stanu i pisarz Benjamin Franklin.

SZPITAL

St. Bartholomew's Hospital
(West Smithfield, tel. 0171-601 8888, pt. z przewodnikiem godz. 14) był pierwszym londyńskim szpitalem, wzniesionym na terenach podarowanych przez króla Henryka I. Po rozwiązaniu klasztorów stał się szpitalem świeckim. W latach 1730–59 powiększony o budynki proj. Jamesa Gibbsa. W pobliskim Cloth Fair w 1573 r. urodził się architekt Inigo Jones, ochrzczony w szpitalnym kościele. ■

Brama z epoki Tudorów prowadzi do wcześniejszego kościoła St. Bartholomew-the-Great.

Museum of London

Museum of London
Plan s. 56
London Wall, EC2
0171-600 3699
całodobowa informacja: 0171-600 0807
Pon. nieczynne
$$
Metro: Barbican, St.Paul's, Bank albo Moorgate

W MUZEUM LONDYNU SĄ ZADZIWIAJĄCE ZBIORY, KTÓRYCH zadaniem jest przedstawienie politycznej i handlowej historii miasta, od czasów prehistorycznych do dziś. Wśród eksponowanych skarbów znajdują się mozaiki podłogowe z domu zamożnego Rzymianina, stół do rachunków średniowiecznego kupca, makieta nieistniejącego pałacu królewskiego Tudorów i Stuartów w Whitehall, suknie z jedwabiu ze Spitafields. Możemy tu obejrzeć wszystkie wspaniałości, okropności i brzydactwa Londynu. Dodatkowo historię ożywiają specjalne imprezy, podczas których można dotykać eksponatów, odwiedzać stanowiska archeologiczne i słuchać wyjaśnień pracowników muzeum.

Suknia z 1875 r., uszyta przez dworską krawcową, madame Elise z Regent Street.

ZAŁOŻENIE

Muzeum mieści się w części Barbicanu, w budynku zaprojektowanym w 1975 r. przez Powella i Moya. Serce udostępnionych w 1976 r. zbiorów stanowią eksponaty z Guildhall Museum, założonego w 1826 r., by pokazywać obiekty związane z City, i z dawnego London Museum w Kensington Palace, które od 1912 r. koncentrowało się na kulturalnej historii Londynu, zwłaszcza ubiorów. Przebudowa miasta w latach 80. i 90. XX w., podczas której archeolodzy mogli przeprowadzić badania przed rozpoczęciem budowy, wzbogaciła zasoby muzeum tak bardzo, że trudno nad nimi zapanować. Eksponuje się tylko ich część, reszta znajdzie się w muzeum w Doklandach. Sale w porządku chronologicznym wyposażono w plany, makiety, słychać również muzykę.

Urządzono także sale tematyczne, poświęcone np. sprawom przemysłu czy rozrywki oraz szybką ścieżkę zwiedzania.

ZWIEDZANIE

Pierwsza wizyta w muzeum może ograniczyć się jedynie do pobieżnego zapoznania się z całą historią Londynu i zajrzenia do jednej czy dwóch sal.

Na wyższej kondygnacji **sale rzymskie** zaskakują wyrafinowaniem. Szczegółowe makiety portu i forum robią jeszcze większe wrażenie, kiedy patrzymy na odtworzone pomieszczenia z pobliskich budynków rzymskiego Londynu. Wystawiono tu mozaiki podłogowe, malowidła ścienne z Southwark, kuchnie z ziołami i przyprawami, elegancką jadalnię i kilka pięknych rzeźb ze świątyni Mitry.

Monety i importowana ceramika w **galerii saskiej**, a także broń pozostawiona przez wikingów dowodzą, że Londyn nie zamarł po wyjeździe Rzymian. **Sale średniowieczne** pokazują zupełnie inne miasto – znaczki pielgrzymów, krzyże z czasów czarnej śmierci, sekretarzyk kupca, makiety Tower of London i starego London Bridge. Wielkość **Londynu Tudorów**

ukazuje makieta Giełdy Królewskiej i zapierających dech fragmentów pałacu Henryka VIII Nonsuch.

Londyn Stuartów to wojna domowa, egzekucja jednego monarchy, przywrócenie drugiego na tron. Z tego okresu są tu pamiątkowe medaliony na cześć Karola I, mnóstwo biżuterii z Cheapside i makiety zburzonego Whitehall Palace oraz ponure informacje o przesądach, pożywieniu i systemie dostarczania wody, a także widowiskowa diorama wielkiego pożaru z 1666 roku.

O zamożności Londynu Stuartów świadczy sala z Poyle Park w Surrey, w której nie brak nawet wspaniałych wirginałów. Z ery georgiańskiej są gazety, wizytówki kupców, ceramika i lombard.

Już sama wielkość **wiktoriańskiego Londynu** może zaćmić niemal całe 2000 lat historii miasta. Galerie XIX w. to bogactwo pojazdów, budowli, udogodnień publicznych, rozrywek, pociągów. Przywołuje je do życia odtworzona ulica, pełna dobrze zaopatrzonych sklepów. W XX w. Londyn nie przestawał się rozwijać. W tym dziale mamy zmyślną windę ze sklepu Selfridge'a w stylu art déco, dzieje londyńskiego przemysłu filmowego, model samochodu ford T, a także pozłacaną karocę lorda mayora, do dziś używaną podczas listopadowej parady. ■

Błyszcząca biżuteria ze zbioru Cheapside Hoard w galerii wczesnej epoki Stuartów.

Głowa Mitry, z ok. 180–220 n.e., przedstawia młodzieńca w czapce frygijskiej; znaleziona w 1954 r. podczas wykopalisk na miejscu świątyni Mitry.

Islington

Camden Passage

- Plan s. 56
- Camden Passage, przecznica Upper Street, N1
- 0171-359 9969
- Sklepy: nieczynne niedz. i pon., kramy: czynne śr. przed poł. i sob. od wczesnych godzin rannych.
- Metro: Angel

ISLINGTON, POŁOŻONE NA WZGÓRZU NIEOPODAL CITY, OD dawna kojarzono z zabawą i rozrywką. Po rozwiązaniu klasztorów w XVI w. osiedlili się tu niektórzy arystokraci, ale prawdziwy charakter miejscowości jako uzdrowiska ustalił się w XVIII wieku. Chociaż pola wokół domów kupców z epoki georgiańskiej wkrótce stały się mozaiką wiktoriańskich placów, Islington od tego czasu jest dzielnicą rozrywki – pełno tu teatrów, targów, restauracji i pubów. Wśród mieszkańców istnieje silne poczucie wspólnoty.

Ducha dzielnicy doskonale oddają dwa odmienne w charakterze targi: **Chapel Market**, gdzie mieszkańcy zaopatrują się w żywność i inne towary, oraz renomowany, międzynarodowy **Camden Passage,** ocalony przed zakusami budowniczych w latach 60. XX wieku. Stąd Duncan Street i Charlton Place prowadzą do wspaniałych georgiańskich domów przy Duncan Terrace. Zamożny kupiec z epoki Tudorów Hugh Middleton miał swój pomnik przy Islington Green, naprzeciwko Królewskiej Szkoły Rolniczej, gdzie obecnie mieści się Business Design Centre. Upper Street, z rekordową liczbą restauracji, chlubi się też kościołem **St. Mary** z lat 1751–54 ze wspaniałą iglicą. Obok trzy teatry: w pubie King's Head, teatr dla dzieci Little Angel, nieopodal eleganckiej Cross Street i awangardowy Almeida Theatre przy ulicy o tej samej nazwie.

Cudownie jest przejść się przez **Canonbury** w kierunku pn.-wsch., wzdłuż szeregowych domków georgiańskich. Canonbury Square z wielkim Canonbury House z 1780 r. prowadzi do Compton Terrace i Alwynne Villas. W Barnsbury można zobaczyć szereg wiktoriańskich placyków z kolejnej fali budownictwa przeznaczonego dla biznesmenów z City. ■

Antyki – w sklepach i na chodnikach Camden Passage.

Camden Passage

W tej wąskiej uliczce, wybrukowanej kamieniami z Yorku, znajduje się najwięcej w kraju sklepów i kramów z antykami. Po obu stronach pasażu ciągną się renomowane sklepy z zegarami, starymi strojami, sztychami itp. Gdziekolwiek się dało, postawiono kioski, można w nich znaleźć przedmioty secesyjne, figurki ze Staffordshire, wyroby z bakelitu i emalii. Najgwarniej jest w środy i soboty, kiedy całą powierzchnię ulicy wypełniają kramy, towary rozkłada się na ziemi, a najnędzniejszy widelczyk do ryb nabiera wartości. ■

Ze wspaniałością Opactwa Westminsterskiego, Parlamentu, Katedry Westminsterskiej i Pałacu Buckingham kontrastuje cicha kaplica St. Faith w opactwie i spokojna atmosfera parków Victoria Tower Gardens, Green Park czy St. James's.

Westminster

Fragment plafonu w gmachu Parlamentu z literami VR – Victoria Regina.

Westminster

WESTMINSTER, POLITYCZNE I KRÓLEWSKIE CENTRUM KRAJU, ODZNACZA się zupełnie inną atmosferą niż handlowe City. Ta druga londyńska osada, oddalona od City o nieco ponad 3 km w górę rzeki, powstała 1000 lat później, na zupełnie inaczej ukształtowanym wybrzeżu i z innym przeznaczeniem. W odróżnieniu od mocno zagęszczonego City jest to dzielnica pałaców, otwartych przestrzeni, budowli użyteczności publicznej, wiąże się raczej z polityką narodową niż z międzynarodowymi finansami, obejmuje nieogrodzone królewskie posiadłości, nie zaś ogrodzony murami i strzeżony port.

POCZĄTKI WESTMINSTERU

Westminster powstał nad brzegiem Tamizy na błotnistym gruncie nawadnianym przez rzekę Tyburn. Przypuszcza się, że właśnie tu Sebert, król Saksonii Wschodniej, ufundował kościół św. Piotra, prawdopodobnie ok. 604 r. n.e. W tym samym roku jego wuj Ethelbert wybudował kościół św. Pawła na Ludgate Hill w City.

Westminster rychło zyskał królewskie błogosławieństwo. Królowie sascy dawali mu grunty i relikwie. Biskup Londynu St. Dunstan w 960 r. osiedlił tu tuzin mnichów, ale dopiero Edward Wyznawca umieścił Westminster na mapach. Marzył o tym, by postawić nowy pałac, rozległy klasztor i kościół opacki jako miejsce królewskich pochówków. Wilhelm Zdobywca i następni władcy umacniali królewską, religijną i polityczną rolę Westminsteru.

WESTMINSTER DZISIAJ

Nadbrzeżny Westminster Palace, lepiej znany jako Houses of Parliament (Parlament), od dawna już zdominował życie dzielnicy. Drugi kamienny most w Londynie, Westminster Bridge, obok Parlamentu, otwarto w 1750 r., a przebudowano w latach 1852–62. Obecnie mieści się przy nim przystań statków wycieczkowych, płynących w górę i w dół rzeki (zob. s. 52).

Biura parlamentu rozprzestrzeniły się na sąsiednie budynki, sięgają na drugą stronę Parliament Square i do kościoła St. Margaret's. Posłowie chętniej korzystają z tego kościoła niż z dużo większego opactwa, od kiedy purytański marszałek (speaker) Izby Gmin modlił się tutaj w Niedzielę Palmową w 1614 roku.

Gdyby nie zachował się Banqueting House proj. Inigo Jonesa i budynek Hourse Guards (Gwardia Konna) Johna Vardy'ego, to budynki biurowe przy Whitehall, olbrzymie, często pretensjonalne, zupełnie odsunęłyby w niepamięć nawet sam fakt istnienia Whitehall Palace (jego makieta znajduje się w Museum of London – s. 68).

Opactwo Westminsterskie to drugi po Parlamencie ważny punkt Westminsteru. Turystów przyciąga tu nie tylko wspaniałość samej budowli, ale także rola, jaką odegrała w historii kraju. Henryk III rozpoczął przebudowę opactwa w 1245 r., aby stworzyć grobowiec dla Edwarda Wyznawcy, królewską nekropolię i kościół koronacyjny. Londyński pałac arcybiskupa Canterbury znajduje się na drugim brzegu rzeki dokładnie naprzeciwko Westminsteru.

Monarchów trzymała w Wetminsterze geograficzna bliskość Kościoła i urzędów państwowych. Jednak kiedy powietrze w Londynie robiło się coraz bardziej zanieczyszczone, królowie opuścili Whitehall Palace i przenieśli się do Kensington i Hampton Court, zawsze jednak dwór pozostawał w St. James's Palace. Wraz z zakupem Buckingham House w 1761 r. Jerzy III z powrotem przeniósł londyńską rezydencję monarchów do Westminsteru. Do dziś pałac Buckingham jest londyńskim domem królewskim, choć oficjalną siedzibą dworu jest St. James's Palace. ■

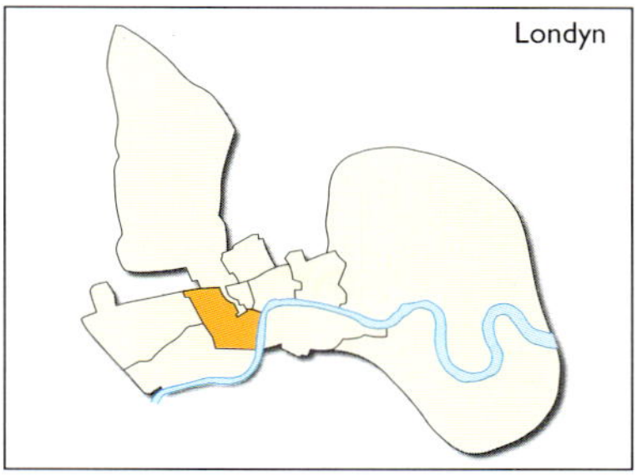

WESTMINSTER

1 Ambasada USA 2 Royal Mews 3 Queen's Gallery 4 Pomnik królowej Wiktorii 5 Spencer House 6 Lancaster House 7 Clarence House 8 Queen's Chapel 9 Marlborough House 10 Queen Anne's Gate 11 Cabinet War Rooms 12 Główny Dom Metodystów 13 Kościół St. Margaret 14 Cenotaph 15 Westminster Hall

Westminster Abbey

OPACTWO WESTMINSTERSKIE – ŁATWO ZROZUMIEĆ, JAK wielkie wrażenie w średniowiecznym Londynie musiał wywierać ten olbrzymi kościół, najwyższa gotycka świątynia w kraju, a także jego rozległy teren i budynki. Przed wejściem do dużego budynku zawsze dobrze jest patrzeć na całość z zewnątrz, co sprawdza się szczególnie w przypadku opactwa.

Wieże zachodnie dobudowano do Opactwa Westminsterskiego w XVIII wieku.

Obecny kościół nie jest pierwotnym kościołem opackim. Nie ma żadnych świadectw dotyczących pierwszego kościoła św. Piotra. Nie ma też śladu kościoła rozpoczętego przez Edwarda Wyznawcę w 1050 r., jak i budowli normańskiej z lat 1110–50, burzonej stopniowo, by zrobić miejsce dla kościoła Henryka III. Dzisiejsza świątynia jest w głównej mierze rezultatem planów budowlanych Henryka, realizowanych od 1245 roku. To on zbudował gotyckie prezbiterium, transept, skrzyżowanie naw i pięć pierwszych przęseł nawy, używając miękkiego kamienia z Reigate w Surrey. Henryk utrzymywał kontakty z dworem francuskim, niewykluczone, że jego architekt, Henry z Reynes, był Francuzem. Wiele elementów architektury ma wyraźnie francuską inspirację: wielokątna absyda z promienistymi kaplicami, pierwsza tego typu budowla na wyspach, jej niezwykła wysokość i bogactwo dekoracji.

Prezbiterium było przyłączone do normańskiej nawy i tak wyglądało przez całe stulecie. W 1375 r. Ryszard II zburzył normańską nawę, żeby Henry Yevele mógł wznieść nową. Ukończono ją w latach 90. XIV w., dodano też wielkie zach. okno w modnym wówczas stylu perpendicular. Wieże zach. dobudowano dopiero w XVIII w. według proj. Nicholasa Hawksmoora.

Henryk VII dobudował w latach 1503–12 na wsch. krańcu swoją kaplicę w najbardziej strzelistym stylu perpendicular. Warto obejrzeć ją z zewnątrz. Ciężar sklepienia opiera się na przyporach wspartych na olbrzymich filarach, dzięki czemu okna mogą być duże.

WNĘTRZE

Pierwsze wrażenie to niezwykłe bogactwo dekoracji i pomników. Nie zawsze jednak tak było – wcześniej nie było żadnego pomnika, jedynie delikatne lektorium przed prezbiterium, którego celem było oddzielenie mnichów od publiczności. Obecne bogate, choć ciężkie neogotyckie lektorium proj. Edwarda Blore'a pochodzi z 1839 r., on zaprojektował również ozdobne stalle w prezbiterium wstawione tu w 1848 roku. W promieniach wielobarwnego światła padającego przez witraże na białe mury, widać było rzeźbione dekoracje oświetlone na czerwono, niebiesko, zielono i złoto. Tak wyglądało opactwo, kiedy tłoczyli się tu pielgrzymi do grobowca Edwarda Wyznawcy, a krużganki wypełniali benedyktyni.

Po rozwiązaniu klasztorów, w 1534 r. Henryk VIII zagarnął opactwo dla siebie; zamknął je w 1540 r., a później sprzedał dwie trzecie jego rozległych włości. Za panowania Marii I sytuacja na krótko się poprawiła, ale Elżbieta I przypieczętowała los opactwa, które stało się kolegiatą św.Piotra.

ZWIEDZANIE

Pomniki w opactwie są tak liczne, że albo należy przyłączyć się do zwiedzania z przewodnikiem, albo sporządzić listę tego, co nas najbardziej interesuje. Dobrze jest przyjść wcześnie, by zdążyć na nabożeństwo w kaplicy St. Faith's albo wybrać się po południu na *Evensong* – śpiewane wieczorne nabożeństwo.

Spacer po nawie przypomina wędrówkę w przeładowanym muzeum rzeźby od renesansu do czasów wiktoriańskich. Po lewej stronie lektorium stoi pomnik Izaaka Newtona, proj. Williama Kenta z roku 1731. Postać Newtona wyrzeźbił Michael Rysbrack, podobnie jak Ben Jonsona i Johna Miltona w Zakątku Poetów. Zaraz przy wejściu znajduje się portret Ryszarda II z 1390 roku. Obok jest Grób Nieznanego Żołnierza, ze zwłokami żołnierza z I wojny światowej – ostatni pochówek w opactwie.

Za lektorium Blore'a i stallami prezbiterium widać płaskorzeźby dekoracji nawy Henryka III. Po drodze w pn. nawie poprzecznej warto obejrzeć wielką rozetę proj. Jamesa Thornhilla, piękne skrzydlate anioły i brosze sklepienia w nawie pd., ołtarz główny proj. George'a Gilberta Scotta z 1868 r., obejmujący też mozaikę Salvatiego *Ostatnia Wieczerza*. Tutaj dokonuje się ceremonii koronacji. W koronacji Elżbiety II uczestniczyło 250 osób w dziewięciu

Wachlarzowe sklepienie w kaplicy Henryka VII.

Westminster Abbey

Plan s. 73
Broad Sanctuary, SW1
0171-222 5152
Niedz. zamknięte – z wyjątkiem nabożeństw. Chóry: pon.–pt. 17; niedz.10, 11.15, 15. Codz. nabożeństwo w kaplicy St. Faith's o 7.30.
Nawa i królewskie kaplice $$ Chapter House, Pyx Chamber, Undercroft Museum $ (zniżka w śr. 18–19.45, wtedy wolno fotografować). Krużganki: bezpłatnie

procesjach. Ceremonia przebiegała tak jak koronacja króla Edgara w Bath w 973 roku.

Kaplica Henryka VII jest niezwykle piękna. Ta najpiękniejsza w Londynie budowla w stylu perpendicular da się porównać z kaplicami w King's College w Cambridge i Chapel of St. George (kaplica św. Jerzego) w Winsdorze. Olbrzymie okno w połączeniu z delikatną pajęczyną wachlarzowego sklepienia daje wrażenie niezwykłej lekkości. Posągi były kiedyś jaskrawo pomalowane i złocone. W stallach chóru znajdują się bogato rzeźbione misericordie (wsporniki), insygnia należące do rycerzy dawnego Orderu Łaźni, przywróconego przez Jerzego I w 1725 roku .

Wśród **Grobów Królewskich** kilka najpiękniejszych pomników opactwa. Szczególnie wymowny jest pomnik Henryka VII, który spoczywa obok swej ukochanej małżonki. Serce budowli stanowi świątynia Edwarda Wyznawcy, którego otaczają królewscy zwolennicy: Henryk III, Edward I, Edward III i Ryszard II, oraz Henryk V przy wejściu. Obok grobowca tron koronacyjny.

Zakątek Poetów (Poet's Corner) w pd. nawie poprzecznej upamiętnia nie tylko poetów – jak Geoffrey Chaucer i Edmund Spenser, ale także pisarki Jane Austen i George Eliot, kompozytora George'a Fredericka Haendla i aktora Davida Garricka. Mury zdobią malowidła ścienne z XIII wieku. Za nimi znajduje się kaplica St. Faith's z malowidłami ściennymi z XIV wieku.

U zbiegu pd. transeptu z nawą drzwi do krużganków, w których jeszcze dziś panuje atmosfera londyńskich średniowiecznych klasztorów. Wokół krużganków liczne budynki klasztorne. Chapter House (kapitularz) z lat 1250–53, to miejsce gdzie opat dawał swoim mnichom codzienne zadania, tutaj też w końcu XIII i w XIV w. zbierał się parlament. **Pyx Chamber** z lat 1065–90 i **Undercroft Museum**, niegdyś dormitoria mnichów, obecnie miejsce wystawy

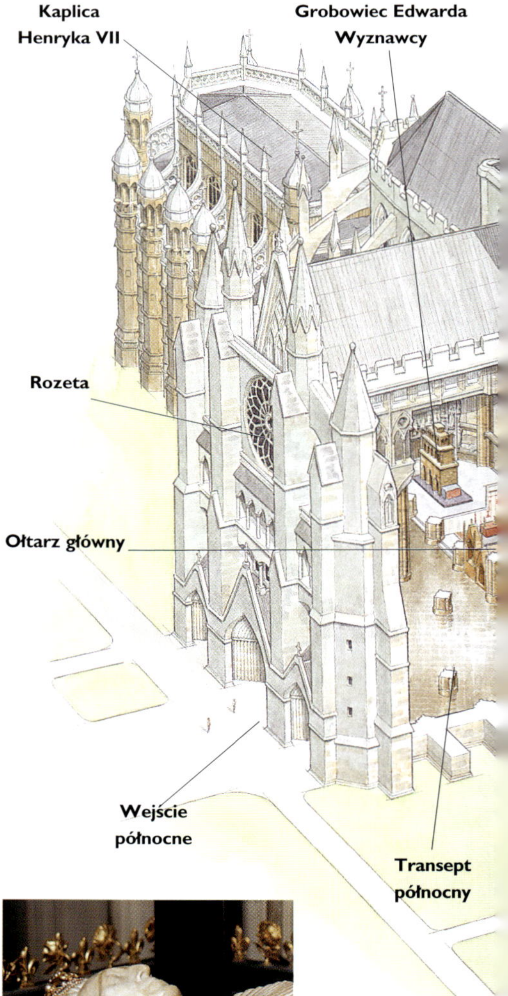

Posąg Elżbiety I, która jest tu pochowana wraz ze swoją przyrodnią siostrą Marią I.

woskowych postaci zmarłych monarchów – figury te niesiono podczas królewskich ceremonii pogrzebowych. Najstarsze pochodzą z pogrzebu Karola II. Dalsze budynki klasztorne leżą na zewnątrz. Z Broad Sanctuaries przechodzimy pod łukiem na Dean's Yard, gdzie mieści się Westminster School. Warto zobaczyć College Hall z lat 60. XIV w., niegdyś część domu opata. ■

Grobowiec Edwarda Wyznawcy, który zmarł w 1066 roku.

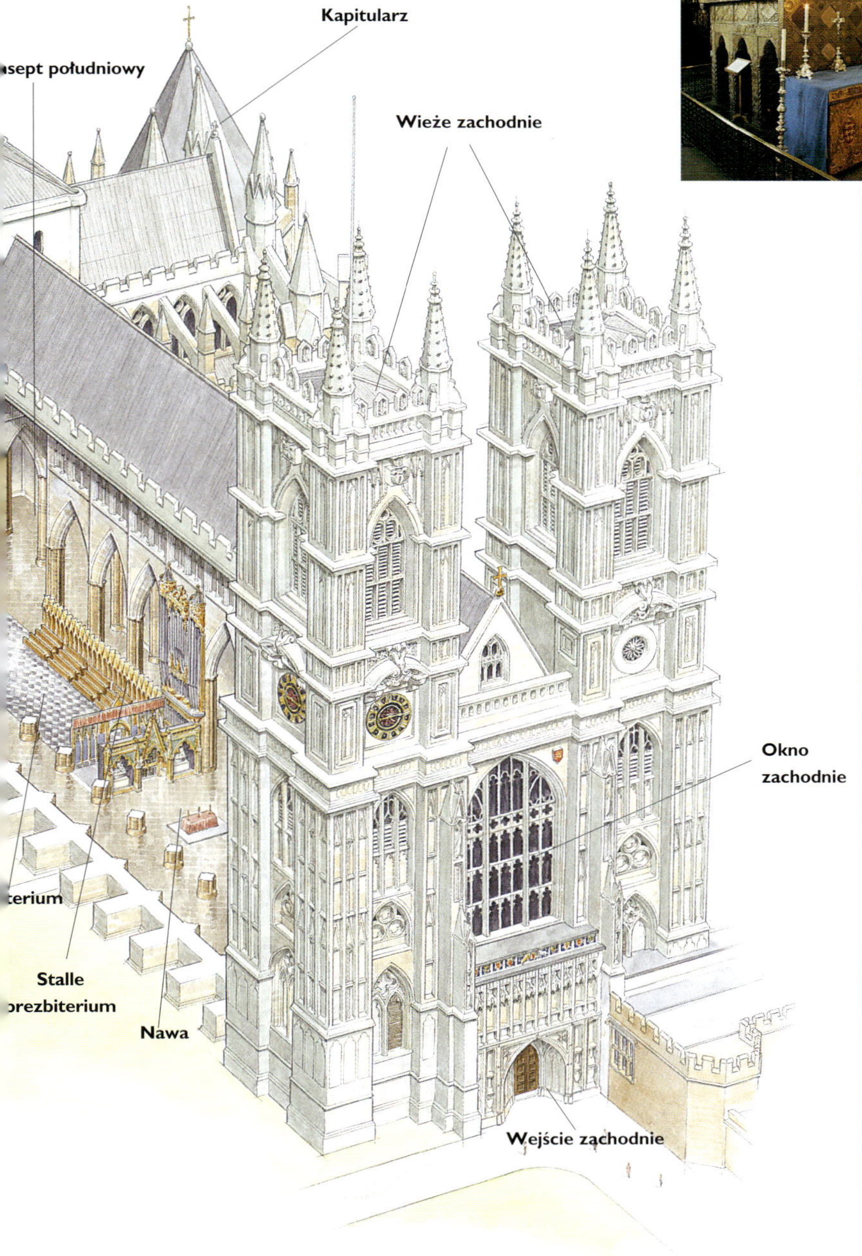

Big Ben i budynek Parlamentu w blasku wieczornych iluminacji.

Palace of Westminster

- Plan s. 73
- St. Margaret Street, SW1
- 0171-219 3000
- Wstęp bezpłatny, różne opłaty za przewodnika
- Metro: Westminster

Jewel Tower

- Abingdon Street, SW1
- 0171-222 2219
- $
- Metro: Westminster

Cabinet War Rooms

- Plan s. 73
- Clive Steps, King Charles Street, SW1
- 0171-976 1098
- $$
- Metro: Westminster, St James's Park

Palace of Westminster

PAŁAC WESTMINSTERSKI – NADBRZEŻNY PAŁAC W STYLU wiktoriańskiego gotyku, znany jako budynek Parlamentu, ze sławną wieżą zegarową Big Benem, jest najnowszym pałacem Londynu, wzniesionym na miejscu poprzedniego. 16 października 1834 r. pożar strawił stary pałac, londyńską rezydencję monarchów od Wilhelma Zdobywcy do Henryka VIII. Nawet po przeniesieniu się Henryka do pałacu Whitehall w 1530 r. pałac Westminster pozostał siedzibą rządu – i tak jest do dziś.

Po pożarze w 1834 r. ocalało bardzo niewiele: Westminster Hall Wilhelma II, krużganki i krypta kaplicy św. Stefana oraz Jewel Tower (Wieża Klejnotów) z XIV w., wzniesiona jako gigantyczny sejf na klejnoty, futra i złoto Edwarda III. Dobrze zacząć zwiedzanie od tej wieży. Na konkurs na nową budowlę wpłynęło 97 prac, wszystkie musiały być w modnym wówczas stylu neogotyckim lub neoelżbietańskim. Zwyciężyli architekci Charles Barry i Augustus Welby Pugin. Olbrzymi budynek miał 1200 sal, ponad 3 km korytarzy, 11 dziedzińców, 100 klatek schodowych i fasadę od strony rzeki długości prawie 3 km. Ukończony w 1847 r., stanowił symbol parlamentu w okresie największego rozkwitu Imperium Brytyjskiego.

Cabinet War Rooms (Kwatera Główna)

W tym labiryncie podziemnych sal mieściła się Kwatera Główna wojennego gabinetu rządu od sierpnia 1939 do września 1945 roku. Z małych, ciasnych pomieszczeń kierowano operacjami wojennymi. Zachowało się wyposażenie wnętrz, więc można zobaczyć miejsce, gdzie docierały sekretne informacje, gdzie odbywały się narady i prowadzono transatlantyckie rozmowy telefoniczne, a także niewielką sypialnię Winstona Churchilla, gdzie próbował przespać się chociaż parę godzin. ■

Aby zwiedzić Pałac Westminster, obywatele brytyjscy zwracają się z pisemną prośbą do swojego posła. Zagraniczni turyści muszą uzyskać w Education Unit zgodę na wstęp na trasę „Line of Route". Żeby obserwować debatę czy popołudniowe Question Time (pytania do premiera), trzeba zwrócić się do swojej ambasady o kartę wstępu. Jeśli nie ma się takiej karty, należy ustawić się w kolejce przy wejściu św. Stefana (najlepiej po 17).

Można wprawdzie zwiedzać niektóre części wnętrza (trwa tam obecnie remont), ale warto najpierw obejrzeć budynek z zewnątrz. Fasadę od strony rzeki można podziwiać z Westminster Bridge albo z drugiego brzegu sprzed Lambeth Palace.

Widok od strony rzeki jest niepowtarzalny. Pugin, zagorzały zwolennik gotyku, nałożył na klasycystyczny porządek Barry'ego mnóstwo dekoracji. Fasadę zdobią posągi władców od Wilhelma Zdobywcy po Wiktorię, a pinakle są pozłacane tak, że odbijają promienie słońca. Wnętrze odznaczało się równym przepychem.

W lewym narożniku pałacu znajduje się **Victoria Tower** (Wieża Wiktorii), na której w czasie sesji parlamentu powiewa flaga. Ukończona w 1860 r. wieża jest miejscem przechowywania egzemplarzy wszystkich ustaw od 1497 roku. W tym skrzydle budynku, udekorowanym na czerwono, mieści się Izba Lordów (House of Lords). Westybul lordów prowadzi do westybulu centralnego. Po prawej westybul poselski, gdzie zwiedzający mogą spotykać członków parlamentu lub obserwować obrady ze specjalnej galerii. Dalej na prawo St. Stephen's Hall – Izba Gmin (House of Commons), o surowym ciemnozielonym wystroju, wzniesiona na miejscu kaplicy, w której przez 300 lat zbierał się parlament. Budowla z XIX w. zachowała plan kaplicy, podobnie jak odbudowana po bombardowaniach z czasów II wojny światowej. W centrum, na miejscu dawnego ołtarza, znajduje się fotel spikera, po jego prawej ręce ławy partii rządzącej, po lewej opozycji.

Wieża zegarowa, która od nazwy swego dzwonu znana jest jako **Big Ben**, stanowi niemal symbol brytyjskiego rządu. Jeśli posiedzenie parlamentu odbywa się w nocy, na szczycie wieży pali się światło. Wieżę ukończono w 1858 r., a zegar wraz z dzwonem odlanym w Whitechapel (zob. s. 199) uruchomiono 31 maja 1859 roku. Tarcza zegara ma 7,6 m po przekątnej, wskazówki godzinowe – prawie 3 m, a minutowe 4,5 m długości. Dźwięk zegara podobno przypomina arię Haendla „Wiem, że mój zbawca żyje". ■

Orszak spikera Izby Gmin w drodze na obrady.

Spacer po Westminsterze

Na trasie spaceru zajmującego pół dnia są liczne pomniki. Jest to wycieczka na niepewną pogodę – wiele tu ciekawych budynków, do których można się schronić w razie deszczu. Początek przy stacji metra Westminster, koniec – przy stacji Green Park. Krótsza trasa kończy się koło Queen Anne's Gate przy stacji St. James's Park.

Z **Westminster Bridge** 1 oglądamy fasadę Parlamentu i niżej w dół rzeki County Hall, gdzie mieści się londyńskie Akwarium. Na pn. krańcu mostu brązowa statua proj. Thomasa Thornycrofta odsłonięta w 1902 r. przedstawia królową Boadyceę wraz z córkami pospieszające rydwanem do Londynu.

Mijamy **Big Ben** 2 (zob. s. 79), idziemy w lewo wokół parlamentu. Najpierw widzimy pomnik Olivera Cromwella (1599–1658) z 1899 r., potem krzyżowca Ryszarda I (pan. 1189–99). Po drugiej stronie ulicy **kościół St. Margaret** i **Jewel Tower** 3. W ogrodach **Victoria Tower** do obejrzenia trzy rzeźby: pomnik wyzwolenia niewolników z 1833 r., sufrażystki Emmeline Pankhurst (1857–1928) i *Mieszczanie z Calais* Rodina.

Po drugiej stronie mostu Lambeth – **Lambeth Palace** 4 i niewielkie, acz interesujące **Museum of Garden History** (Muzeum Historii Ogrodów), skąd roztacza się malowniczy widok na parlament. Do wspaniałego **Imperial War Museum** (Cesarskiego Muzeum Wojennego) (zob. s. 213) pięciominutowy spacer uliczką Lambeth Road.

Wracamy na pn. brzeg; na końcu Bradley Street – Smith Square, elegancki fragment Westminsteru z XVIII wieku. W **St. John's Church** (kościół św. Jana) 5 (obecnie sala koncertowa), często koncerty w południe. Mijamy ładne domy Lord North Street, dochodzimy ulicami Cowley i Dean Barton do Great College Street, skąd po prawej pod łukiem przejście na Dean's Yard. Na końcu kolejny łuk otwiera się na Broad Sanctuary obok zach. wejścia do **Opactwa Westminsterskiego** (zob. s. 74). Naprzeciwko zwieńczony kopułą Central Methodist Hall (budynek metodystów) z lat 1905–11 i Middlesex Guildhall z tego samego okresu po obu stronach **Queen Elisabeth II Conference Centre** (Centrum Konferencyjnego im. Elżbiety II) 6 proj. firmy Powell Moya and Partner's, otwartego w 1986 roku.

Parliament Square to plac z pomnikami polityków. Przed Guildhall stoi Abraham Lincoln i wielki mówca George Canning (1770–1827); na środek placu spoglądają: mąż stanu Robert Peel (1788–1850), lord Beaconsfield (Benjamin Disraeli, 1804–81) i lord Palmerston (1784– 1865); dalej marszałek polny Jan Smuts (1870–1950) i stary, niedźwiedziowaty Winston Churchill. Plac od pn. strony zajmuje Foreign Office (Ministerstwo Spraw Zagranicznych, dawny Skarbiec) proj. George'a Gilberta Scotta, zbudowany w latach 1868–73.

Schodzimy na Victoria Embankment, skąd rozpościera się najlepszy widok na City sprzed dobudowanego w latach 80. XX w. aneksu dla posłów proj. Richarda Normana Shaw. W ogrodach można zobaczyć oryginalne nabrzeże rzeki i fragment tarasu Parlamentu w pobliżu pomnika generała Gordona (1833–85). Skręcamy w Horse Guards Avenue do Whitehall mijając na rogu **Banqueting House** (zob. s. 82).

Ryszard Lwie Serce strzeże gmachu Parlamentu.

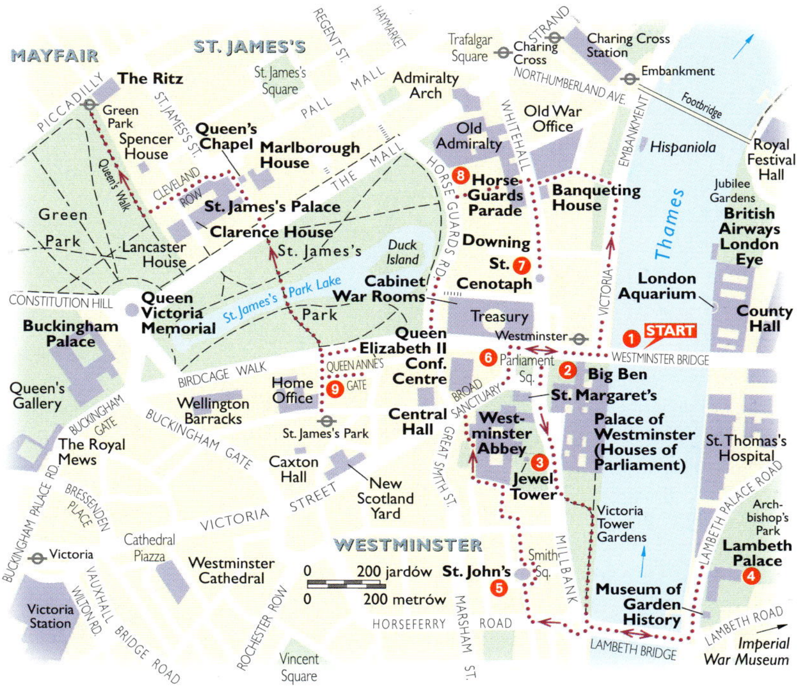

Trzy pomniki na ul. Whitehall: **Cenotaph** pomnik poległych w I wojnie światowej, konne pomniki marszałka polnego earla Haiga (1861–1928) i drugiego diuka Cambridge (1819–1904).

Na prawo **Downing Street** 7 za żelaznym ogrodzeniem. Oficjalna rezydencja premiera Tony Blaira pod nr 11, gdyż bardziej odpowiada dużej rodzinie premiera niż tradycyjny dom nr 10. Dalej przy Whitehall **budynek Horse Guards** (Gwardia Konna), proj. Williama Kenta i Johna Vardy'ego zbudowany w latach 1745–55. Zmiana warty dwa razy dziennie (zob. s. 91). Warto przejść do **Horse Guards Parade** 8, żeby obejrzeć fasadę od strony parku, stanowiącą tło licznych uroczystości jak Trooping the Colour (defilada gwardii królewskiej).

Przed nami **St. James's Park** (Park św. Jakuba), otoczony interesującymi budynkami. Po lewej, w pobliżu pomnika Clive of India (1725–74) Cabinet War Rooms (zob. s. 78). Park od pd. strony zamykają cudowne wczesnogeorgiańskie domki przy **Queen Anne's Gate** 9. Znużeni turyści mają stąd niedaleko do stacji metra St. James's Park. Pozostali mogą przejść przez park w kierunku pn., z mostku nad stawem wspaniały widok na Whitehall. Dochodzimy do ulicy Mall. W lewo za Queen Victoria Memorial (pomnik królowej Wiktorii) widać Buckingham Palace. Na wprost Clarence House i po prawej Marlborough House. Między tymi domami a parkiem przebiega Marlborough Road prowadząca do **St. James's Palace**, po prawej Queen's Chapel (kaplica królowej). Obchodzimy pałac, skręcając w Cleveland Row, prowadzącą do Green Park, gdzie droga Queen's Walk biegnie obok parkowej fasady hotelu Ritz do stacji metra Green Park. ■

Plan – druga strona okładki D3
Metro Westminster
ok. 5,5 km
3 godziny
Metro Green Park

ZOBACZ KONIECZNIE

- St. Margaret's, Westminster
- Parliament Square
- Downing Street
- Horse Guards

Inigo Jones stworzył w Westminsterze salę godną królewskich przyjęć.

Banqueting House

TO PRAWDOPODOBNIE NAJPIĘKNIEJSZE WNĘTRZE W LONDYNIE jest raczej wielką salą z podziemiem niż domem; olbrzymia przestrzeń podwojonego sześcianu, od strony Whitehallu oświetlona oknami od podłogi do sufitu, ozdobiona plafonem malowanym przez Rubensa.

Banqueting House

- Plan s. 73
- Whitehall, SW1
- 020-7930 4179
- Nieczynne niedz. i w czasie przyjęć dyplomatycznych
- $$. Można wypożyczyć odtwarzacz z nagraniem przewodnika
- Metro: Westminster, Charing Cross

Zbudował je Jakub I w latach 1619–22, zatrudnił do tego architekta Inigo Jonesa, który pracował nad Queen House (Dom Królowej) w Greenwich (zob. s. 205). Później Jones miał projektować Kaplicę Królowej w St. James's Palace i kościół św. Pawła w Covent Garden, a także Piazzę (zob. s. 113). Król pragnął przebudować cały ceglany pałac Henryka VIII, ale skończono tylko tę salę. Banqueting House ocalał w pożarze 1698 r., kiedy spłonęła cała reszta pałacu. Była to pierwsza budowla w Londynie częściowo oblicowana kamieniem z Portland, co dało początek nowemu stylowi projektowania.

Sala podziemna służyła nieoficjalnym przyjęciom króla. W wielkiej sali na górze odbywały się maskarady, bankiety, przyjęcia dworskie i dyplomatyczne. Wystrój sali w dwóch porządkach: jońskim w dolnej części i korynckim w górnej, stanowi lustrzane odbicie strony zewnętrznej. Składający wizytę szedł w kierunku siedzącego na tronie monarchy wzdłuż szeregu dworzan po obu stronach. Patrząc w górę – widział panele Rubensa na plafonie, namalowane dla Karola I w 1634 r. za 3000 funtów. Właśnie za te malowidła, które sławiły ojca Karola, Jakuba I, symbolizowały unię Anglii i Szkocji oraz mądrą władzę, król nadał Rubensowi tytuł szlachecki.

30 stycznia 1649 r. Karol I został ścięty na szafocie tuż za oknami sali, ale w 1660 r. tutaj właśnie Karol II świętował swój powrót na tron. ■

Westminster Cathedral

ZWIEDZANIE KATEDRY WESTMINSTERSKIEJ ZACZNIJMY OD placyku przy Victoria Street, skąd widać jej cały czerwono-biały masyw. Hierarchowie rzymsko-katoliccy powrócili do Anglii i Walii dopiero w 1850 r., 300 lat po Reformacji. W 1894 r. arcybiskup Vaughan powierzył projekt katedry Johnowi Bentleyowi pod warunkiem, że będzie miała szeroką nawę i nie będzie w niczym przypominała pobliskiego protestanckiego Opactwa Westminsterskiego.

Bentley tworzył w stylu neogotyckim, co jednak nie wchodziło w rachubę jako zbyt podobne do opactwa. Wybrał się więc przez Włochy i Grecję do Konstantynopola, a po powrocie stworzył świątynię, stanowiącą mieszaninę koncepcji bizantyjskich i romańskich, z czerwonej cegły i białego kamienia portlandzkiego.

Ze szczytu **dzwonnicy** roztacza się piękny widok na Big Ben, kolumnę Nelsona i Buckingham Palace. Krzyż na szczycie dzwonnicy mieści relikwie Krzyża Świętego.

We wnętrzu katedry mozaiki w kopułach kaplic odbijają światło wotywnych świec, a wielki złoty krzyż wisi nad nawą, szeroką zgodnie z zamówieniem. Ściany obłożone marmurem, a kolumny i absydy połączone mostkami wspartymi na kolumnach inspirowanych kościołami Rawenny z wieku VII. Na filarach nawy stacje Drogi Krzyżowej proj. Erica Gilla z lat 1914–18. Koniecznie trzeba zajrzeć do Lady Chapel (kaplica Matki Boskiej). ■

Westminster Cathedral

Plan s. 73

Victoria Street, SW1

171-7798 9055

Dzwonnica nieczynna czw.–sob. XII–III. Uroczyste msze śpiewane: pon.–pt. 17.30, sob. i niedz. 10.30. Recitale organowe niedz. 14.30

Katedra: dowolne datki. Dzwonnica: $

Metro: Victoria

Msza w Katedrze Westminsterskiej.

St. James's Palace

St. James's Palace
Plan s. 73
Cleveland Row, Marlborough Gate, SW1
Pałac niedostępny dla publiczności. Kaplica Królewska i Dziedziniec Ambasadorów: niedz. msze IX – do Wielkanocy. Kaplica Królowej: niedz. msze od Wielkanocy do VII
Metro: Green Park

ZWIEDZANIE ST. JAMES'S PALACE (PAŁAC ŚW. JAKUBA) rozpoczynamy od Friary Court (Dziedziniec Mnichów), oglądając gwardię królowej podczas ceremonii zmiany warty. Pierwotny pałac z czterema dziedzińcami został zbudowany w latach 30. XVI w. przez Henryka VIII. Mimo pożarów i licznych przebudów pałac z zewnątrz w znacznym stopniu zachował swój dawny wygląd.

Nazwa jednego z dziedzińców, Friary Court, pochodzi od średniowiecznego klasztoru augustianów; klasztor stał się później żeńskim szpitalem dla trędowatych pod wezwaniem św. Jakuba Mniejszego. Henryk VIII kupił szpital i przyległe tereny, zbudował pałac i ogrodził 122 ha gruntu (obecny St. James's Park).

Po pożarze w Whitehall Palace w 1698 r. St. James's Palace stał się główną londyńską rezydencją monarchów. Poźniej wzniesiono jeszcze dwa pobliskie pałace: Marlborough House proj. Christophera Wrena w latach 1709–11 i Lancaster House proj. Benjamina Wyatta w 1827 roku. Po przeniesieniu się Jerzego III do Buckingham Palace w 1762 r. Pałac św. Jakuba pozostał oficjalną rezydencją królewską. Tutaj proklamuje się objęcie tronu przez nowego króla, tu wygłasza on swą pierwszą mowę. Nowi ambasadorowie zagraniczni do dziś są akredytowani przy Dworze św. Jakuba i z jego dziedzińca jadą karetą na pierwszą kurtuazyjną wizytę do królowej.

Naprzeciwko Friary Court znajduje się **Queens Chapel** (Kaplica Królowej). Wzniesiona w 1623 r. dla katolickiej żony Karola I Henrietty Marii, była pierwszym angielskim kościołem klasycystycznym o inspiracji włoskiej. Projektował ją Inigo Jones i stworzył wnętrze jako prosty podwojony sześcian.

Czterokondygnacyjny **budynek bramny** (Gatehouse) z zegarem, ośmiokątnymi wieżami i panelowymi wrotami stanowi wspaniałą, choć niewielką całość. Czasami można zajrzeć na Ambassadors Court (Dziedziniec Ambasadorów), a w niektóre niedziele można zwiedzić **Chapel Royal** (Kaplica Królewska), z plafonem, którego autorstwo przypisuje się Holbeinowi. Reszta wystawnej dekoracji pochodzi z lat 30. XIX wieku.

Tu właśnie rozpoczął się dworski obyczaj przyjęcia wybranego poety, zwanego laureatem, do oficjalnego otoczenia królewskiego. Byli wśród nich: W. Wordsworth, A. Tennyson i T. Hughes. ■

Budynek bramy z czasów Tudorów w Pałacu św. Jakuba.

Buckingham Palace

STOSUNKOWO SKROMNY PAŁACYK DIUKA BUCKINGHAM z 1705 r. zniknął zupełnie pod kolejnymi przybudówkami królewskich komnat, wspaniałymi dziełami sztuki i imponującą fasadą. Przed żelaznym parkanem gromadzą się ludzie podczas uroczystości, by pozdrowić królową i rodzinę królewską pojawiającą się na balkonie wielkiej centralnej kolumnady. Londyńska rezydencja monarchy jest centralnym punktem stolicy.

WYGLĄD OGÓLNY

Pałac Buckingham najlepiej oglądać z ulicy Mall, sprzed pomnika królowej Wiktorii proj. Astona Webba z lat 1901–13. Marmurowa statua królowej wyrzeźbiona przez Thomasa Brocka, spogląda na Mall, otoczona alegorycznymi figurami takich wiktoriańskich cnót, jak Miłosierdzie, Prawda, Postęp i Praca; nad nimi unosi się pozłacana postać Zwycięstwa. Pomnik stoi pośrodku kolistego Memorial Gardens, który symbolizował imperium; poszczególne bramy są darami Kanady, Afryki Zachodniej, Afryki Południowej i Australii.

Tuż za terenem defilad, gdzie odbywa się zmiana warty, widzimy fasadę pałacu z kamienia portlandzkiego, zbudowaną przez Astona Webba zaledwie w ciągu trzech miesięcy 1913 r. Przedtem zarówno pałac, jak i otoczenie nie były tak imponujące. Pierwotnie była

Pałac Buckingham, po lewej ogrody, po prawej pomnik królowej Wiktorii, w tle Green Park.

Flaga królewska powiewająca nad pałacem oznacza, że przebywa w nim królowa.

Buckingham Palace

- Plan s. 73
- The Mall, SW1
- Informacje: 0171-839 1377; całodobowe informacje automatyczne: 0171-799 2331; rezerwacja na karty kredytowe: 0171-321 2233. Wystawy w Queens Gallery: 0171-839 1377

to wiejska rezydencja, którą w 1705 r. zbudował John Sheffield, diuk Buckingham.

Kiedy w 1761 r. rezydencję tę kupił Jerzy III dla swojej żony królowej Charlotte Mecklenburg-Strelitz, William Chambers przebudował pałacyk, zachowując jego prywatny charakter; imprezy oficjalne odbywały się w St. James's Palace.

BUDYNEK

Powiększanie budowli rozpoczął w 1826 r. Jerzy IV. Nakazał Johnowi Nashowi stworzyć pałac odpowiedni do urządzania oficjalnych i dworskich przyjęć. Starzejący się Nash, nękany brakiem funduszy i koniecznością wykorzystania starego budynku, dodał szereg nowych pomieszczeń od strony ogrodu, z komnatami reprezentacyjnymi na pierwszym piętrze. Szczególnie zachwyca lekkość francuskiego stylu neoklasycystycznego w ogrodowej fasadzie z kamienia z Bath. Jednak fasadę od strony Mall przyćmiło wsch. skrzydło dobudowane dla królowej Wiktorii przez Edwarda Blore'a w latach 1847–50; mieściły się tam pokoje dla dzieci, sypialnie, kuchnie i wielka sala balowa długości 40 metrów.

WNĘTRZE

Królowa korzysta zaledwie z 12 pokojów wychodzących na Green Park; turyści mogą zwiedzać i podziwiać ogrom i wspaniałość **State Rooms** (komnaty reprezentacyjne). Zamiłowanie Jerzego IV do przepychu przejawia się w rzeźbionych panelach, skompli-

kowanych plafonach i jaskrawych odcieniach różu i niebieskiego. Do najwspanialszych pomieszczeń należą salony: Biały, Niebieski i Zielony, Pokój Muzyczny i Sala Tronowa. Pałac Jerzego ukończono po jego śmierci, Wilhelm IV nigdy tu nie mieszkał. Dopiero młoda Wiktoria przeniosła się w 1837 r. do świeżo odnowionego pałacu.

Pałac jest skarbnicą sztuki, królewskie zbiory należą do najwspanialszych na świecie. Kiedy Jerzy V i królowa Maria wstąpili na tron, zaangażowali Astona Webba, by poprawił stronę zewnętrzną pałacu, a sami zajęli się wyposażeniem. Zdolności organizacyjne królowej Marii sprawiły, że odpowiednio skompletowane umeblowanie wnętrz sprowadzano z innych królewskich rezydencji i poddawano renowacji. W pałacu znajduje się 600 komnat, w tym 19 reprezentacyjnych, 52 sypialnie królewskie i gościnne, 188 sypialni dla personelu i 78 łazienek. Pracuje tu ponad 400 osób, a co roku podejmowanych jest ponad 40 tys. gości. Urządza się tu uroczystości państwowe, oficjalne przyjęcia królewskie, garden party, co sprawia, że jest to jeden z nielicznych już na świecie czynnych pałaców królewskich.

TRASA GŁÓWNA

Obecnie można zwiedzać niektóre komnaty reprezentacyjne; podjęto taką decyzję, by zebrać fundusze na restaurację zamku w Windsorze po pożarze z 1992 r. (zob. s. 222). Zwiedzający wchodzą do pałacu

Czas otwarcia może się zmieniać. State Rooms: codz. pocz. VIII–pocz. X. Queens Gallery (wejście od Buckingham Palace Road): codz. w czasie trwania wystawy. Royal Mews (wejście od Buckingham Palace Road) III–VIII, wt.–czw.; VIII–X pon.–czw.; X–III śr.

Queen's Gallery i Royal Mews $$; State Rooms $$$.

Metro: Green Park, Victoria, St. James's Park

Od 1993 r. pałacowe komnaty reprezentacyjne otwarte są latem dla publiczności. Zwiedzanie obejmuje także wspaniały Biały Salon.

przez **Ambassadors Court**, skąd widać fasadę proj. Nasha. Po wielkich podwójnych schodach z karraryjskiego marmuru wchodzi się do Zielonego Salonu i Sali Tronowej. Następny pokój to Galeria Obrazów, gdzie wśród 50 ważnych obrazów ze zbiorów królewskich obejrzeć można portret Karola I pędzla Van Dycka z 1633 roku. Sala Jedwabnych Arrasów prowadzi do Galerii Wschodniej i do komnat wychodzących na ponad 18 ha wspaniałych ogrodów. Najpierw jest Wielka Jadalnia, potem Niebieski Salon, Pokój Muzyczny z wielkim wykuszowym oknem i Biały Salon. Wychodzi się Schodami Ministrów i przez róg ogrodu.

INNE TRASY W PAŁACU

Aby obejrzeć więcej eksponatów królewskich zbiorów sztuki, należy się udać do Queens Gallery (Galerii Królowej), otwartej po raz pierwszy w 1962 r., którą otwarto ponownie, na dwukrotnie większej przestrzeni w 2000 roku. Tutaj na zmienianych wystawach pokazuje się różne fragmenty zbiorów królowej, jednych z najwspanialszych prywatnych zbiorów na świecie. W pobliskich Royal Mews przy Buckingham Palace Road w stajni proj. Nasha i powozowni znajdują się: malowany powóz reprezentacyjny z 1761 r., konie, które obecnie go ciągną, uprząż i inne rekwizyty królewskich ceremonii. ■

Parki Królewskie

W Londynie znajduje się dziewięć wspaniałych parków królewskich. Tereny te były kiedyś prywatną własnością króla, urządzano tu polowania i inne rozrywki. Stopniowo i pod presją narodu udostępniano je obywatelom. Rozpoczął to Karol I w St. James's Park.

Pochodzenie parków jest różne. Henryk VIII przejął Hyde Park w zamian za grunty w Berkshire. Primrose Hill powstało także w wyniku układu, tym razem z Eton College. Richmond Park utworzono z kilku farm kupionych przez Karola I. Wilhelm i Maria dodali ogrody Kensington do Nottingham House.

W parkach zachowano atmosferę swobody, choć obowiązują tu dość surowe przepisy, egzekwowane przez specjalne służby. Ogrodnicy pracowicie utrzymują parki i ogrody w doskonałym stanie – co roku przed pałacem Buckingham sadzi się 40 tys. tulipanów, 250 tys. w ogrodach Hampton Court. Przyrodnicy czuwają także nad zwierzętami, ptakami, drzewami i stawami. Notuje się tu niezliczone ilości ptaków.

Przez park można odbyć niemal trzykilometrowy spacer – od Westminster do Notting Hill – przez St. James's, Green i Hyde Park do Kensington Gardens. ■

Cisza i spokój panują w pachnącym rosarium królowej Marii w Regent's Park.

Londyn królewski

Londyn jest pełen sprzeczności. Chociaż w Westminsterze zasiada demokratycznie wybrany rząd, a monarcha jest głównie postacią symboliczną, to królewską obecność odczuwa się bardzo wyraźnie.

Edward Wyznawca, król Anglii w latach 1042–66, uczynił Londyn stolicą. Królowa Elżbieta II może udowodnić swoje pokrewieństwo z Egbertem z Wessex, królem angielskim z 829 roku. Londyńskie pałace, pomniki, uroczystości i symbole są pozostałością tej długiej i często burzliwej historii.

REZYDENCJE I OGRODY

Królewskie siedziby w Londynie można zwiedzać – pałac Buckingham (zob. s. 85–89), główną londyńską rezydencję królowej, następnie Banqueting House pozostałą z pałacu Whitehall (zob. s. 82), Wieżę Klejnotów w Westminsterze (zob. s. 80), Kensington Palace (s. 146–7) i pałac–fortecę Tower of

Królowa w otwartym powozie z woźnicą na koniu udaje się na defiladę gwardii królewskiej. Po prawej: Herb królewski

Nadworni dostawcy

Nad wejściem do ponad 800 sklepów w Wielkiej Brytanii umieszczony jest królewski herb. Oznacza to, że firma otrzymała królewską zgodę, by dostarczać „na zamówienie" towary dla królowej, królowej-matki, księcia Edynburga czy księcia Walii. Ta datująca się od średniowiecza tradycja istnieje do dziś. Najwięcej oficjalnych dostawców królewskich, którzy wykorzystują tę pozycję do zachwalania jakości swoich towarów, znajduje się w dzielnicach St. James's i Mayfair. ■

London (s. 194–97). Dalej w górę rzeki za Kew Palace i Marble Hill House leży Hampton Court (zob. s. 187–90). W dolnym biegu rzeki znajduje się Greenwich (zob. s. 202–06), a do wspaniałego zamku w Windsorze jedzie się 40 min koleją. W niedziele wierni mogą czasami modlić się w kaplicach królewskich w St. James's, Hampton Court, w Tower i Queen's Chapel. Pałace St. James's, Westminster Hall, Clarence House i Marlborough House można podziwiać jedynie z zewnątrz, a z innych budowli, jak Richmond czy Rotherhithe zachowały się jedynie szczątki.

Parki królewskie stanowiły niegdyś tereny łowieckie monarchów. Wielbiciele ogrodów powinni koniecznie zobaczyć rosarium królowej Marii w Regent's Park, tudorowskie i holenderskie ogrody w Hampton Court, a także Królewskie Ogrody Botaniczne w Kew.

PARADY

Mimo znacznego ograniczenia dworskich uroczystości ciągle jeszcze jest co oglądać. Zmiana warty odbywa się w pałacach Buckingham i St. James's, a także w Tower albo codziennie, albo co drugi dzień. Przez ponad 700 lat co wieczór odbywa się w Tower Ceremony of the Keys (Ceremonia Kluczy). Coroczne uroczystości to: defilada gwardii królewskiej (Trooping the Colour), uroczysty capstrzyk (Beating the Retreat), uroczyste otwarcie parlamentu w listopadzie. Królowa w dalszym ciągu przestrzega dworskiego kalendarza i podejmuje głowy państw w kwietniu, lipcu i listopadzie. ■

Wystawy sklepów w stylu regencji nadają elegancji Burlington Arcade.

St. James's, Mayfair, i Piccadilly

TO SERCE ARYSTOKRATYCZNEGO LONDYNU CIESZYŁO SIĘ sławą ekskluzywności już w chwili, gdy stworzyli je sami arystokraci, wyprowadzając się z City na zachód.

Spencer House

- Plan s. 73
- 27 St. James's Place, SW1
- 0171-514 1964
- Czynny tylko niedz. nieczynny I i VIII.
- $$$
- Metro: Green Park

ST. JAMES'S

Obecnie St. James's Square, założony w latach 60. XVII w. przez Henry'ego Jermyna, mieści pod nr 14 London Library (Biblioteka Londyńska). Na pobliskiej King Street znajduje się międzynarodowy dom aukcyjny **Christie's**, otoczony sklepami handlarzy antykami. Goście hoteli Ritz, Stafford i Duke's prowadzą styl życia, jaki panował niegdyś w **Spencer House**, z pietyzmem odrestaurowanym przez lorda Rothschilda.

Asprey & Co.

Ten rodzinny sklep z wydłużoną, wypukłą witryną pod nr 165-166 przy New Bond Street symbolizuje handel w Mayfair. Charles Asprey, pochodzący z protestanckiej rodziny francuskich hugenotów, otworzył tu sklep w 1848 r. i od tamtej pory jego potomkowie zaopatrują rodzinę królewską w biżuterię, srebro i wyroby rzemiosła artystycznego. Projektanci i rzemieślnicy pracujący w sklepie tworzą bezspornie luksusowe i piękne obiekty wystawione na sprzedaż. Jednak dla większości ludzi pałeczka do mieszania napojów z solidnego srebra, pozłacane młynki do pieprzu czy ręcznie ryte tacki pozostają na zawsze w sferze nieosiągalnego luksusu. ■

Kluby dżentelnemów

XVIII-wieczne pijalnie kawy i lokale hazardowe Mayfair i St. James's przekształciły się w ponure kluby dżentelmenów. Duże domy klubowe przy Pall Mall i St. James's Street stawały się hotelami dla osób o wspólnych zainteresowaniach. Klub Athenaeum przy Pall Mall zrzesza na ogół akademików i biskupów, Reform Club przyciąga liberalnych myślicieli (jako pierwszy nadał kobietom pełne prawa członkowskie). Klubem torysów jest Carlton przy St. James's Street, Brook's jest trochę bardziej liberalny, a dla naprawdę ważnych pozostaje White's. ■

Wielki hol z galeriami w Reform Club.

MAYFAIR

Dzielnica Mayfair utworzona z sześciu posiadłości przypomina w zasadzie St. James's, choć jest większa. Wspaniałość rezydencji podkreśla jeszcze ambasada Stanów Zjednoczonych przy Grosvenor Square i luksusowe hotele: Dorchester przy Park Lane, Claridges przy Brook Street i The Connaught przy Carlos Street. **Sotheby's**, ośrodek sztuki w Mayfair, mieści się przy ulicy najwytworniejszych sklepów Bond Street (Old i New), gdzie Asprey, Versace i Towarzystwo Sztuk Pięknych tworzą oszałamiające witryny sklepowe, by zagranicznych bogaczy zachęcić do robienia zakupów.

PICCADILLY

Ulica Piccadilly oddziela Mayfair od St. James's i biegnie od Piccadilly Circus do Hyde Park Corner. Znajduje się tu **Apsley House** diuka Wellingtona, jedna z niewielu zachowanych rezydencji dzielnicy, wewnątrz kominki proj. Adama, obrazy Goyi i Rubensa. Po jednej stronie ulicy mieści się hotel Ritz i księgarnia Hatcharda, a po drugiej **Royal Academy of Arts** (Królewska Akademia Sztuki) i Burlington Arcade.

Akademię założono w 1768 r., do członków założycieli należał Gainsborough, studiowali tu Constable i Turner. Zwyczaj prezentowania jednego dzieła przez nowo wybranych członków Akademii zrodził się bardzo dawno, a wystawy tych prac zapoczątkowały coroczny Salon Letni.

Na wystawie w 1855 r. królowa Wiktoria kupiła obraz Fredericka Leightona *Madonna Cimabuego*, zapewniając mu w ten sposób sławę. Do dziś międzynarodowe wystawy muszą ustąpić pierwszeństwa Salonowi Letniemu.

Wzdłuż budynku akademii przebiega **Burlington Arcade**. Pomysł zadaszenia pasażu ze sklepami (ukończonego w 1819 r.) przyszedł z kontynentu i został przyjęty z entuzjazmem przez Londyn, tak często polewany deszczem. W okolicy znajduje się słynny sklep Fortnum i Mason i pasaże Royal Opera, Prince's i Royal. ■

Apsley House

Plan s. 72

Wellington Museum, Apsley House, 149 Piccadilly, SW1

0171-499 5676

Zamknięte pon.

$$

Metro: Hyde Park Corner

Royal Academy of Arts

Plan s. 73

Burlington House, Piccadilly, W1

0171-300 8000

Czynne codz. w czasie wystaw

Ceny w zależności od wystawy

Metro: Green Park

Wallace Collection

Plan s. 72

Hertford House, Manchester Square, WIM 6BN

0171-935 0687

Metro: Bond Street, Marble Arch

Wallace Collection

JEDNĄ Z NAJBOGATSZYCH PRYWATNYCH KOLEKCJI STOLICY można obejrzeć w Hertford House, XVIII-wiecznej pałacowej rezydencji przy Manchester Square, na północ od Mayfair.

Budynek był wzniesiony przez diuka Manchester w 1777 roku. Kolekcję stworzyły cztery pokolenia rodziny Hertfordów, zakochane w sztuce. Pierwszy markiz był mecenasem szkockiego malarza z XVIII w. Allana Ramsaya, kupował też dzieła Canaletta. Drugi markiz w 1797 r. kupił dom i umieścił w nim obrazy Gainsborough. Trzeci, który obracał się w najwyższych sferach u boku księcia regenta, kolekcjonował porcelanę sewrską i malarstwo holenderskie. A czwarty markiz, ekscentryk mieszkający w Paryżu w okresie porewolucyjnego chaosu, kupował obrazy Fragonarda, Watteau i Bouchera, a także meble. Zbudował w rezydencji paryskie ozdobne schody. Nieślubny syn tego markiza, Richard Wallace, odnowił dom i dokupił włoskie majoliki, renesansowe zbroje, brązy i złoto. Wdowa po nim przekazała narodowi budynek i zbiory.

Wizyta w Hertford House to prawdziwa przyjemność. Szklany dach proj. Ricka Mathera, który łączy wewnętrzny dziedziniec z nowym podziemiem (ukończonym w 2000 r.) daje dodatkowe miejsce zbiorom, zmieści także kawiarnię i restaurację. Bezpośrednio po wejściu trudno się oprzeć pokusie udania się na górę bogatymi podwójnymi schodami. Balustradę z kutego żelaza i brązu wykonano do pałacu Mazarin Ludwika XV w Paryżu. Warto zwrócić uwagę na obrazy Bouchera. Na następnym piętrze znajdują się obrazy weneckie Canaletta i jego ucznia Guardiego oraz sala malarstwa holenderskiego Ruisdaela, Hobbemy i Wijnantsa, a także najpiękniejsza poza Francją kolekcja malarstwa francuskiego. Znany obraz *Roześmiany kawaler* Fransa Halsa można obejrzeć w Long Gallery (długości 33 metrów). Po powrocie na parter możemy podziwiać malarstwo angielskie, meble Boulle'a i zegary, emalie limuzyjskie, porcelanę, weneckie szkło i zbroje. ■

Germańska zbroja gotycka z XV w. dla człowieka i konia, wykonana z niskowęglowej stali.

Westminster, Covent Garden, Bloomsbury, Marylebone i Mayfair otaczają skupisko teatrów, restauracji, galerii, premierowych kin i lokali rozrywkowych.

Trafalgar Square i Soho

Soho – dzielnica nocnych lokali.

Trafalgar Square i Soho

TA NIEWIELKA, PRAWDZIWIE WIELKOMIEJSKA ENKLAWA, ODDALONA OD rzeki i parków, obejmuje niewiele budowli użyteczności publicznej. Niewątpliwie jednak świadczy o zmieniających się w ciągu stuleci potrzebach londyńczyków.

Kamienna twarz Nelsona z pomnika ustawionego pośrodku Trafalgar Square na kolumnie wysokości 61 metrów.

W epoce Tudorów na północ od Westminsteru leżały farmy, pola i lasy należące do rozmaitych klasztorów. Aby powiększyć tereny łowieckie wokół pałacu Whitehall, którego stajnie aż do XIX w. zajmowały większą część dzisiejszego Trafalgar Square, Henryk VIII zawłaszczył grunty obecnego Soho. Miało ono stać się ośrodkiem komercyjnej rozrywki Londynu.

Ukończona w 1886 r. Shaftesbury Avenue dzieli Soho na dwie odrębne części. Wąskie uliczki po pn. stronie stały się w XX w. domem nowo przybyłych z kontynentu Greków, Włochów i Sycylijczyków, którzy stworzyli tu zaprawioną erotyzmem przyjazną kontynentalną atmosferę. Obecnie większość podejrzanych knajpek przekształcono w eleganckie bary i restauracje, a plany przewidują, by część wąskich uliczek przeznaczyć wyłącznie dla pieszych. Kilka ulic po pd. stronie tworzy Tong Yan Kai (ulicę Chińską), jak ją zwą najnowsi londyńscy imigranci. Chińczycy, uciekający przed tajwańską nędzą, zaczęli tu przybywać w latach 50. XX w. i szybko stworzyli charakterystyczne chińskie miasteczko.

Położony dalej na południe XIX-wieczny Leicester Square przekształcił się w latach 50. XX w. z dzielnicy mieszkaniowej w centrum rozrywki z tureckimi łaźniami i prawdziwym cyrkiem. A kiedy z Ameryki dotarł zwyczaj budowania eleganckich kin-pałaców, liczne wielkie sale proponowały klientom tanie bilety na hollywoodzkie filmy. Wkrótce rozkwitły nocne kluby, gdzie Noël Coward, Gloria Swanson i Marlena Dietrich zachęcali modne towarzystwo lat międzywojennych, by w coraz szybszym tańcu zapominać o nadciągających zmianach i zbliżaniu się kolejnej wojny. Obecnie na placu nadal dominują liczne kina, w pobliżu znajduje się muzeum figur woskowych Madame Tussaud i centrum rozrywki Trocadero Centre.

W kierunku pd.-wsch. Trafalgar Square tworzy coś w rodzaju pomostu między dzielnicą rozrywek a bardziej szacowną częścią miasta. Kościół St. Martin-in-the-Fields proj. Jamesa Gibbsa z 1721 r. stanowił wzór dla kościołów kolonialnych, zwłaszcza w Ameryce. Kościół stoi na rogu placu z XIX w., który z założenia miał stanowić skrzyżowanie dróg do pałacu Buckingham, Parlamentu, Whitehallu i City. Plac otaczają Canada House proj. Smirke'a z portykami, piękny South Africa

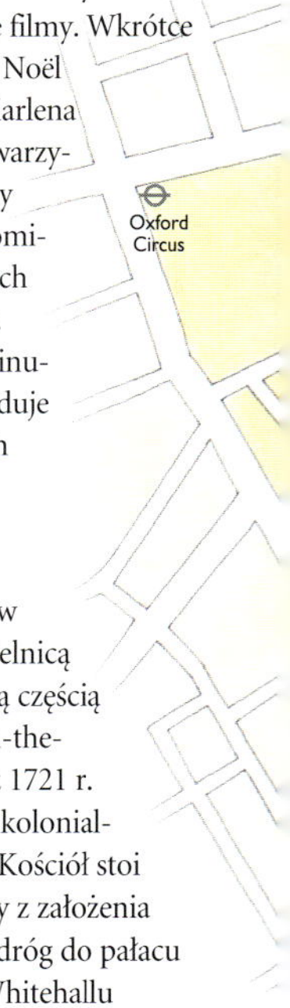

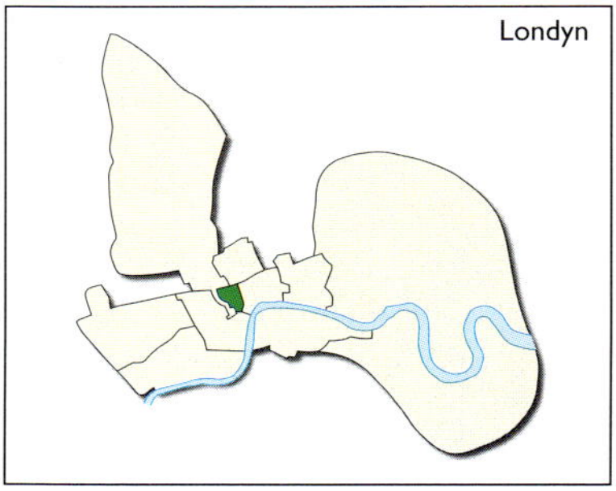

House proj. Bakera i budynek National Gallery proj. Williama Wilkinsa z lat 1832–38, skrzydło Sainsbury'ego dobudowano w latach 1989–91. Na środku Trafalgar Square Horatio wicehrabia Nelson, bohater bitwy pod Trafalgarem w 1805 r., spogląda na niezmienną scenerię pełną turystów, pomników, fontann i setek gołębi. ■

Empire – jeden z największych wiktoriańskich teatrów przy Leicester Square, jest obecnie kinem.

TRAFALGAR SQUARE I SOHO

1. Teatr Criterion
2. Centrum Trocadero
3. Teatr Lyric 4. Teatr Apollo
5. Świat rekordów Guinnessa
6. Teatr Globe 7. Teatr Królowej 8. House of St. Barnaby 9. Chinatown
10. Notre-Dame-de-France
11. Canada House 12. South Africa House

Masywny portyk National Gallery góruje nad Trafalgar Square i fontannami proj. Edwina Lutyensa.

National Gallery

GALERIA NARODOWA – JEDNA ZE WSPANIALSZYCH NA świecie. Zbiory obejmują ok. 2000 obrazów, w tym wiele arcydzieł europejskiego malarstwa od XIII do XIX wieku. Jest to zbiór stosunkowo niewielki, toteż turysta może po obejrzeniu całości wrócić do wybranych sal bądź eksponatów i przyjrzeć im się dokładniej.

National Gallery
- Plan s. 97
- Trafalgar Square, WC2
- 0171-839 3321
- Opłaty tylko na specjalne wystawy. Duży tłok w weekendy.
- Metro: Charing Cross, Embankment, Leicester Square (wejście z Orange Street)

Jerzy IV obserwując rozwój publicznych galerii sztuki w Paryżu, Amsterdamie, Wiedniu, Madrycie i Berlinie zasugerował rządowi, niechętnie finansującemu sztuki, że powinna powstać również angielska galeria narodowa. Na szczęście rząd, skuszony obietnicą darowizny, ofiarował w 1824 r. 57 tys. funtów na zakup 38 obrazów pozostawionych przez Johna Juliusa Angersteina, mieszkającego w Londynie finansisty rosyjskiego pochodzenia.

Początkowo obrazy eksponowano w jego domu przy Pall Mall, dopiero w 1838 r. przeniesiono je do klasycystycznego budynku (proj. Williama Wilkinsa) dominującego nad świeżo zaprojektowanym przez Nasha placem Trafalgar. Skrzydło proj. Sainsbury'ego, otwarte w 1991 r., powiększyło galerię o 16 sal, w których wystawione są wspaniałe wczesnorenesansowe obrazy z Włoch i pn. Europy.

ZBIORY

Wystawiane są wszystkie obrazy – poza akurat wypożyczonymi lub restaurowanymi. Jeśli jakaś sala jest zamknięta, jej obrazy będą wystawione w innej, wystarczy zapytać. 66 sal podzielono na cztery działy: malarstwo z lat 1260–1510 znajduje się w skrzydle Sainsbury'ego, z lat 1510–1600 w zach. skrzydle, z lat 1600–1700 w przerobionym pn. skrzydle, a we wsch. skrzydle malarstwo późniejsze. Sztuka XX w. eksponowana jest w Tate Gallery of Modern Art w Bankside (zob. s. 216), a malarstwo brytyjskie w Tate Gallery of British Art w Pimlico (zob. s. 174).

SKRZYDŁO SAINSBURY'EGO (SALE 51–66)

Zwiedzanie zaczynamy od tego skrzydła. Wiszą tu najwcześniejsze obrazy z okresu Renesansu, mieszanina dzieł z pd. i pn. Europy. Jeden z najwcześniejszych to obraz Giotta *Zielone Świątki* (1306–12) w sali 51. Podobnie jak jego malowidła ścienne we Florencji i Padwie, obraz ten zapoczątkowuje nową epokę artystyczną, w której malarstwo staje się realistyczne, trójwymiarowe i dramatyczne. Widać to wyraźnie w salach 52–56; jest tu *Dyptych Wiltona* zamówiony prawdopodobnie przez Ryszarda II do prywatnych modlitw, *Bitwa pod San Remo* (ok. 1450) Paola Ucella pokazująca zwycięstwo Florencji nad Sieną i niemal surrealistyczny w swoim realizmie obraz Rogiera van der Weydena *The Magdalen Reading* (1399), cudowne portrety Roberta Campina i wspaniałe *Zaślubiny Arnolfinich* Jana van Eycka (obydwa z lat 30. XV w.)

W salach 57–60 znajdują się płótna o bardziej skomplikowanej technice malarskiej: *Zwiastowanie ze św. Emidiusem* Carlo Crivelliego (1486) z głęboką perspektywą i politycznymi podtekstami, *Alegoryczna postać* (ok. 1460) Cosimo Tury. *Wenus i Mars* (1480–90) Botticellego

Wiktoriański przepych odrestaurowanego skrzydła północnego, w którym wiszą obrazy XVII-wiecznego malarstwa europejskiego.

to jedno z nielicznych świeckich dzieł florenckiego mistrza, szata Wenus ma cudowną przezroczystość. Dwa wczesne obrazy Rafaela *Święta Katarzyna z Aleksandrii* (1507–08) i *Madonna Ansidei* (1505) wykazują wpływ sztuki greko-romańskiej i poszukiwanie idealnego piękna, tak charakterystyczne dla późnego Renesansu.

Wchodzimy do zaciemnionego pomieszczenia przy sali 51, gdzie wyeksponowano duży, delikatny rysunek Leonarda da Vinci *Matka Boska z Dzieciątkiem, świętą Anną i świętym Janem Chrzcicielem* (ok. 1499–1500). Wracamy do sali 51, by obejrzeć *Madonnę na skałach* (ok. 1508). W salach 61–66 wiele znanych obrazów renesansowych. *Agonia w ogrodzie* (ok. 1640) Andrea Mantegny z Veneto i ten sam temat namalowany przez jego szwagra, Giovanniego Belliniego, pięć lat później. Portretów jest

Scena na lodzie w pobliżu miasta **holenderskiego malarza Hendricka Avercampa (1585–1634).**

teraz coraz więcej, stają się bardziej wyrafinowane, jak np. *Portret kobiety w żółtym* (1465) Alisso Baldovinettiego, *Portret doży Loredana* (ok. 1501) Giovanniego Belliniego. Koniecznie trzeba zobaczyć dwa obrazy Piero della Francesci: *Chrzest Chrystusa* z lat 50. XV w. i *Narodziny* (1470–75).

SKRZYDŁO ZACHODNIE (SALE 2–12)

Wśród artystów późnego renesansu mamy tu Rafaela, Michała Anioła, Bronzina i Correggia. Na wszystkich wywarł wpływ Leonardo da Vinci. Inspirowani przez Belliniego artyści weneccy, jak np. Tycjan, rozkoszowali się kolorem i coraz częściej malowali

Dulwich Picture Gallery

College Road, SE21
0181-0693 5254
Nieczynne pon.
$$, bezpłatne pt.
Częste pociągi ze stacji Victoria i London Bridge do stacji West Dulwich

Dulwich Picture Gallery

Galeria ta w specjalnie zaprojektowanej neoklasycznej budowli Johna Soane'a była pierwszą angielską publiczną galerią sztuki. Otwarto ją w 1814 roku. Wspaniałe zbiory zawdzięcza odmowie przyjęcia przez brytyjski rząd 400 obrazów zgromadzonych przez handlarza dzieł sztuki Noela Desenfansa. Kolekcja przeznaczona była do projektowanej galerii narodowej w Warszawie, kiedy jednak polskiego króla zmuszono do abdykacji w 1795 r., Desenfans podarował ją Wielkiej Brytanii. Aż trudno uwierzyć, że rząd odmówił przyjęcia darowizny. Wobec tego Desenfants podarował obrazy Francisowi Bourgeois, który następnie zapisał je college'owi w Dulwich, mającemu już wtedy pokaźną kolekcję dzieł sztuki. Przechadzając się po oświetlonych od góry salach można podziwiać dzieła godne wyeksponowania w Galerii Narodowej: Van Dycka *Emanuel Philibert z Sabaudii*, Poussina *Triumf Dawida*, Rembrandta *Dziewczynkę przy oknie*, widoki Londynu Corneliusa Bola, szkice Rubensa i liczne dzieła Gainsborough. ■

olejem na płótnie żaglowym. Powiększa się zakres tematów, obejmujący teraz większe portrety, kompozycje mitologiczne i alegoryczne, martwe natury i pejzaże. Talent artysty staje się równie ważny, jak temat obrazu.

Te zmiany demonstrują dzieła dwóch artystów w sali 2: *Szkoła miłości* Correggia i *Madonna z Dzieciątkiem, świętym Janem i Hieronimem* Parmigianina (obydwa ok. 1520). W sali 3 obrazy Holbeina, m.in. *Ambasadorowie* (1533). W sali 8 znajdują się obrazy trzech czołowych artystów lat1500–1550: Michała Anioła *Złożenie do grobu*, Sebastiana del Piombo *Powstanie Łazarza* i Bronzina *Alegoria z Wenus i Kupidynem*. W sali 9 dominuje kolorystyka wenecka, są tu m.in. takie dzieła Tycjana, jak *Bachus i Ariadna* (1522–23) i *Rodzina Vendraminów* (1543–47). W sali 11 inne weneckie portrety – *Rodzina Dariusza przed obliczem Aleksandra* (1565–70) Paola Veronese.

SKRZYDŁO PÓŁNOCNE (SALE 14–32)

Kolejnych 19 sal wypełnia bogate malarstwo XVII–wieczne. Ulubionym tematem mecenasów i kolekcjonerów stał się pejzaż, a tacy artyści jak Cuyp, Ruisdael i Rubens, namalowali jedne z najlepszych płócien. Pod ich wpływem Włosi zmniejszyli wymiary swoich obrazów, ale klasyczna sztuka Włoch i światło południa zainspirowało takich północnych twórców jak Poussin, Claude i Rubens. Van Dyck, Velazquez i Rembrand rozwinęli malarstwo portretowe; najbardziej nowatorskimi szkołami malarstwa stała się Hiszpania i Niderlandy, czego dowodem sztuka Velazqueza i Rembrandta.

***Tancerki* Edgara Degas (1834–1917).**

Pejzaże Claude'a Lorraine'a w salach 15 i 19, takie jak *Królowa Saba wsiadająca na okręt w morskim porcie* (1648) wywarły wielki wpływ na malarstwo angielskie XVIII w. i na ogrody krajobrazowe. Świadczą o tym płótna Turnera w sali 15. Wśród holenderskich scen obyczajowych w salach 16–18 najbardziej kameralna jest *Młoda kobieta przy wirginale* (1670) Vermeera. Holenderski pejzaż pojawił się później z sielankowym *Krajobrazem rzecznym z jeźdźcem i wieśniakami* (ok. 1650) Aelberta Cuypa (sala 21), po złocistej *Adoracji złotego cielca* (1634) francuskiego malarza Nicolasa Poussina (sala 20). W sali 22 malarstwo francuskie, m.in. wspaniały portret kardynała Richelieu pędzla Phillipe'a de Champaigne z roku 1637. Kulminacją malarstwa flamandzkiego jest sala Rembrandta z obrazami: *Autoportret w wieku lat 34* (1640) i *Uczta Baltazara* (1636–38). Równie zachwycająca jest sala 28 – kolekcja płócien Rubensa, od alegorycznej *Wojny i pokoju* do potężnego *Samsona*

***Rut na polu Boaza* (1820) lipskiego malarza Schnorra von Carolsfelda, artysty podziwianego przez prerafaelitów (sala 42).**

i Dalili z 1609 r. Portrety królewskie osiągnęły niespotykaną dotąd wspaniałość, o czym świadczy *Filip IV hiszpański* Velazqueza (1631–32), a także *Konny portret Karola I* (1637–38) Van Dycka.

SKRZYDŁO WSCHODNIE (SALE 34–46)

Tematy obrazów XVIII i XIX w. są w równym stopniu barwne, co proste – sceny na plaży, doniczki z kwiatami, pisanie listu. Zachowano wiele tradycyjnych rodzajów, jak portret, pejzaż, martwa natura, sceny we wnętrzu czy malarstwo narracyjne.

W sali 33 intymność domowego wnętrza przedstawia *Domek z kart* (1736–77) francuskiego malarza Jeana Simeona Chardina. Sale 34–36 zajmuje malarstwo brytyjskie. Szczególnie bogato reprezentowane są portrety: *Lady Cockburn z trzema najstarszymi synami* (1773) Joshuy Reynoldsa, *Poranny spacer* (1785) Thomasa Gainsborough i portret starzejącej się, subtelnej królowej Charlotty (1789) Thomasa Lawrence'a. *Fighting Temeraire* (1838–39) Turnera otwiera nowe perspektywy malarstwa pejzażowego. Hiszpańskie portrety w sali 38 to m.in. *Książę Wellington* (1812–14) Francisco de Goyi, wśród obrazów francuskich w sali 41 *Madame Moitesser* (1856) Ingresa. Nastrojowe płótna impresjonistów wypełniają sale 43 i 44: *Plaża w Trouville* (1870) Claude'a Moneta, *Łodzie na Sekwanie* (1879–80) Pierre-Auguste'a Renoira i *Kąpiące się w Asnieres* (1884) Georges-Pierre'a Seurata. Ekspozycja kończy się w salach 45 i 46, gdzie widzimy takie dzieła, jak *Słoneczniki* (1888) Vincenta van Gogha. ■

National Portrait Gallery

W NARODOWEJ GALERII PORTRETU MOŻNA DO ZNAJOMEGO nazwiska dopasować twarz – czy to króla z dynastii Tudorów, czy wynalazcy maszyny parowej, czy ulubionego pisarza. Można tu bowiem obejrzeć portrety tych osób, które miały wpływ na różne dziedziny brytyjskiej historii. Znajduje się tu chronologiczna galeria ludzi błyskotliwych, utalentowanych, sytych sukcesu, pięknych i brzydkich, dobrych i przewrotnych. Każdy jest fascynujący, a doskonałe podpisy pozwalają zrozumieć znaczenie i rolę również tych postaci, których nie znamy.

National Portrait Gallery

Plan s. 97

St. Martin's Place, WC2

0171-306 0055.

Wstęp płatny na specjalne wystawy.

Metro: Charing Cross, Embankment, Leicester Square

Celem kolekcji założonej w 1856 r. w duchu wiktoriańskiego idealizmu, heroizmu i wiary w oddziaływanie dobrych przykładów było zgromadzenie i eksponowanie wizerunków zasłużonych Brytyjczyków jako inspiracji dla zwiedzających. Portrety wędrowały po całym Londynie, zanim w 1896 r. znalazły stałe miejsce w tym budynku Ewana Christiana, tuż za Galerią Narodową.

Początkowo wieszano jedynie portrety osób nieżyjących, aby czas mógł zweryfikować ich zasługi. Obecnie odstąpiono od tej zasady, więc przykład można brać z baronowej Thatcher, piłkarza Bobby Charltona czy prawnika-literata Johna Mortimera. Jeśli wypożyczymy odtwarzacz z CD, posłuchamy szczerej rozmowy modeli i malarzy na temat portretów. Kolekcja zawiera ponad 10 tys. portretów, ale nie wszystkie są eksponowane. Nawet przy założeniu, że niektórzy bohaterowie mają po kilka podobizn, i tak jest to znacząca liczba zasłużonych, na pewno wystarczająca, by każdy zwiedzający znalazł swego bohatera.

ZWIEDZANIE

Portrety uszeregowane są chronologicznie, najstarsze na najwyższym piętrze, więc najlepiej wjechać windą na trzecie piętro i schodzić w dół. W salach 1–15 postacie z wieków XVI–XVIII. Na pierwszym piętrze, w salach 17–27 są portrety osób z wieków XIX i początku XX. W salach 16 i 28 portrety członków rodziny królewskiej. Na parterze wybór wizerunków współczesnych zasłużonych dla brytyjskiego społeczeństwa. Znajdują się tu zarówno obrazy, jak i fotografie. Specjalne wystawy w Wolfson Gallery, również na parterze, obejmują prace nadesłane na doroczny letni

National Portrait Gallery ukryta za National Gallery odznacza się imponującym wejściem.

Anonimowy portret Elżbiety I, namalowany ok. 1575 r., kiedy królowa miała niewiele ponad 40 lat.

konkurs na portret (sponsorowany przez British Petroleum) i coroczny zimowy konkurs portretu fotograficznego im. Johna Kobala (Photographic Gallery).

NAJWYŻSZE PIĘTRO

Trzeba zejść kilka stopni w dół, żeby znaleźć wielki szkic tuszem Holbeina do malowidła ściennego w nieistniejącym pałacu Whitehall: przedstawia Henryka VIII z ojcem Henrykiem VII.

Wracamy na piętro. W sali 1 portret Edwarda VI (1546) namalowany przez Williama Scrotsa techniką anamorfozy, co oznacza, że trzeba go oglądać pod ostrym kątem dla uchwycenia perspektywy. Wśród portretów Elżbiety I jest obraz Marcusa Gheeraertsa Młodszego upamiętniający jej wizytę w Ditchley Park koło Oksfordu – stopy królowej stoją w Oxfordshire. Portret Szekspira to jedyna znana ówczesna podobizna wielkiego dramaturga, zresztą pierwszy nabytek galerii. Koniecznie trzeba zobaczyć miniatury Nicholasa Hilliarda przedstawiające bohaterów ery elżbietańskiej: Francisa Drake'a, Waltera Raleigha, Roberta Dudleya, earla Leicester oraz ich królową. W salach 2–7 główni bohaterowie rewolucji (Oliver Cromwell) i Restauracji (Karol II) oraz pamiętnikarz Samuel Pepys namalowany w pożyczonym stroju hinduskim z partyturą utworu, który skomponował. W niewielkiej salce 3 liczne małe portrety z wieku XVII. Niezwykle dynamiczny brytyjski wiek XVIII stworzył mnóstwo wyjątkowych postaci (sale 6–13): w sali 6 Jonathan Swift i Christopher Wren, w sali 7 Jerzy II, Joshua Reynolds, George Stubbs i dr Johnson w sali 9, w sali 11 bohaterski generał James Wolfe i podróżnik James Cook, w sali 12 admirał Nelson. Sala 13 to poeci romantyczni John Keats, Samuel Taylor Coleridge i William Wordsworth. W sali 14 nastrój naukowy – portrety Richarda Arkwrighta i innych bohaterów rewolucji przemysłowej. Portret Jerzego IV pędzla Lawrence'a w sali 15 doskonale oddaje dekadencką wytworność monarchy.

PIERWSZE PIĘTRO

Z sali 6A prowadzą schody na piętro, gdzie wyeksponowane są portrety osobistości z czasów wiktoriańskich i edwardiańskich. Wśród pisarzy w sali 17 znajdują się portrety sióstr Brontë, namalowane przez ich brata Branwella. Salę 19 wypełniają bohaterowie imperium, m.in. portret lingwisty i podróżnika Richarda Burtona pędzla Leightona. W sali 20 symbolem postępu kulturalno-naukowego jest książę Albert, małżonek królowej Wiktorii, a w salach 21 i 23 – portrety przedstawicieli późnowiktoriańskiej kultury Williama Morrisa, Thomasa Carlyle'a i Benjamina Disraelego. Sztuka edwardiańska to sale 24 i 25, gdzie można się przekonać, jak wyglądali Rudyard Kipling, G.B. Shaw i Edward Elgar.

Salę 27 przebudował architekt Piers Gough. Całość olbrzymiego pomieszczenia stała się widoczna dzięki temu, że portrety z początku XX w. powieszono na szklanych płytach. Podobizny rodziny królewskiej na głównej klatce schodowej obejmują wspaniały portret rodzinny pędzla Johna Lavery'ego przedstawiający Jerzego V, królową Marię z rodziną w pałacu Buckingham w 1913 roku.

PARTER

To najbardziej ekscytujące sale, ponieważ można tu oglądać portrety osób żyjących, w dalszym ciągu odgrywających rolę w życiu kraju. Tutaj bardzo pomocne jest

wypożyczenie odtwarzacza CD. Można usłyszeć, jak bardzo nieszczęśliwy był John Mortimer w czasie pozowania i jak trudnym modelem okazał się dla artysty. Po przebudowie Londynu w latach 80. i 90. XX w. przyjemnie zobaczyć twarze architektów, od Jamesa Stirlinga do Piersa Gougha. W tej części galerii dużo się dzieje, zdjęcia i obrazy wymienia się regularnie. Tutaj wystawia się nowe, zanim staną się częścią zbiorów. Na niedawnej wystawie tego typu prezentowano portret Jerzego VI Mereditha Framptona, portret dyrektora teatru Richarda Eyre pędzla Petera Snow i zdjęcie polityka Petera Mandelsona wykonane przez Polly Borland.

„...przedłożyć Waszej Królewskiej Mości pokorną prośbę, aby raczyła w swej królewskiej łaskawości rozważyć możliwość stworzenia Galerii Portretów najbardziej zasłużonych osób w brytyjskiej historii”. – propozycja piątego earla Stanhope z 1856 r. utworzenia Narodowej Galerii Portretu. ■

Galeria początków XX w. proj. Piersa Gougha, w której portrety umieszczone są w szklanych gablotach.

Piccadilly Circus

Piccadilly Circus to centrum rozrywkowego Soho. Zaprojektowany przez przez Nasha w 1819 r. plac stanowił część wymarzonego przez księcia regenta połączenia Carlton House z Regent's Park (zob. s. 132). To ruchliwe skrzyżowanie ulic z posągiem Erosa pośrodku uległo zmianie w chwili wytyczenia Shaftesbury Avenue w latach 80. XIX wieku. W 1893 r. postawiono statuę Erosa, która szybko stała się symbolem Londynu.

Aluminiowa figurka wykonana przez Alfreda Gilberta w istocie nie przedstawia Erosa, boga miłości, tylko anioła chrześcijańskiego miłosierdzia. Upamiętnia Anthony Ashleya Coopera, filantropa i męża stanu, który walczył o poprawę warunków pracy robotników, a także o poprawę losu psychicznie chorych.

Piccadilly Circus był punktem tak ważnym, że tu właśnie zainstalowano pierwszą świetlną reklamę w Londynie w latach 90. XIX wieku. Pojawiały się kolejne teatry, w tym Criterion w podziemiach tuż za Erosem. Ten teatr i restaurację na poziomie ulicy zdobią cudowne mozaiki i kafle Thomasa Verity'ego. ■

Letni wieczór na ruchliwym Piccadilly Circus.

Shaftesbury Avenue

Główna ulica londyńskiej krainy teatrów, została poprowadzona przez slumsy, co wymagało przesiedlenia 3000 osób. Otwarta dla ruchu w 1886 r., szybko przyciągnęła impresariów teatralnych, którzy zbudowali tu teatry odpowiednie do wystawiania modnych wówczas musicali. Współczesny impresario Andrew Lloyd Webber kupił i przywrócił do dawnej świetności **Palace Theatre**, pierwotnie projektowany przez Collcutta i Hollowaya w latach 1888–91. Spośród licznych teatrów przy tej ulicy można wymienić **Queen's Theatre** z 1907 r., później przebudowany, i **Globe** z 1906 roku. Pięć lat wcześniej wzniesiono teatr **Apollo** w stylu francuskiego renesansu, a **Lyric**, jeden z pierwszych tutejszych teatrów, zbudowano w 1888 roku.

Na końcu ulicy przybytki innego rodzaju rozrywki. Trocadero, zbudowane w 1895 r. jako sala taneczna, przekształcono obecnie w centrum rozrywkowe, obejmujące kino 3-D **Pepsi IMAX**, zapierający dech zjazd kolejką itp. Pobliski **Rock Circus Madame Tussaud** prezentuje woskowego Elvisa, Madonnę i inne gwiazdy, które zaczynają śpiewać, kiedy je mijamy. ■

Pepsi IMAX Cinema
- Plan s. 97
- Trocadero I Piccadilly W1
- 0171-494 4153
- Metro: Piccadilly Circus

Rock Circus
- Plan s. 97
- London Pavilion, Piccadilly, W1
- 0171-734 8025
- $$$
- Metro: Piccadilly Circus

Soho

Soho było jedną z najbardziej „niemoralnych" dzielnic Londynu, dopóki rada miejska Westminsteru nie postanowiła w czerwcu 1986 r. tego zmienić. Labirynt wąskich uliczek, przejść i podwórek doskonale służył prostytutkom, podejrzane bary wabiły na każdym rogu, w podziemiach mieściły się kluby striptizu. Wszystko to nazywano „dzielnicą występku" i rada miejska postanowiła z tym skończyć. Odmawiano przedłużenia kolejno wygasających umów dzierżawy, nieruchomości sprzedawano, na ogół na restauracje, biura czy mieszkania. W ciągu roku prostytutki wyniosły się, a liczba sex-shopów i podobnych lokali zmniejszyła się o połowę. Jeden z nielicznych ocalałych lokali, Raymond's Revuebar, oferuje rozrywkę, którą można pokazywać uczniom. U pobliskiej Madame Jojo można jednak zobaczyć coś bardziej zabawnego i ryzykownego. Liczni nowi mieszkańcy, restauracje, błyszczące czystością bary i sklepy z modną konfekcją przywróciły trochę życia, które toczy się tu całą dobę.

Ulice Soho błyszczą od neonowych napisów reklamujących wszelkiego rodzaju rozrywki.

NA PÓŁNOC OD SHAFTESBURY AVENUE

Na zach. krańcu siatki ulic po pn. stronie Shaftesbury Avenue na Berwick Street mieści się targ owocowo-warzywny. Old Compton Street, do niedawna serce francuskiego Londynu, ostatnio okupują głównie przybysze z Włoch: sklep Camisa, sycylijska piekarnia,

Tańczący smok wije się ulicami Soho podczas obchodów chińskiego Nowego Roku.

Patisserie Valerie. Włosi otwarli na Dean Street w 1926 r. restaurację „Quo Vadis" P.G. Leoniego. U Ronniego Scotta przy Frith Street w dalszym ciągu występują gwiazdy jazzu. Prosta fasada domu House of St. Barnaby przy Greek Street z 1746 r. kryje wspaniałe wnętrze. Statua Karola II na Soho Square świadczy o szlachetnych początkach tej okolicy.

CHIŃSKIE SOHO

Niemal w każdej wysokiej i wąskiej kamieniczce londyńskiego Chinatown mieszczą się przeróżne sklepy lub restauracje. Ale przeważają restauracje. Podaje się tu lekko obsmażane lub gotowane na parze potrawy kuchni kantońskiej lub pekińskiej.

Atmosferę tego miejsca, gdzie Chińczycy posługują się swoim językiem ojczystym, podkreślają jeszcze budki telefoniczne w chińskim stylu, ławki i czerwono-złote bramy pomiędzy Shaftesbury Avenue a Gerard Street. Doskonała sceneria na obchody chińskiego Nowego Roku.

Kiedyś w tej okolicy dominowali Francuzi, stąd mówiło się o niej Mała Francja. Na tyłach Leicester Square ukrywa się Notre-Dame-de-France, niegdyś teatr, przerobiony w 1865 r. przez pioniera secesji Auguste'a Boileau. W 1960 r. Jean Cocteau namalował tu kilka fresków. ■

W Chinatown istnieje uliczny targ, gdzie na straganach można kupić chińskie warzywa i specjały.

Tereny pomiędzy City a Westminsterem zawsze stanowiły siedzibę instytucji usługowych. Kancelarie prawnicze, teatry, sklepy, targi przez wieki pełniły te same funkcje. Zniknęły stąd jedynie maszyny drukarskie.

Z Covent Garden do Ludgate Hill

Taczki na targu w Covent Garden.

Z Covent Garden do Ludgate Hill

TA CZĘŚĆ LONDYNU USYTUOWANA NA ŁUKU TAMIZY WYPEŁNIA PRZESTRZEŃ pomiędzy dwoma dawnymi miastami: Westminsterem i City. Stare budowle, jak kościół Temple Church i Lincoln's Inn Gateway, odnowiony targ Covent Garden, teatr Adelphi, a także nowy gmach Royal Opera House odzwierciedlają zmiany odpowiadające potrzebom użytkowników.

Kiedy Westminster stał się siedzibą władzy, z kupiecką City łączyła go jedynie nadrzeczna ścieżka. Łuk Strandu (brzeg, plaża) – nazwa bierze się stąd, że ulica biegła blisko pn. brzegu Tamizy – i Fleet Street – nazwanej od rzeczki, przez którą przechodziła – stały się ulubionym adresami średniowiecznych biskupów. Później, po rozwiązaniu klasztorów, te dwa odcinki ulicy nabrały nieco odmiennego charakteru.

Niektóre domy biskupów po obu stronach Fleet Street bliżej katedry św. Pawła przekształciły się w siedziby prawniczych korporacji (Inns of Court), podczas gdy drukarze i księgarze usadowili się wokół kościołów St. Bride i St. Dunstan. Od 1702 r. do lat 80. XX w. przy Fleet Street drukowano gazety. Drukarze odeszli, ale prawnicy zostali. Bronią swoich klientów w wielkich salach sądu, a ich aplikanci pędzą po ulicach ze stertami akt pod pachą.

Władcy z dynastii Tudorów i Stuartów obdarzali swych ulubionych dworzan dawnymi domami biskupów i nadbrzeżnymi ogrodami przy Strandzie. George Villiers, faworyt Jakuba I i Karola I, powiększył pałac biskupa Norwich, tworząc m.in. bramę wodną, która zachowała się do dziś w Embankment Gardens, dając świadectwo zarówno wspaniałości tamtych rezydencji, jak i szerokości rzeki przed zbudowaniem nabrzeża Embankment.

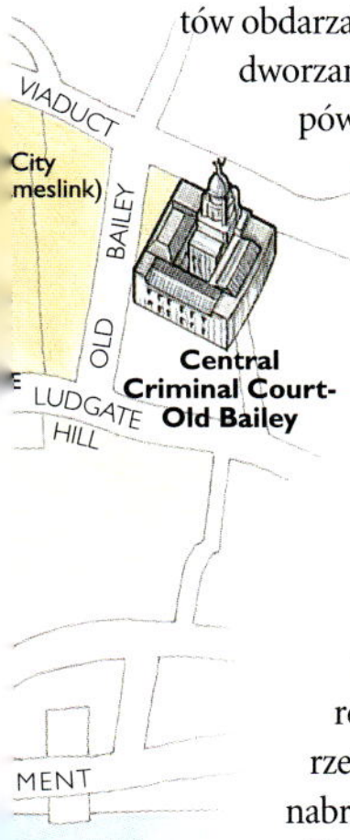

Teatr Savoy pokazuje zmienną rolę Strandu w ciągu stuleci.

Z COVENT GARDEN DO LUDGATE HILL

❶ Kościół św. Pawła ❷ Jubilee Hall ❸ Theatre Museum ❹ Teatr Savoy ❺ Hotel Savoy ❻ Courtauld Gallery ❼ Jubilee Hall ❽ Royal Courts of Justice (Sądy królewskie) ❾ Inner Temple Gateway ❿ Temple Church ⓫ Dr Johnson's House ⓬ Kościół St Bride

Stare dwupoziomowe autobusy miejskie w Londyńskim Muzeum Transportu, Covent Garden.

Pierwsza budowla na tym miejscu, Savoy House, zbudowany z wielkim przepychem w XIV w., zgodnie z modą wychodził na rzekę. Podczas szczytowego okresu rozwoju Covent Garden w XVII w. wypadało odbywać przechadzki po Strandzie, ale w końcu XIX w. ulica podupadła do tego stopnia, że stała się miejscem pracy prostytutek, marnych kawiarni i teatrzyków. Kiedy Richard d'Oyly Carte zbudował w 1881 r. swój teatr Savoy, umieścił wejście od strony nowego, czystego i eleganckiego Embankment, nie od Strandu. W 1929 r. wejście przeniesiono na trochę podreperowany Strand. W 1905 r. Aldwych, plac w kształcie półksiężyca, zastąpił gęstwinę slumsów.

Obecnie sercem tej okolicy ponownie stało się Covent Garden. Początkowo był to ogród klasztoru związanego z Opactwem Westminsterskim, po rozwiązaniu klasztorów podarowany earlowi Bedford. Covent Garden Piazza, zaplanowana w 1631 r., stała się wzorem londyńskiego placu z domami mieszkalnymi. W pobliżu powstało kilka nowych, podobnych placyków, w tym Lincoln's Inn Fields. Zamieszkała tu szlachta opuszczająca City po wielkim pożarze. Kiedy arystokracja przeniosła się dalej na zachód, arystokratyczny charakter Piazzy zmienił się na handlowy, co wiązało się także z pojawieniem się w Londynie pierwszych targów warzywno-owocowych, kawiarni i jaskiń hazardu. Kiedy targ przeniósł się do pd. Londynu, teren uprzątnięto i powstała tu urocza mieszanina sklepów, restauracji i muzeów, otoczona wianuszkiem pół tuzina teatrów. ■

Middle Temple Hall (1573) codziennie używany jako jadalnia dla członków stowarzyszenia.

Royal Courts of Justice (Law Courts)

Plan s.110

Strand, WC2

0171-936 6000

Nieczynne sob.–niedz. i VIII–IX

Metro: Temple, Chancery Lane

Uwaga: Nie wolno tu używać aparatów fotograficznych, chodzić w dżinsach i adidasach.

Central Criminal Court (Old Bailey)

Plan s. 111

Newgate Street, EC4

0171-248 3277

Nieczynne sob.–niedz.

Metro: St.Paul's

Uwaga: Codzienna wokanda przy głównym wejściu. Nie wpuszcza się dzieci poniżej 14 lat. Na galerie dla gości nie wolno wnosić: dużych toreb, radia, aparatu fotograficznego, pagera ani telefonu.

Inns of Court i Old Bailey

W LONDYNIE SĄ CZTERY KORPORACJE PRAWNICZE (INNS of Court). Każda jest niezależnym stowarzyszeniem kierowanym przez sędziów , którzy przyjmują uczniów do adwokatury. Taki porządek przyjął się stopniowo po rozporządzeniu Edwarda I z 1292 r., które stawiało wszystkich prawników pod kontrolę sędziów, co zakończyło rolę kleru jako adwokatów i zmniejszyło jego władzę.

Archiwa korporacji sięgają XV i XVI w. Pierwotnie każda korporacja dysponowała dużą rezydencją, gdzie mieszkali studenci i adwokaci. Za panowania Tudorów procesowanie się było równie popularne jak sztuki piękne, prawnicy wyszkoleni w Inns of Court zasiadali w londyńskich sądach, ale po powrocie do swoich rezydencji prowadzili życie światowe. Członkowie Middle Temple uraczyli Elżbietę I przedstawieniem *Wieczoru Trzech Króli* we wspaniałej sali.

Gray's Inn *(High Holborn, tel. 0171-405 8164)* osiedliło się w rezydencji Reginalda de Greya około 1370 r.; zachowało się tu piękne przepierzenie z epoki Tudorów. Latem w porze obiadowej ogrody dostępne dla publiczności. Początkowo prawnicy z **Lincoln's Inn** *(Chancery Lane, tel. 0171-405 1393),* którzy przejęli jedną z budowli na terenach earla Lincoln, mieszkali w zachowanym do dziś Old Hall z 1490–92. Wśród późniejszych prawników znajdowali się Oliver Cromwell i William Penn (założyciel stanu Pensylwania).

Inner i **Middle Temples** *(Fleet Street, tel. 0171-797 8250 i 0171-427 4800)* wzięły swoją nazwę od zakonu rycerskiego templariuszy. Po rozwiązaniu klasztorów ich tereny położone nad Tamizą przeszły na własność Korony, a sędziowie wzięli je w dzierżawę wieczystą w 1608 roku. Dzisiejszy labirynt dziedzińców i budowli obejmuje Middle Temple's Hall,

bramę Inner Temple z 1610–11 r. i King's Bench Walk proj. Wrena z lat 1677–78. Kościół **Temple** *(Inner Temple Lane, tel. 0171-353 1736)* to pierwotnie kolista budowla normańska z później dodaną nawą; we wnętrzu marmurowe nagrobki templariuszy z XIII wieku. Na terenach nadrzecznych uzyskanych w wyniku budowy Embankment (zob. s. 48) adwokaci założyli ogrody, w których odbywał się doroczny pokaz kwiatów, obecnie urządzany w Chelsea (zob. s. 169). Wzmożone zainteresowanie prawem w XIX w. zmusiło adwokatów do wykorzystywania korporacji raczej do pracy niż przyjemności. Sądy umieszczono w **Royal Courts of Justice** (Sądy Królewskie). Obecnie korporacje wciśnięte są między sąd królewski a budynek Centralnego Sądu Kryminalnego, od nazwy ulicy znanego jako **Old Bailey**. Kopułę tego budynku, wzniesionego w latach 1900–07, wieńczy brązowa statua Sprawiedliwości. ■

Budynek sądu Old Bailey, zaprojektowany przez architekta E.W. Mountforda.

Drukarnie przy Fleet Street

Przy sądach zaczyna się Fleet Street, do niedawna synonim drukarstwa. Po śmierci Williama Caxtona, który w 1477 r. opublikował pierwszą drukowaną w Anglii książkę, jego uzdolniony uczeń Wynkyn de Worde przeniósł prasy drukarskie z Westminsteru na Fleet Street. De Worde zainstalował pierwszą angielską maszynę z ruchomymi czcionkami w pobliżu kościoła St. Bride, niedaleko duchownych klientów. W latach 1500–1535 opublikował ok. 800 książek, prowadził także jedną z wielu księgarń przy kościele św. Pawła. Wkrótce boczne uliczki przy Fleet Street zajęli drukarze, introligatorzy, księgarze i pisarze. Mieszkał tu dr Samuel Johnson (zob. s. 116), który spędzał wiele czasu w okolicznych kawiarniach i pubach.

11 marca 1702 r. dotychczasowe kościelne, literackie, naukowe i polityczne wydawnictwa Fleet Street powiększyły się o pierwszą gazetę *The Daily Courant*. Ale gazety ruszyły pełną parą dopiero kiedy Alfred Harmsworth, pionier popularnego dziennikarstwa, kupił w 1896 r. *Daily Mail* i podniósł jego nakład do miliona egzemplarzy. Później razem z bratem założył *Daily Mirror*. Do lat 80. XX w. Fleet Street było krajowym centrum wydawania gazet. Wówczas to międzynarodowy magnat prasowy Rupert Murdoch wprowadził rewolucyjną technologię i wszystkie redakcje wyniosły się z Fleet Street do biur połączonych komputerowo z drukarniami. ■

Spacer przez prawniczy Londyn i Covent Garden

Najlepiej odbyć tę przechadzkę w dzień powszedni, kiedy ruch w prawniczym Londynie tworzy odpowiednią atmosferę, ale w Covent Garden zabawniej jest w soboty, wtedy jest więcej straganów i artystów ulicznych. Spacer zaczyna się od stacji metra Temple, a kończy przy stacji metra Covent Garden.

PRZECHADZKA PO STRANDZIE I OKOLICY

Od stacji metra Temple idziemy ulicą Strand, za Somerset House, gdzie mieści się galeria Courtauld (zob. s. 118), skręcamy w lewo. Jeszcze raz w lewo na **Waterloo Bridge** ①, skąd mamy doskonały widok na wieżowce City i na Westminster.

Wracamy na Strand i ponownie skręcamy w lewo. Przy bocznej uliczce po lewej **hotel** i **teatr Savoy** ②. Teatr zbudował w 1881 r. Richard D'Oyly Carte; cieszące się powodzeniem operetki Gilberta i Sullivana, w tym słynny *Mikado*, sfinansowały budowę luksusowego hotelu obok, a także hotelu Claridges. Obie te budowle upiększył później architekt art déco Basil Ionides.

Mijamy sklep filatelistyczny Stanleya Gibbonsa przy Strandzie, teatry Vaudeville i Adelphi, skręcamy w lewo w Adam Street. Widać tu pozostałości ambitnych konstrukcji Adelphi z 1768 r. proj. szkockich architektów, braci Adam. Nie udało im się sprzedać domów, zostały później w większości rozebrane, ale ich neoklasyczną urodę widać jeszcze przy Adam Street, John Adam Street i małej uliczce Robert Street.

Przy Villers Street ogrody pod nazwą Victoria Embankment. Zachowała się tu **York Watergate** (brama wodna York) z 1626 r., na końcu pomnik kompozytora Arthura Sullivana (1842–1900). Dochodzimy do Savoy Street, skręcamy w prawo i dochodzimy do Aldwych. Pośrodku ulicy **St. Mary-le-Strand** ③, pierwszy londyński kościół proj. Jamesa Gibbsa (1714–17). Równocześnie pierwszy z 50 kościołów, które zamierzała wznieść królowa Anna (udało jej się zbudować 12), by uchronić ludność przed ateizmem i angielskim protestantyzmem. Dalej, znów na wysepce kościół St. Clement Danes. Na końcu Strandu wspaniały budynek sądów królewskich **Royal Courts of Justice** ④ (zob. s. 115) po lewej, a po prawej sklep z herbatą Thomasa Twinninga i kantor banku Lloyd's z 1882–83, zdobiony płytkami ceramicznymi wykonanymi w Lambeth.

BUDYNKI SĄDOWE I COVENT GARDEN

Na początku Fleet Street pośrodku ulicy stoi pomnik zwieńczony gryfem, który wyznacza zawsze wyraźną granicę między City a Westminsterem. Łuk naprzeciwko Chancery Lane prowadzi do **Inner** i **Middle Temple** ⑤ (zob. s. 114). Idziemy prosto i w prawo do dziedzińca z fontanną i Middle Temple Hall (kolejny dziedziniec), dalej prosto i w lewo do kościoła **Temple** (1160–85 i 1220–40) ze wspaniałymi sarkofagami templariuszy. Dalej ogrody Inner Temple, King's Bench Walk proj. Wrena z lat 1677–78. Można stąd przejść na Bouverie Street i z powrotem na Fleet Street.

Po drugiej stronie ulicy Bolt i Hinds Courts prowadzą na Gough Square, z fragmentami uliczek i domów z XVII wieku. Tu w latach 1749–59 mieszkał dr Samuel Johnson i tutaj ułożył swój słownik przy pomocy sześciu kopistów pracujących na najwyższym piętrze domu. **Johnson's House**, obecnie muzeum ⑥ *(17 Gough Square, tel. 0171-353 3745, nieczynne niedz.)*, o prostym, ale nastrojowym wnętrzu.

Idziemy teraz Fetter Lane, potem Norwich i Furnival Streets do High Holborn. Po lewej budynki Staple Inn o konstrukcji szkieletowej. Naprzeciwko główna brama do **Gray's Inn** ⑦ (zob. s. 114); uliczka prowadzi do ogrodów. Przy Chancery Lane pół tuzina sklepów ze srebrem tworzy London Silver Vaults *(tel. 0171-242 3844, nieczynne niedz.)*. Dalej brama z 1518 r. prowadzi do **Lincoln's Inn** ⑧ (zob. s. 114). Stąd New Square wiedzie na Lincoln's Inn Fields i do Muzeum Johna Soane'a (zob. s. 112).

Idąc Remnant Street i Great Queen Street przecinamy Kingsway i dochodzimy do Bow Street, gdzie mieści się **Royal Opera House**. Russell Street prowadzi obok **Theatre Museum** (zob. s. 113) na **Covent Garden Piazza** ⑨ (zob. s. 111). W **London Transport Museum** (zob. s. 113) można obejrzeć stare tramwaje i autobusy, po lewej mamy **Jubilee Market**, a na wprost główną halę targową, znaną jako **Market** (zob. s. 113).

Z Covent Garden Piazza idziemy Henrietta Street, skręcamy w prawo w Bedford Street. W klasycystycznym kościele proj. Inigo Jonesa **St. Paul's Covent Garden** (1631–33) płyty pamiątkowe takich aktorów jak: Edith Evans, Charlie Chaplin i Vivien Leigh. Garrick Street, gdzie mieści się Garrick Club nazwany tak na cześć wielkiego aktora, prowadzi do Long Acre i stacji metra Covent Garden. Ta ulica, podobnie jak Shelton Street i Short Gardens to doskonałe miejsce zakupów. ■

Plan – druga strona okładki E4
Stacja metra Temple
6,2 km (w sumie)
3 godz.
Stacja metra Covent Garden

ZOBACZ KONIECZNIE

- Inner and Middle Temples
- Temple Church
- Johnson's House
- Gray's Inn
- Lincoln's Inn
- Covent Garden Piazza

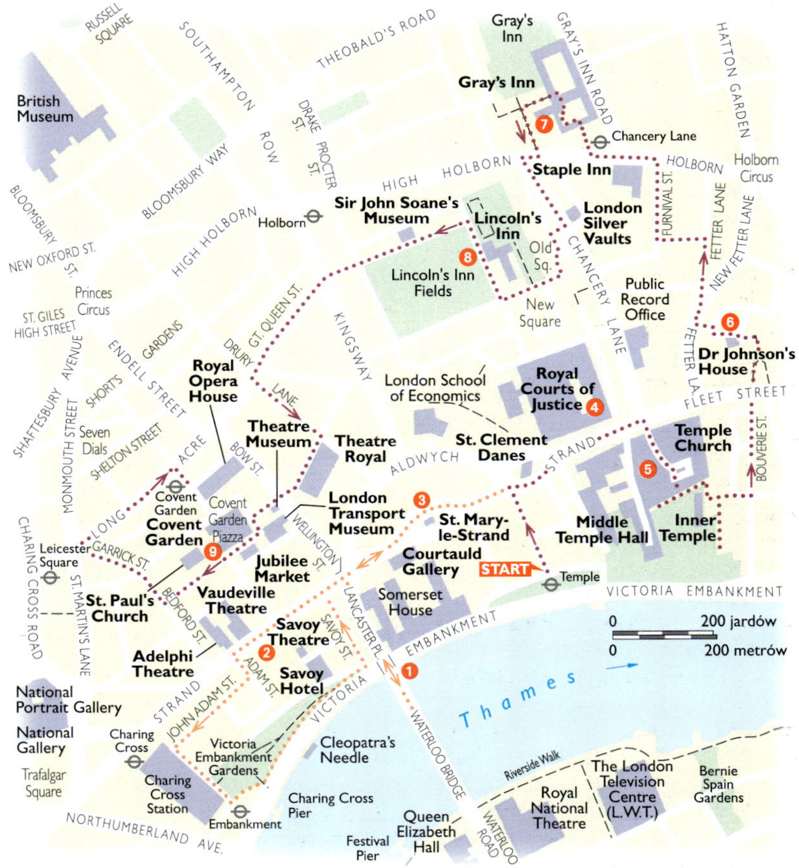

Courtauld Gallery

GALERIA COURTAULD, NIEZWYKŁA KOLEKCJA DZIEŁ SZTUKI obejmuje tak znane obrazy jak *Bar w Folies Bergère* Maneta, a mieści się w najbardziej okazałych salach Somerset House Williama Chambersa, budynku zbudowanego w latach 1776–86.

Courtauld Gallery

Plan s. 110

Courtauld Institute of Art, Somerset House, Strand, WC2

0171-872 0220

$$

Metro: Temple

Samuel Courtauld, przemysłowiec i mecenas sztuki, założył Instytut Courtauld w 1931 r. w swej rezydencji przy Portman Square, projektowanej przez Adama. Chciał, żeby studenci historii sztuki na Uniwersytecie Londyńskim mogli oglądać wielkie malarstwo w doskonałym wnętrzu.

Do jego kolekcji francuskich impresjonistów i postimpresjonistów dołączyły później obrazy Rubensa, Tiepola i Van Dycka z kolekcji Princess Gate, płótna Botticellego, Goyi i Gainsborough z kolekcji Lee, a także ponad 7000 sztychów i rysunków starych mistrzów. Przez długie lata zbiory rozproszone w budynkach uniwersyteckich zgromadzono wreszcie razem w 1990 r. w Somerset House.

Wychodzący na Tamizę Somerset House Williama Chambersa, inspirowany klasycystyczną architekturą Paryża, należy do najpiękniejszych budowli Londynu z XVIII w. Galeria mieści się w salach na pierwszym i drugim piętrze pn. skrzydła. Na pierwszym piętrze sztuka średniowieczna i wczesnorenesansowa zajmuje sale 1 i 2, XVI i XVII w. sale 3 i 4 (plafony malowane przez Cipriániego). Sala 5 poświęcona jest Rubensowi, wystawiony jest tu jego poetycki *Pejzaż księżycowy*, który miał wpływ na Reynoldsa, Gainsborough i Constable'a. Część ich obrazów w salach 6 i 7, jest tu także *Królowa Charlotte* Beecheya.

W galeriach drugiego piętra okresowe wystawy ze zbiorów sztychów i rysunków, kolekcja sreber Courtaulda i obrazy z XIX i XX wieku. Jest tu *Loża* Renoira, *Autoportret z zabandażowanym uchem* Van Gogha i *Góra Sainte-Victoire* Cézanne'a, a także *Te Rerioa* Gauguina, *Akt* Modiglianiego, *Tryptyk prometejski* Kokoschki, obrazy Rousseau, Toulouse-Lautreca i Seurata. ■

Klasycystyczny wystrój Somerset House stanowi oprawę Galerii Courtauld.

Trzon Bloomsbury tworzą osiemnastowieczne skwery. W ich zieleni mogą wypoczywać odwiedzający British Museum. W tej dzielnicy znajduje się też kilka niewielkich, specjalistycznych muzeów.

Bloomsbury

Masywna kolumnada przy wejściu do British Museum zaprasza turystę do obejrzenia skarbów we wnętrzu.

Bloomsbury

PANUJE TU ATMOSFERA SPOKOJNEJ KONTEMPLACJI I SKUPIENIA, CO NIE powinno dziwić, gdyż w tej okolicy mieści się Uniwersytet Londyński, Muzeum Brytyjskie i związane z nimi instytucje. Aż trudno uwierzyć, że bary Soho, rozrywki Covent Garden i gwar zatłoczonych dworców kolejowych znajdują się niemal o krok.

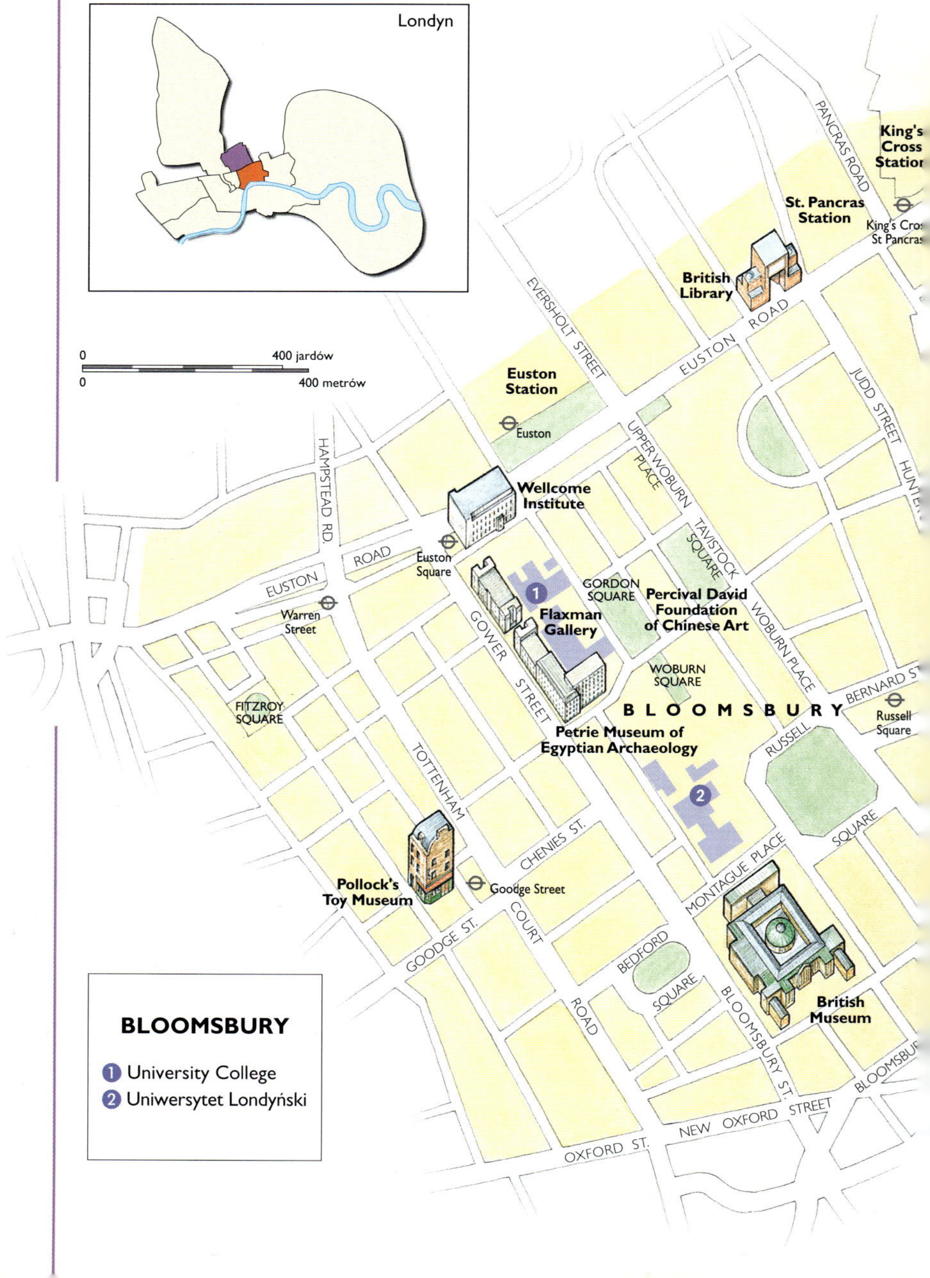

BLOOMSBURY

1. University College
2. Uniwersytet Londyński

Podobnie jak większość śródmieścia Londynu również Bloomsbury ma w swojej historii okresy rolnicze, klasztorne i arystokratyczne. *Doomsday Book*, spis angielskich posiadłości sporządzony dla Wilhelma Zdobywcy w XI w. odnotowuje tu lasek na 100 świń i winnice. Potem Edward III podarował grunty zakonowi kartuzów. Po rozwiązaniu klasztorów Henryk VIII dał je swojemu kanclerzowi, earlowi Southampton. Czwarty earl Southampton wytyczył w 1660 r. plac – obecny Bloomsbury Square. Mądre małżeństwo połączyło rodziny Southamptonów i Bedfordów. Wdowa po czwartym diuku Bedford zbudowała w latach 70. XVIII w. Bedford Square, kiedy ich syn był jeszcze nieletni. Gdy został piątym diukiem, ok. 1800 r. zaczął budować Bloomsbury.

Niebieska tablica przy Doughty Street, jedna z wielu podobnych w Bloomsbury, informuje, że w latach 1812–70 mieszkał tu Karol Dickens.

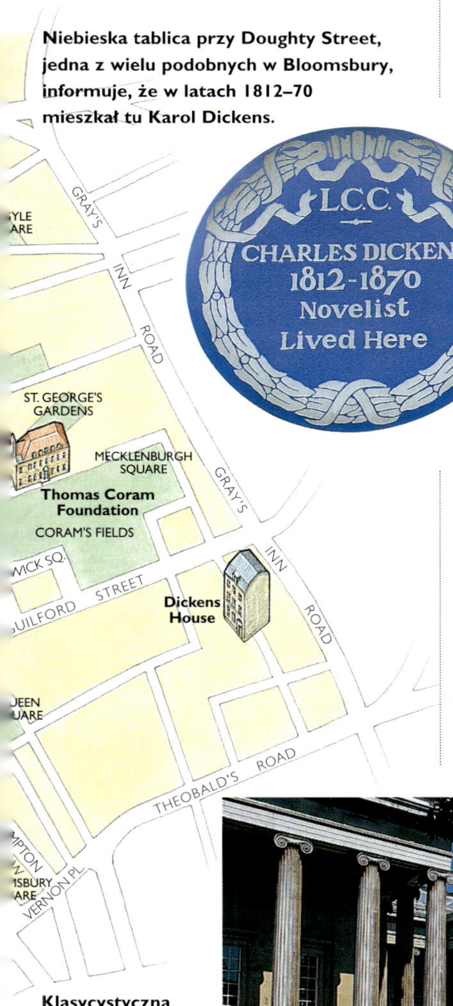

Grunty rozparcelowano, większość przypadła ambitnemu szkockiemu przedsiębiorcy budowlanemu Jamesowi Burtonowi. Przejął je następnie jego syn, architekt Decimus Burton, a potem Thomas Cubitt (zob. s. 171). Szybko powstawały kolejne eleganckie place: rozbudowano Bloomsbury Square, w 1800 r. rozpoczęto Russell Square, Tavistock w 1806 r., Gordon w 1820 r., a Woburn w 1825 roku.

W 1823 r. zaczęto prace nad nowym budynkiem dla British Museum, które od 1759 r. mieściło się w Montague House. W 1836 r. założono w Bloomsbury pierwszy w Anglii uniwersytet świecki – Uniwersytet Londyński (University of London). Na wsch. od tej części znajduje się Mecklenburgh Square wytyczony w latach 90. XVIII w. przez zarządzających Thomas Coram Foundation for Children i sierocińcem dla porzuconych dzieci ufundowanym przez kapitana Corama w1732 r., a hojnie wspomaganym przez Hogartha, Gainsborough i Handla. Wychodzący na szpitalne grunty – obecnie Coram's Field – budynek różnił się od zabudowy pobliskich ulic – cudownego Queen Square, Great James Street i Lamb's Conduit Street. Doughty Street ukończono w 1812 r., później mieszkał tutaj Karol Dickens. Od zach. strony obecnej Tottenham Court Road bracia Adam wytyczyli w latach 90. XVIII w. Fitzroy Square. Plac stał się później magnesem dla artystów. ■

Klasycystyczna fasada Muzeum Brytyjskiego proj. Smirke'a.

British Museum

British Museum

- Plan s. 120
- Great Russell, Street WC2; tylne wejście od Montague Place
- 0171-636 1555. Informacja automatyczna: 0171-580 1788
- Metro: Tottenham Court Road, Holborn, Russell Square
- Niektóre wystawy

MUZEUM BRYTYJSKIE – NAJWIĘKSZE MUZEUM WIELKIEJ Brytanii obejmuje zbiory archeologiczne i etnograficzne. Muzeum ma dziewięć oddziałów, zajmuje 5,5 ha powierzchni, zatrudnia 1200 osób, przyjmuje rocznie ponad 6 mln zwiedzających, przechowuje ponad 4 mln eksponatów, od prehistorycznych kości do fragmentów ateńskiego Partenonu, od całych sal asyryjskiego pałacu do cudownej złotej biżuterii. Jest to żywe muzeum: ekspozycja zmienia się codziennie, odbywają się wystawy okresowe. Muzeum bogaci się niemal każdego dnia: tutaj trafia większość brytyjskich odkryć archeologicznych, częste darowizny, a także nowe zakupy.

MUZEUM

Ten zadziwiający skarbiec miał swe początki w zbiorach jednego człowieka, Hansa Sloane'a, lekarza mieszkającego przy pobliskim Bedford Place. Kolekcjonował minerały, monety, książki i inne przedmioty z niezwykłą pasją. Przed śmiercią w 1753 r. zaproponował, by rząd odkupił od niego 80 tys. eksponatów. I tak się stało. W tym samym roku przyjęto ustawę o British Museum, na mocy której utworzono pierwsze publiczne muzeum w Londynie. Za pieniądze z publicznej loterii kupiono Montague House i w styczniu 1759 r. otwarto podwoje muzeum. Wstęp do muzeum wymagał wtedy pisemnej prośby, ale kuratorzy nie byli zainteresowani zwiedzającymi. W ciągu pół godziny przeprowadzano grupy po galeriach, nie pozwalając zatrzymywać się przy żadnym eksponacie.

U góry po lewej: Greckie rzeźby nereid z grobowca w Xanthos (sala 7).

U góry po prawej: Olbrzymie byki z ludzkimi głowami przy wejściu do galerii asyryjskiej (sala 16).

Założycielska kolekcja obejmowała także bibliotekę, znaleziska badacza Roberta Cottona i rękopisy polityka Roberta Harleya. Zbiory powiększały się zadziwiająco szybko. Jeszcze przed otwarciem muzeum Jerzy II w 1757 r. podarował większość z 12 tys. tomów z królewskiej biblioteki. W Montague House znalazły się antyczne wazy Hamiltona, klasyczne rzeźby Townleya, marmury Elgina, olbrzymia biblioteka Jerzego III, zbiory z podróży kapitana Jamesa Cooka i monety Banku Anglii.

Budynek zaczynał pękać w szwach. Toteż w latach 1823–38 obudowano go wielką klasycystyczną świątynią nauki proj. Roberta Smirke'a. Następnie dom wyburzono, by zrobić miejsce na portyk i wejściową kolumnadę, zamykającą dziedziniec nazwany Wielkim. Czytelnię z kopułą zbudowano w latach 1854–57, a pozostałą przestrzeń wypełniły galerie i półki z książkami. Nawet wtedy muzeum było za ciasne. W 1881 r. dział historii naturalnej przeniósł się do South Kensington (zob. s. 162), a w 1973 r. dział książek drukowanych i rękopisów do British Library (Biblioteka Brytyjska), usytuowanej w budynku muzeum.

Pod koniec XX w. konieczne było bardziej radykalne rozwiązanie. Najpierw biblioteka dostała własny budynek przy St. Pancras, na północ od Bloomsbury. Uwolniło to 40% muzealnej powierzchni, w tym Wielki Dziedziniec. Rozpoczął się program odnowy i rozbudowy, który ma być ukończony w 2003 r., w 250. rocznicę istnienia instytucji. Najważniejsze zmiany przejdzie Wielki Dziedziniec. Będzie tam tylko czytelnia. Dziedziniec zostanie przekształcony w kolejny publiczny skwer Bloomsbury, tym razem zadaszony. Znajdzie się tu punkt informacyjny o 100 galeriach muzeum, centralne biuro programu edukacyjnego, a dla zwiedzających miejsce odpoczynku, zakupów, wypicia kawy przed przejściem

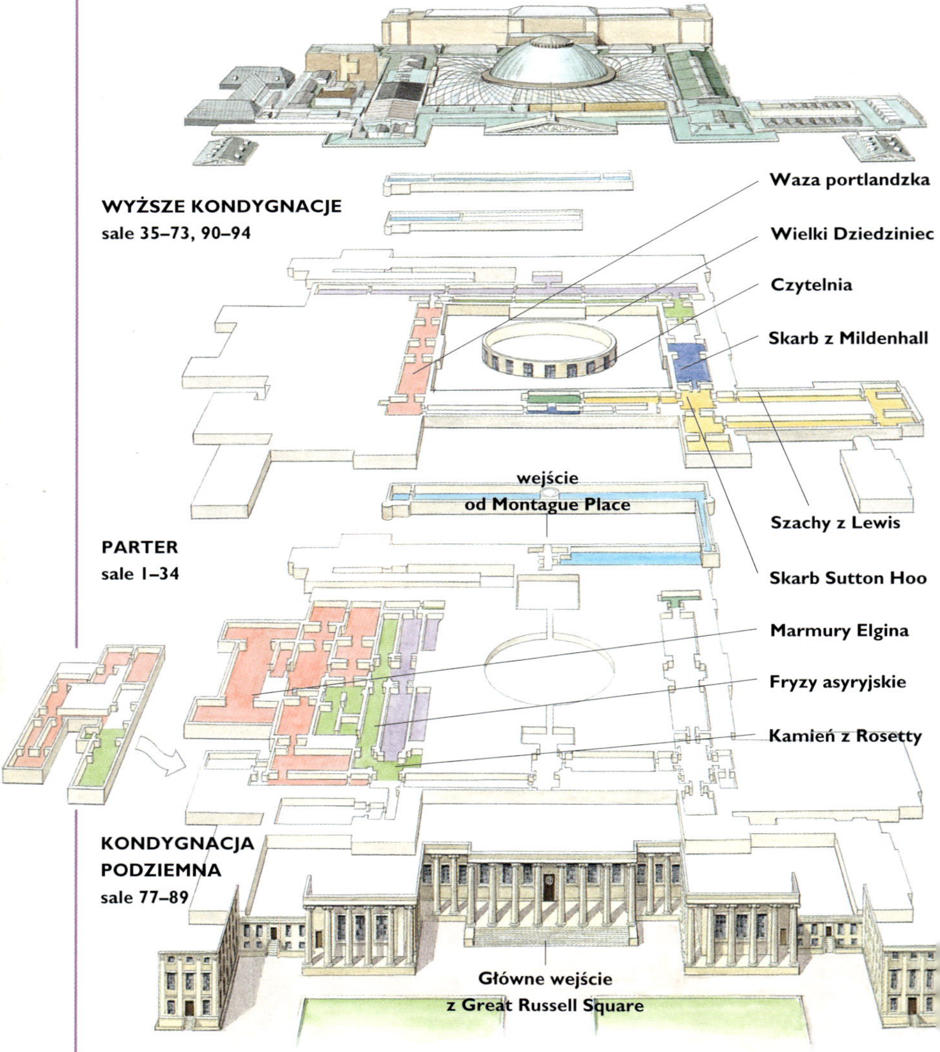

- Starożytności Grecji i Rzymu sale 1–15, 69–73, 77–85
- Starożytności z Azji Zachodniej sale 16–21, 26, 51–59, 88–89
- Starożytności egipskie sale 25, 60–66
- Zbiory orientalne sale 33–34, 91–94
- Zbiory średniowieczne, renesansowe i współczesne sale 41–48
- Etnografia sale 33C, 35
- Zbiory prehistoryczne i rzymsko-brytyjskie sale 37, 49–50

do drugiej części muzeum. Galerie są w trakcie reorganizacji, dział etnograficzny zostanie przeniesiony do nowej stałej galerii, gdzie znajdą się kolekcje afrykańskie, amerykańskie, europejskie, oceaniczne i azjatyckie.

ZWIEDZANIE

Nie ulega wątpliwości, że nie da się zwiedzić tego muzeum w jeden dzień. Wielu turystów dokładnie wie, co chce zobaczyć, więc szuka na planie odpowiednich eksponatów. Innym muzeum wyda się przytłaczające. Aby wizyta stała się przyjemnym, stymulującym doświadczeniem, podajemy trasę koncentrującą się na kilku obiektach. Chociaż w związku z przebudową, która zakończy się dopiero w 2003 r., niektóre mogą być czasowo niedostępne.

Przy głównym wejściu skręcamy w lewo na zach. stronę do sali 25. W tej długiej galerii znajdują się najwspanialsze poza Egiptem **zbiory starożytności egipskich** – ok. 70 tys eksponatów (kilka z nich na górze w salach 60–66). Galerię wypełniają głównie rzeźby: popiersia Ramzesa II, Amenofisa II, a także innych władców, niewielki, choć ważny kamień z Rosetty z 196 r. p.n.e., kiedy nie żyli już egipscy faraonowie, a krajem rządzili królowie z greckiej dynastii Ptolomeuszy. Na tym kamieniu te same informacje wyryto po grecku i po egipsku pismem heroglificznym i demotycznym. Porównanie obu pism pozwoliło uczonym odcyfrować starożytny język egipski i odczytać inskrypcje. Na górnych galeriach przedmioty wkładane do grobów, malowane mumie, księgi zmarłych i portrety koptyjskie.

W salach 16–21 **dział Azji Zachodniej**. Przedstawia cywilizacje, które powstały i upadły na olbrzymim terytorium pomiędzy Egiptem a Pakistanem. Szczególnie piękne są fryzy asyryjskie. Odkopane w XIX w. pochodzą z pałaców wybudowanych w IX w. w kolejnych stolicach Nimrud, Chorsabad i Niniwa. W Nimrud Gallery w sali 19 kolosalne skrzydlate lwy i sceny z polowań królewskich, armia przeprawiająca się przez rzekę, atak na miasto. W asyryjskiej sali 17 historia królewskiego polowania na lwa, wypuszczenie zwierząt, mieszkańcy Niniwy obserwujący te sceny ze wzgórza i seria niemal komiksowych obrazków upolowania zdobyczy.

W tej części muzeum sale 1–15 poświęcone są **starożytnej Grecji i Rzymowi**. Jedna z najpiękniejszych kolekcji na świecie, dotycząca wszystkich dziedzin życia, od pełnych prostoty figurek z Cykladów do skomplikowanego malarstwa na greckich

Dzieci wpatrują się w wysuszone na pustyni ciało Egipcjanina, zwanego Ginger (Rudy) z powodu kępki czerwonych włosów, pogrzebanego ponad 5000 lat temu.

Złota zapinka naramienna z wyposażenia grobu anglosaskiego króla ze statku Sutton Hoo (sala 41).

wazach. Wyjątkowe zbiory rzeźby obejmują dzieła z dwóch najlepiej znanych budowli świata. W sali 8 rzeźby ze **świątyni Ateny na Partenonie** wzniesionej w V w.p.n.e. Korzystając z pieniędzy przeznaczonych na flotę rzeźbiarz Fidiasz nadzorował prace nad udekorowaniem tego jednego z najpiękniejszych, najbardziej harmonijnych budynków złotego wieku starożytnej Grecji. Świątynia zachowała się w idealnym stanie do 1687 r., kiedy wybuchł magazynowany tu proch. Na pocz. XIX w. lord Elgin przywiózł do Londynu wiele ocalałych rzeźb: wielki fryz przedstawiający procesję z okazji urodzin Ateny, rzeźby z frontonów i metopy. Inna wspaniała rzeźba w sali 7: **pomnik nereid**, fronton grobowca zbudowanego w kształcie miniaturowej greckiej świątyni.

Wracamy do głównego hallu, wchodzimy na piętro i skręcamy w prawo. W sali 68 **Galeria Monet HSBC** (sponsorowana przez Korporację Bankową Hongkong Szanghaj) – 2000 lat brytyjskich monet w handlu, historii i portretach. Wracamy do sal 35–40, gdzie umieszczono **prehistoryczne** i **romańsko-brytyjskie starożytności** – od początku do okresu chrześcijaństwa. Złoty naszyjnik z Norfolk, brązowe lustro i pionki do gry. Na szczycie schodów mozaika podłogowa odnaleziona w Dorset w 1963 r. – najwcześniejsze znane przedstawienie Chrystusa na mozaice podłogowej w rzymskim imperium. Narożne sale 41–47 wypełniają cenne i delikatne eksponaty z **okresu średniowiecza**. W sali 41 **skarb Sutton Hoo** anglosaski królewski statek pogrzebowy, który przetrwał nienaruszony w Suffolk i został odkopany w 1939 r. W tej sali także przedmioty bizantyjskie i wczesnochrześcijańskie, celtyckie misy, monety Merowingów i miejscowa biżuteria wysokiej jakości, świadcząca o zróżnicowaniu i wyrafinowaniu anglosaskich wielmożów. W sali 42, jednej z sal średniowiecznych wyroby europejskie z IX–XV w., od okresu karolińskiego do gotyku. Znajdujemy tu m.in. **szachy z Lewis**, prawdopodobnie wyrzeźbione w Skandynawii w XII w., a znalezione w 1831 r. na wyspie Lewis w archipelagu Hebrydów.

Przecinając wsch. część budynku, przechodzimy przez sale 49–52 do pn. skrzydła. Są tu cztery poziomy połączone schodami, również ruchomymi. Na najwyższej kondygnacji **druki i sztychy**. Piętro niżej **zbiory orientalne**, jedne z piękniejszych na świecie. Sale 92–94 poświęcone **sztuce japońskiej**. Niżej, w sali 33, mieści się Galeria Josepha E. Hotunga: wczesne **rzeźby buddyjskie z Indii**, a także **kultury Azji Pd.-Wsch.** W sali 34, na parterze, **galeria sztuki islamskiej** Johna Addisa. ■

Szlakiem muzeów

MUZEUM BRYTYJSKIE STAŁO SIĘ WZOREM DLA WIELU fascynujących muzeów rozsianych po Bloomsbury i wokół Covent Garden. Przed odwiedzeniem mniejszych muzeów należy upewnić się telefonicznie, kiedy są otwarte.

Zaczynamy od **British Library** (Biblioteka Brytyjska). Budynek z czerwonej cegły proj. Colina Wilsona współgra z pobliskim wiktoriańskim dworcem St. Pancras proj. Scotta. Posąg Newtona Edouarda Paolozziego na dziedzińcu wprowadza nas do centrum największych zbiorów bibliotecznych świata – ponad 150 mln egzemplarzy. 65 tys. tomów Jerzego III przechowuje się w sześciokondygnacyjnej szklanej wieży. W **galeriach**, m.in. **John Ritblat Gallery**, eksponowane są rzadkie egzemplarze, jak *Magna Carta*, określająca podstawowe swobody, które król Jan musiał nadać swoim baronom w Runnymede w 1215 roku. W **Pearson Gallery of Living Words** (Galeria Żywych Słów im. Pearsona) można obejrzeć dzieje piśmiennictwa, a także pokaz **Words, Sounds and Images** (Słowa, dźwięki i obrazy), gdzie zwiedzający może zaprojektować książkę i poznać sposób zapisywania dźwięku.

Z biblioteki do Muzeum Brytyjskiego prowadzą dwie drogi. Aby obejrzeć trzy przedziwne kolekcje, zacznijmy od **Salvation Army Museum** (Muzeum Armii Zbawienia) eksponującego pamiątki od chwili jej założenia w 1878 przez wielebnego Williama Bootha. Następna jest **Thomas Coram Foundation for Children** (zob. s. 121), gdzie ocalała sala z dekoracjami Hogartha i jego przyjaciół z lat 40. XVIII w., a także wiele dobrych obrazów. Pięciominutowy spacer na wsch. doprowadzi nas na Doughty Street. Pod nr 48 mieszkał Karol Dickens (zob. s. 130).

Inna trasa pozwoli obejrzeć fascynujące wystawy naukowe w **Wellcome Institute** *(183-193 Euston Road, tel. 0171-611 8888, nieczynne niedz.)*. Następny przystanek to **Percival David Foundation of Chinese Art** (Fundacja Sztuki Chińskiej im. Percivala Davida), gdzie w zwykłym szeregowym domku można obejrzeć wspaniałą chińską porcelanę. Znacznie trudniej znaleźć dwa maleńkie muzea w University College: **Flaxman Gallery** *(Slade School of Fine Art, Gower Street, tel. 0171-504 2540, po uprzednim zamówieniu)* – można tu obejrzeć 100 modeli neoklasycystycznego rzeźbiarza Johna Flaxmana. **Petrie Museum of Egyptian Archeology** (Muzeum Archeologii Egipskiej Petriego) *(University College, wejście od Malet Place, tel. 0171-387 7050, nieczynne sob.–niedz.)* intryguje laików i wtajemniczonych. I wreszcie **Pollock Toy Museum** (Muzeum Zabawek Pollocka) *(1 Scala Street, tel.0171-636 3452, nieczynne niedz.)* zajmuje dwa domy, jest tu mnóstwo dziecinnych skarbów, jak choćby Arka Noego z XVIII wieku.

Obydwie trasy łączą się w okolicy Muzeum Brytyjskiego, przechodzimy na Drury Lane i do **Theatre Museum** (zob. s. 113) z bogatym zbiorem rekwizytów, kostiumów, plakatów, afiszów teatralnych itp. Za rogiem **London Transport Museum** (zob. s. 113) gdzie można zobaczyć stare autobusy, tramwaje, spróbować poprowadzić metro. Szlak kończy się przy **Courtland Gallery** (zob. s. 118) po drugiej stronie Strandu. ■

British Library
- Plan s. 120
- 96 Euston Road, NW1
- 0171-412 7000
- (Czynne codz. Z przewodnikiem pon. i śr.–niedz., lepiej zarezerwować)
- Metro: King's Cross

Salvation Army Museum
- Plan s. 120
- 117-121 Judd Street, WC1
- 0171-332 0101
- Nieczynne sob. po 12 i niedz.
- Metro: King's Cross

Thomas Coram Foundation for Children
- Plan s. 121
- 40 Brunswick Square, WC1
- 0171-278 24244
- Czynne pon.–pt. po umówieniu się
- Opłata dowolna. Opłata za przewodnika
- Metro: Russell Square

Percival David Foundation of Chinese Art
- Plan s. 120
- 53 Gordon Square, WC1
- 0171-387 3909
- Nieczynne sob.–niedz.
- Opłata dowolna
- Metro: Euston Square, Russell Square

Londyńskie place

Placyki-skwery Bloomsbury obudowane płaskimi fasadami ceglanych domów wychodzących na trawniki, drzewa, a czasem na jakiś pomnik mają pewien specyficzny rytm, który powtarza się w innych częściach Londynu. Ten bardzo specyficzny typ założenia urbanistycznego doskonale pasuje do angielskiego systemu społecznego, do umiłowania ogrodów, zamiłowania do porządku. Skwer, wprowadzony w XVII w., osiągnął szczyt popularności w XIX wieku. W śródmieściu znajdowało się ponad 150 takich placów.

Klasycystyczna wspaniałość Eaton Square w Belgravii.

Inigo Jones, ulubiony architekt Karola I, w 1631 r. założył dla earla Bedford Covent Garden Piazza. Inspiracją był paryski Place des Vosges i dzieła Palladia we Włoszech. W rezultacie powstał śliczny, pełen powietrza i przestrzeni plac, który otaczały domy o jednolitych fasadach. Założenie to różniło się zasadniczo od ciasnej zabudowy City i stało się bardzo popularne. Do 1700 r. dla londyńskich bogaczy stworzono już tuzin takich placów, w tym Lincoln's Inn Fields, Soho, Leicester, Bloomsbury, St. James's, a także liczne place w Inns of Court.

W XVIII w. place miały najbardziej udane wymiary i proporcje, a wokół nich bujnie rozwijało się budownictwo. Tak było w przypadku Mayfair, gdzie założenie zapoczątkowane przy St. James's Square objęło drugą stronę Piccadilly i pojawiło się w postaci placów Hanover, Berkeley i Grosvenor. Tworzono także odrębne, pojedyncze place, jak Charterhouse (na skraju City) czy Smith (w Westminster).

Jednak niemal idealnym przykładem pozostaje Bedford Square, zachowany w całości do dziś. Każdy budynek ma prosty plan – wielka pałacowa fasada z frontonem pośrodku, wychodząca na owalny ogród-plac usytuowany centralnie.

Pierwotnie skwer miał bramę i był strzeżony, aby zapewnić prywatność mieszkańcom. Tylko oni mieli klucze do niego – co zresztą zachowało się do dziś na kilku londyńskich skwerach. Kupcy używali tylnego wejścia za domami, przy tzw. *mews*, gdzie mieściły się stajnie. Jednak węgiel dostarczano od frontu i wsypywano przez specjalne otwory w chodniku, żeby docierał do kuchni w suterenie nie brudząc domu. Na niektórych chodnikach do dziś zachowały się metalowe pokrywy zsypów.

Nawet podczas szalonej rozbudowy miasta w XIX w. budowniczowie ciągle wykorzystywali skwery. Szeregowym domkom z XVIII w. w Islington towarzyszył początkowo Canonbury Square zbudowany ok. 1800 r., a potem dobudowano bezpretensjonalne skwery Barnsbury. Równocześnie wznoszono coś w zupełnie nowej skali wielkości, tworząc Belgravię.

Centralny punkt założenia Thomasa Cubitta (zob. s. 171) Belgravia Square rozpoczęty w 1825 r., jest olbrzymi i demonstracyjnie pompatyczny. Na każdym rogu stoi elegancka rezydencja, każdy dom ma cztery kondygnacje, a kolumny i pilastry są nachalne. Cubitt współpracujący z George'm Basevim przełamał jednolitość fasad, nadając poszczególnym domom indywidualność, przez zróżnicowanie wejść, elewacji i dekoracji.

Nastąpiło kompletne odejście od surowości georgiańskiego skweru. Eaton Square przypomina drogę triumfalną. Długi i wąski Chester Square ma zadziwiająco intymną atmosferę, utrzymane w stylu włoskim domy przy Ladbroke Square wychodzą na największy chyba prywatny wspólny ogród-plac w Londynie. Osiedla Chelsea Harbour i Broadgate z końca XX w. zachowały plan skweru-placu. ■

Pośrodku regularnego ogrodu przy Grosvenor Square stoi pomnik Roosevelta.

Dom Dickensa

KAROL DICKENS MIAŁ W LONDYNIE WIELE DOMÓW, ALE zachował się tylko ten. W 1837 r. przeprowadził się na Doughty Street z żoną Catherine i małym synkiem Charlesem, mieszkał tu przez trzy ważne lata. W tym domu napisał pierwszą ze swoich wielkich powieści.

Salonik w mieszkaniu pod nr 48 przy Doughty Street, w jedynym zachowanym londyńskim domu Karola Dickensa.

Dom był korzystnie usytuowany w dobrej dzielnicy mieszkaniowej, ale blisko City i nadrzecznych ulic, gdzie pisarz prowadził swoje obserwacje. Tutaj urodziły się jego córki Mary i Kate. Dickens mógł zarzucić swój pseudonim Boz i publikować pod własnym nazwiskiem. Nie dziwi fakt, że w tym domu znajduje się najobszerniejsza Biblioteka Dickensowska, jest to miejsce pielgrzymek entuzjastów pisarza, organizowane są specjalne wycieczki po Londynie z powieści Dickensa.

Dom, ocalony w 1922 r. od rozbiórki przez Towarzystwo Miłośników Dickensa, które obecnie go prowadzi, urządzono tak, że zachował atmosferę domostwa pisarza i wiktoriański wystrój wnętrza.

Patrząc na biurko i krzesło pisarza, pozakreślane teksty wykładów i wiktoriańskie bibeloty, łatwo sobie wyobrazić, jak poprawia *Klub Picwicka*, pisze *Olivera Twista* i *Nicholasa Nickelby*, jak zaczyna *Barnaby'ego Rudge*, bo wszystkie te książki napisał tutaj. ■

Plan s. 121
48 Doughty Street, WC1
0171-405 2127
Nieczynne niedz.
$$
Metro: Russell Square

Grupa Bloomsbury

Na początku XX w. grupa artystów i pisarzy stworzyła rodzaj klubu wyznawców filozofii G.E. Moore'a, który głosił, że najważniejsze w życiu są „przyjemności kontaktów z ludźmi i radowanie się pięknymi przedmiotami. To właśnie tworzy rozsądny ostateczny cel postępu społecznego".

Wszyscy zbierali się przy Gordon Square w Bloomsbury, gdzie w 1904 r. pod nr 46 wprowadziła się rodzina Stephenów – Virginia (później Woolf), jej siostra Vanessa (później Bell), Toby i Adrian. Do grupy tej należał ekonomista John Maynard Keynes, a także E.M. Forster, Lytton Strachey, Leonard Woolf, mąż Virginii i mąż Vanessy, Clive Bell. Członkiem grupy był też artysta i krytyk Roger Fry, który zapisał swoją kolekcję dzieł sztuki Instytutowi Courtauld. W Galerii Courtauld można oglądać jego obrazy, a także dzieła innego artysty grupy Bloomsbury Duncana Granta (zob. s. 118). ■

Mieszkańcy tej części północnego Londynu mogą się cieszyć dwoma najwspanialszymi parkami. W Regent's Park znajdują się regularne ogrody, zoo i szeregowe domy ze stiukowymi fasadami, a w Hampstead Heath – dzikie wzgórza, pałacyk Kenwood, a obok dawne miasteczka Hampstead i Highgate.

Londyn czasów regencji

Posągi na szczycie Cumberland Terrace, jednego z najpiękniejszych założeń Johna Nasha.

Londyn czasów regencji

GDY KSIĄŻĘ REGENT ZOSTAŁ KRÓLEM JERZYM IV, WPROWADZIŁ W LONDYNIE wiele zmian, m.in. założył Regent Street i Regent's Park. Od czasu projektów budowlanych Tudorów żaden monarcha nie wywarł takiego wpływu na ukształtowanie Londynu. Książę regent był pełen energii, pomysłów i marzeń. A jego urbanista i architekt John Nash z teatralnym przepychem marzenia te urzeczywistniał. Odrobina szczęścia pomogła zdobyć niezbędne środki: tereny i finanse. Londyn okresu regencji wystartował pomyślnie. Na stokach łagodnych wzgórz Belsize Park i St. John's Wood wkrótce pojawiły się obszerne domy. Budownictwo dotarło do uzdrowiskowych wiosek Hampstead i Highgate, a ich mieszkańcy postarali się, by kolejne „płuco" Londynu – park Hampstead Heath – pozostało czynne po wsze czasy.

Bardzo nowatorski był ten, prowadzony pod okiem władcy, plan rozwoju całego miasta, które dotychczas rozbudowywali kawałkami indywidualni przedsiębiorcy, tworzący skromne ulice i place.

Kiedy książę Jerzy osiągnął pełnoletność w 1783 r., wyprowadził się z pałacu St. James's do skromniejszego Carlton House, usytuowanego na dzisiejszym krańcu Regent Street. Książę bardzo szybko i kosztownie przerobił tę rezydencję na stylowy, rozrywkowy pałac. Przez następnych 30 lat przystojny „bezrobotny" książę wydał fortunę na zabawy, a krajem rządził jego mądry ojciec. Właśnie w tym okresie książę zatrudnił Johna Nasha, architekta – twórcę domów o stiukowych fasadach, który pracował z projektantem krajobrazów Humphry'em Reptonem przy projektach wiejskich rezydencji.

Pod wpływem rozwijającego się angielskiego ruchu picturesque, postrzegającego architekturę jako część środowiska, książę wpadł na pomysł, który miał całkowicie odmienić ówczesne obrzeża Londynu. W 1811 r., kiedy obaj z Nashem sporządzali już plany, zaszły trzy bardzo ważne wydarzenia. Skończyła się dzierżawa ok. 203,5 ha parków należących do Korony na północ od Marylebone i Mayfair; Jerzy III poczuł się tak źle, że jego syna ustanowiono regentem, odwróciła się karta wojen napoleońskich, a to zapoczątkowało nagły boom budowlany.

Pomysł księcia polegał na tym, by stworzyć miasto-ogród dla arystokratów, park z willami, lasami, królewskim pałacem rozrywki, stawem i kanałem. Plan obejmował również wytyczenie szerokiej ulicy, długości mniej więcej 1,5 km, którą mogłyby jeździć duże powozy z parku do domu księcia, a więc także na dwór i do parlamentu.

W przeciwieństwie do marzeń Wrena o City odbudowanym po wielkim pożarze, marzenia księcia regenta zrealizowano. Regent Street, zbudowana kosztem setek domów Soho, na zawsze oddzieliła wytworne Mayfair i Marylebone od dzielnic wschodnich. Obecnie, w znacznym stopniu przebudowana, pozostaje nadal ulicą eleganckich sklepów; dochodzi do wyjątkowo eleganckiego Portland Place z lat 1776–80, tak przewidująco wytyczonego przez Jamesa Adama. Carlton House rozebrano, kiedy książę przeniósł się do pałacu Buckingham, a pd. skraj Regent's Parku zamknęły schody prowadzące do parku St. James's. Na skrzyżowaniu z Marylebone Road tylko częściowo zrealizowano planowany kolisty plac, ale i tak Park Crescent, będący drobną częścią założenia, jest do dziś jednym z najładniejszych osiągnięć architektonicznych Londynu.

W Regent's Park nie stanęły co prawda wszystkie planowane wille ani pałac rozrywki, ale kręty staw, kanał na pn. skraju, ogród zoologiczny, nienaganne rabaty i trawniki sprawiają, że jest to jeden z najpiękniejszych królewskich parków w mieście – ulubione miejsce większej liczby ludzi, niż mógł wyobrazić sobie książę regent.

Rozbudowa Dorset Square w 1811 r. na pd.-zach. krańcu zmusiła słynny klub krykieta Marylebone do przeprowadzki na stadion Lord's w St.John's Wood (obecnie najbardziej znane boisko krykietowe w kraju). Na północ od parku w miarę zabudowy wzgórz najpierw Hampstead, a potem i Highgate znalazły się w obrębie Londynu. ■

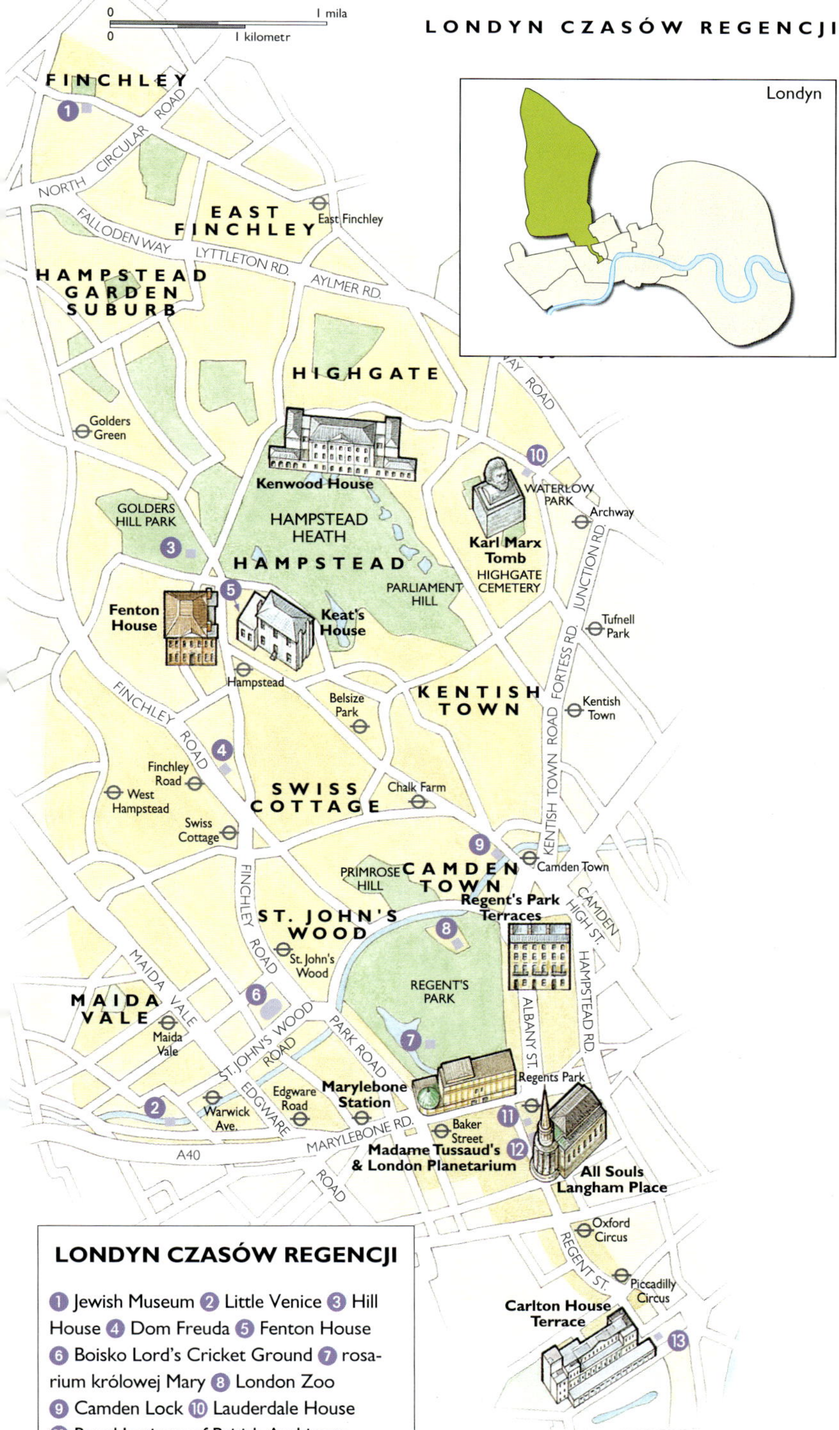

LONDYN CZASÓW REGENCJI

(1) Jewish Museum (2) Little Venice (3) Hill House (4) Dom Freuda (5) Fenton House (6) Boisko Lord's Cricket Ground (7) rosarium królowej Mary (8) London Zoo (9) Camden Lock (10) Lauderdale House (11) Royal Institute of British Architects (12) Broadcasting House (budynek BBC) (13) Institute of Contemporary Arts

Regent Street

Institute of Contemporary Arts

Plan s. 133
Nash House, The Mall, SW1
0171-930 0493
Nieczynne rano
$ (pon.–pt.)
$$ (sob.–niedz.)
Metro: Charing Cross

NA OXFORD STREET ZNAJDUJE SIĘ PEWNIE WIĘCEJ SKLEPÓW niż na jakiejkolwiek innej europejskiej ulicy, a na Regent Street – mieszanka sklepów, stylu i kultury, otoczonych wspaniałą architekturą.

Na pd. skraju Regent Street architekt John Nash (zob. s. 136) uporządkował stronę wsch. tworząc Pall Mall East i planując Trafalgar Square. Kiedy książę przeniósł się do pałacu Buckingham, Nash zastąpił Carlton House wspaniałym zespołem szeregowych domów Carlton House Terrace (1827–32). Obecnie pod nr 6 siedziba Royal Society (Królewskie Towarzystwo), którego prezesami byli kiedyś Wren, Newton i Sloane. W połowie szeregu domów kolumna księcia Yorku proj. Benjamina Wyatta, stopnie prowadzą do **Institute of Contemporary Art** (Instytut Sztuki Współczesnej).

Chcąc zrekompensować fakt wytyczenia ulicy przez wytworną dzielnicę St. James's, Nash stworzył Arkadę Opery Królewskiej i przebudował teatr Haymarket.

Piccadilly Circus (zob. s. 106) wyznacza zmianę kierunku i nastroju. Poczynając od tego miejsca Nash nabiera teatralnego rozmachu. Później rozebrano zaprojektowaną przez niego kolumnadę, która miała chronić kupujących przed deszczem, ale drogie sklepy pozostały. Tutaj mieści się Austin Reed, w podziemiach salon fryzjerski w stylu art déco, a także Garrard, gdzie od czasów Wiktorii królowie zaopatrują się w biżuterię. Położony nieco dalej magazyn Liberty & Co. słynie z najwyższej jakości zamorskich, egzotycznych towarów.

Za Oxford Circus, gdzie Regent Street krzyżuje się z Oxford Street, kolisty portyk kościoła **All Souls**. Przy **Langham Place** popiersie Nasha, który spogląda na swoją ulicę. **Dom BBC** *(British Broadcasting Corporation, tel. 0171-765 0025)* znajduje się w głębi. Zdobią go rzeźby Erica Gilla, wewnątrz galeria BBC i księgarnia.

Dalej, przy Portland Place **Royal Institute of British Architects** (Królewski Instytut Brytyjskich Architektów), czyli RIBA *(tel. 0171-580 5533)*, gdzie odbywają się odczyty, wystawy, wręczane są nagrody i doroczny złoty medal. Po przeciwnej stronie ulicy, na rogu Weymouth Street, Ambasada Rzeczpospolitej Polskiej, w pobliżu polski konsulat i Instytut Kultury Polskiej, a także biuro LOT-u. ■

Przyjemnie robić zakupy na długim łuku Regent Street.

Warto popływać łódką po stawie w Regent's Park, żeby naprawdę odczuć atmosferę tego królewskiego parku.

Regent's Park

Regent's Park
- Plan s. 130
- 0171-486 7905
- Nieczynny w nocy
- Metro: Regent's Park, Baker Street, Great Portland Street, Camden Town (zwłaszcza do zoo)

Open-Air Theatre
- Plan s. 130
- Inner Circle, Regent's Park, NW1
- 020-7486 2431
- V-IX
- $$
- Metro: Regent's Park, Baker Street, Camden Town

London Zoo
- Plan s. 130
- Regent's Park, NW1
- 0171-722 3333
- $$$
- Metro: Camden Town

W TYM MIEJSCU JOHN NASH POŻEGNAŁ SIĘ Z FRANCUSKIM stylem Regent Street i powrócił do angielskiego stylu picturesque. Henryk VIII przejął niemal 203,5 ha terenów rolniczych od opactwa Barking. Cromwell je sprzedał, ale Karol II odebrał i wydzierżawił (zob. s. 136–137). W 1811 r. dzierżawione grunty wróciły do Korony. Z 56 planowanych przez Nasha willi, wybudowano tylko 8, ukończono jednak szeregi domów po bokach.

Jest to bardzo urozmaicony park. Na pd.-wsch. krańcu gęstwina roślin w wiktoriańskim Avenue Gardens, założonym w 1864 r., a obecnie odrestaurowanym w całej wspaniałości. Obok, w cieniu starych kasztanów, biegnie Broad Walk (Szeroka Dróżka) przez całą długość parku. W parku rośnie ok. 6000 leśnych drzew.

W połowie Broad Walk Inner Circle (Wewnętrzny Krąg) chroni wręcz magiczną część parku – rosarium królowej Marii. Założone z okazji jubileuszu Jerzego V i Marii w 1935 r. obejmuje rabaty i ogródek skalny, a także wspaniały ogród róż. W powietrzu przez całe lato unosi się zapach ponad 30 tys. roślin w 400 odmianach. W przytulnych, spokojnych zakątkach płożące się i pnące róże okalają kwiatowe rabaty.

W Wewnętrznym Kręgu mieści się **Regent's Park Open Air Theatre**, obok skromna restauracja, staw i rezerwat ptaków wodnych po obu stronach drogi, dobiega tu muzyka ze specjalnej estrady, a pływający łódką mogą podziwiać Holme, willę zaprojektowaną przez Decimusa Burtona.
Po pn. stronie trawników ryki lwów anonsują **Zoo londyńskie**, otwarte w 1828 roku. Most przez Regent's Canal prowadzi do parku Primrose Hill, skąd wspaniałe widoki na miasto. ■

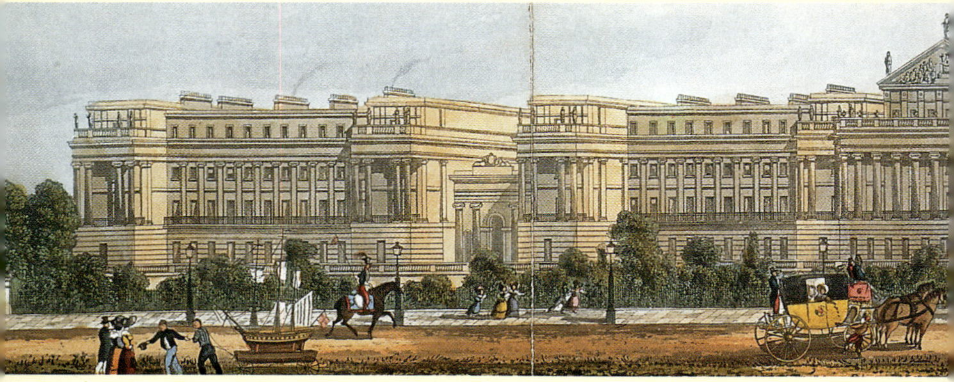

Architektura czasów regencji

Budynki proj. Johna Nasha w Londynie to główne przykłady architektury czasów regencji i urbanistycznego planowania w stolicy. Architektura ta czerpała inspirację ze stylu picturesque i stanowiła reakcję na klasyczną surowość Oświecenia. Akcent przesunął się z jakości budowli i szczegółu w stronę efektu całości, od zainteresowania przestrzenią wewnętrzną do imponującej fasady, poważne, formalne traktowanie projektu stało się bardziej kapryśne i eklektyczne.

Nash, urodzony w 1752 r., stworzył najlepsze swe dzieła jako sześćdziesięcio- i siedemdziesięciolatek, kiedy jako urbanista księcia regenta wniósł swobodę i wyobraźnię do „metropolitalnych ulepszeń", jak książę nazywał swoje projekty. Nowe ulice proj. Nasha, szeregi domów i wille nadały nowej godności miastu, które przekształcało się z portu o prostych ceglanych domach w stolicę światowego imperium.

Cornwall Terrace, jedno z wczesnych założeń Nasha.

Styl regencji najlepiej widać w imponujących rzędach domów (*terraces*) proj. Nasha przy Regent's Park: York, Cornwall, Clarence, Sussex i Hanover Terraces z lat 1821–23 oraz późniejszych Ulster, Cambridge, Chester i Cumberland, a w końcu Gloucester z 1827 roku.

York Terrace przylega do pd. strony parku i dzieli się na dwie części. Pośrodku całkowicie teatralna brama York Gate zamyka jakby w ramie kościół Marylebone z 1813 r., w którym kopułę wieży podtrzymują pozłacane kariatydy. Inne wczesne szeregowe domy mieszczą się po zach. stronie York, Cornwall i Clarence. Ambitne koncepcje Nasha zrealizował pod jego kieunkiem James Burton z synem Decimusem. Na Sussex Place Nash powtórzył elementy swojego pawilonu z Brighton: łukowate zakończenia bocznych skrzydeł, oktagonalne kopuły i poligonalne okna wykuszowe wydają się lepiej pasować do miejscowości nadmorskiej. Hanover Terrace powraca do klasycystycznej prostoty.

To, co nie udaje się architekturze, zakrywają z powodzeniem zewnętrzne efekty teatralne. Odnosi się to w większym stopniu do domów po stronie wsch., które stoją za pd. Ulster Terrace, powtarzając jego proste linie i wykuszowe okna w narożach. Cambridge Terrace jest stosunkowo skromny, Gloucester Gate asymetryczna, a długą liczącą 31 m fasadę Chester Terrace przełamują gigantyczne korynckie kolumny, skrzydła na każdym rogu połączone są cienkimi łukami triumfalnymi. Wygląda to zabawnie, ale najbardziej frywolna jest architektura Cumberland Terrace. Siedem portyków, dziedzińce i arkady tworzą jedną z najciekawszych panoram w Londynie, idealne tło arystokratycznych zabaw. ■

Cumberland Terrace z 1831 r. (powyżej) niewiele się zmienił do dziś (poniżej).

Madame Tussaud i Planetarium

Charakterystyczna zielona kopuła Planetarium obok muzeum Madame Tussaud.

TE DWIE INSTYTUCJE PRZYCIĄGAJĄ NIEMAL NAJWIĘKSZE tłumy turystów, a najbardziej popularne są wśród dzieci, choć w mieście tak wspaniałych muzeów historycznych, artystycznych i naukowych naprawdę chyba na to nie zasługują. Muzeum figur woskowych Madame Tussaud otwarto w 1835 r., a Planetarium w 1958 roku.

Madame Tussaud's

- Plan s. 133
- Marylebone Road, NW1
- 0171-935 6861
- $$$
- Metro: Baker Street

London Planetarium

- Plan s. 133
- Marylebone Road, NW1
- 0171-486 1121
- $$
- Metro: Baker Street

Madame Tussaud, której prawdziwe nazwisko brzmiało Marie Grosholtz, uciekła z ogarniętego rewolucją Paryża w 1802 r., jeździła po Anglii z figurami woskowymi swego wuja, a potem osiedliła się tutaj. Jej synowie przenieśli zbiory na obecne miejsce, a dzisiejsi właściciele uzupełniają kolekcję na bieżąco.

Wśród różnorodnych osobistości znajduje się pamiętnikarz z XVII w. Samuel Pepys, a także Lenin, Joan Collins, prezydenci USA, premierzy brytyjscy i członkowie brytyjskiej rodziny królewskiej. Tandetnie wygląda Salon Grozy, nie lepiej przedstawia się też Duch Londynu.

Znacznie ciekawsza jest wizyta w Planetarium. 40-minutowa wirtualna prezentacja „Kosmiczne percepcje" wyświetlana na olbrzymiej kopule daje początkującym niezłe pojęcie o dziejach astronomii. Stały eksponat to gigantyczna obracająca się kula ziemska ze swymi satelitami, a także transmisje pogody na żywo, obrazy z przestrzeni kosmicznej i komputery z dotykowymi ekranami. ■

Lord's Cricket Ground

Za wysokim murem mieści się najbardziej ekskluzywny klub krykieta w Anglii, Marylebone Cricket Club (MCC). Lord przeniósł MCC na pn.zach. od Regent's Parku, kiedy sprzedał pod rozbudowę miasta tereny klubowe przy Dorset Square. Tu odbywają się rozgrywki lokalne i międzynarodowe zawody. Zwiedzający mogą obejrzeć budynki i muzeum *(tel. 0171-486 1121, nieczynne w dni rozgrywek).* Wśród pamiątek buty Donalda Bradmana, wróbel zabity w 1936 r. piłką Khana i maleńka urna zawierająca *The Ashes* (prochy). The Ashes – czyli prochy ze słupków spalonych po pierwszym zwycięstwie Australii nad Anglią w 1882 r., jest też symboliczną nagrodą przyznawaną zwycięzcy rozgrywek pomiędzy tymi krajami. ■

Regent's Canal, Camden Market i Little Venice

Barki mieszkalne na kanale w Małej Wenecji.

W XVIII W. TERYTORIUM ANGLII PRZECINAŁY LICZNE kanały, drogami wodnymi transportowano większość towarów. Bardzo ważną część tego systemu stanowił Regent's Canal, zbudowany na pn. skraju parku. Prowadził od Basenu Paddington, gdzie kończył się wówczas Grand Union Canal z Midlandów, do oddalonego o 13,5 km portu londyńskiego. Bardzo szybko stał się najbardziej ruchliwym fragmentem drogi wodnej, używanym nawet po zbudowaniu kolei.

Obecnie na Regent's Canal panuje spokój. Biegnąca obok ścieżka holownicza to ulubione miejsce wędkarzy, a stateczki wycieczkowe przewożą pasażerów pomiędzy śluzą Camden Lock a Little Venice (Mała Wenecja), z przystankiem w zoo.

Obydwie stacje docelowe bardzo się różnią od siebie. Skromne, niewielkie domy Camden bardzo teraz wyszlachetniały. Podczas weekendu bujne i barwne życie skupia się wokół śluzy, gdzie od lat 70. XX w. odbywają się targi. Początkowo były wyłącznie folklorystyczne, teraz zjawiają się tu setki poszukiwaczy tanich rzeczy, a sam targ sięga aż po Camden High Street i Chalk Farm Road. Camden Market czynny jest także w czwartki i piątki.

Mała Wenecja natomiast to zielona i stylowa okolica. Kolorowe barki zacumowane na kanale, w jednej z nich mieści się nawet teatr marionetek *(tel. 0171-249 6876)*. Warto wybrać się tu na spacer, obejrzeć wielkie rezydencje w sąsiedztwie Maida Vale i odwiedzić idealnie zachowany wiktoriański pub Prince Albert przy Formosa Street. ■

Statki wycieczkowe po Regent's Canal

Metro: Camden Town, Warwick Avenue

London Waterbus Company

0171-482 2660

Nieczynne pon.–pt. XI–III

$$

Jason's Trip

0171-286 3428

Nieczynne XI–Wielkanoc

$$

Jenny Wren

0171-485 4433

Nieczynne X–Wielkanoc

$$

Hampstead

Fenton House
- Plan s. 133
- Hampstead Grove
- 0171-435 3471
- Zamknięte pn.–wt., pon.–pt. X–II
- $$
- Metro: Hampstead

HAMPSTEAD ODDALONE OD ŚRÓDMIEŚCIA LONDYNU mimo rozbudowy miasta, które podchodziło coraz wyżej na to wzgórze; do dziś – już jako jedna z londyńskich dzielnic – zachowało swój dawny charakter miasteczka uzdrowiskowego. Świeże powietrze i piękne widoki na cały Londyn aż po wzgórza Surrey przyciągały na Hampstead kupców z epoki Tudorów. W XVIII w. miejsce to było równie popularne jak Islington, ale oddalone od miasta stanowiło bardziej elitarną miejscowość.

Well Walk przypomina, że Hampstead było kiedyś uzdrowiskiem.

Ludzie zamożni, artyści i intelektualiści przyjeżdżali tu pić zdrowe wody mineralne, niektórzy zostawali na dłużej. Mieszkali tu mąż stanu William Pitt, pisarz lord Byron, Robert Louis Stevenson i John Galsworthy. Mimo licznych sklepów i restauracji przy dzisiejszej High Street, domy przy Hampstead Square, Church Row, Flask Walk, Well Walk i przy sąsiednich uliczkach zachowały uzdrowiskowy charakter.

Współcześni intelektualiści przyczynili się do zachowania wielu pięknych domów i ogrodów Hampsteadu i przekształcili je w muzea. Największym z nich jest chyba **Fenton House** na szczycie wzgórza. Jest to dom z czasów Wilhelma i Marii z 1693 r., wewnątrz wspaniała ceramika i instrumenty muzyczne, wokół zachwycający ogród. **Burgh House**, usytuowany w centrum miasteczka, to idealny przykład domu z czasów królowej Anny z 1703 r.; kiedyś należał do miejscowego lekarza dra Williama Gibbonsa.

W skromnym domku z czasów regencji, Keats Grove, w latach 1818–20 mieszkał poeta John Keats; dom urządzony jego meblami *(Wenthworth Place, tel. 0171-435 2062)*. Przy Marsfield Gardens mieszkał Zygmund Freud; znajduje się tu jeszcze krzesło, na którym siadywali pacjenci *(tel. 0171-435 2002, nieczynne pon.–wt.)*. National Trust zakupił i udostępnił do zwiedzania dom przy **Willow Road 2,** proj. Erno Goldfingera z 1939 roku.

W tej okolicy warto jeszcze pójść na spacer po **Hampstead Garden Suburb**, jest to niemal idealne miasto-ogród, proj. Raymonda Unwina i Barry Parkera z 1907 roku. Trochę dalej warte uwagi **Jewish Museum** (Muzeum Żydowskie) *(80 East End Road, Finchley, tel. 0181-349 1143)* – z wyjątkowo dobrymi zbiorami sztuki żydowskiej i innymi obiektami. ■

Burgh House
- Plan s. 133
- New End Square
- 0171-431 0144
- Zamknięte pon.–wt.
- Metro: Hampstead

Highgate

HIGHGATE POZOSTAWAŁO ZAWSZE TROCHĘ W CIENIU modnego Hampsteadu, choć ma podobną, tylko nieco spokojniejszą historię. Wioska wyrosła na gruntach biskupów Londynu. W końcu XVI w. warto było przyjeżdżać tu na świeże powietrze i wody mineralne, otwarte przestrzenie sprzyjały spacerom, toteż zamożni kupcy pobudowali tu swoje rezydencje. Obecnie Highgate słynie głównie z pięknego cmentarza, gdzie spoczywa wielu znanych londyńczyków.

Parliament Hill, z którego rozciąga się piękny widok, to ulubione miejsce spacerów.

Jedna z najwcześniejszych tutejszych rezydencji, **Lauderdale House** (1580), zachowała się tylko częściowo, z późniejszymi dodatkami. Na stoku, w dużym ogrodzie, zwanym niesłusznie Waterlow Park, rosną wielkie buki, i cisy ocieniające krzewy wspaniale kwitnących azalii.

Jednak centrum Highgate znajduje się wyżej na stoku wzgórza, gdzie ekscentryczny filantrop William Blake zbudował w XVII w. domy nr 1–6 przy The Grove. W pobliżu zachowały się przepiękne domy przy Pond Square, a także przy South Grove: Old Hall pod nr 17 (koniec XVII w.), domy Moretona i Churcha (nr 10 i 14), Literary Institute (Instytut Literacki) (1839), dom Cromwella przy Highgate Hill 104, jeden z nielicznych zachowanych dużych domów londyńskich z lat 30. XVII w. Przy High Street domy z XVIII w. (nr 17–21, 23, 42), i wiele atrakcyjnych georgiańskich witryn sklepowych.

Cmentarz **Highgate** znajdujący się obok Waterlow Park to miejsce pochówku wielu interesujących ludzi, warte odwiedzenia. Cmentarz otwarto w 1839 r., z racji ozdobnych katakumb i pięknych widoków stał się tak popularny, że w 1857 r. powiększono go, wybudowano pod drogą tunel, którędy woziło się trumny do grobów.

Pochowana jest tu pisarka George Eliot (zm. w 1880 r.), filozof Herbert Spencer (zm. 1903 r.) i Karol Marks (zm. w 1883 r.). W zach. części cmentarza – nagrobki rodziny Rosetti, rodziny Karola Dickensa (on sam pochowany w Opactwie Westminsterskim). Znajdują się tu również groby emigrantów polskich po powstaniu listopadowym (Wzgórze Orła Białego). Jednak najbardziej wystawne mauzoleum stanowią Terrace Catacombs, które podobno zainspirowały Brama Stokera do nakręcenia *Drakuli*. Podczas pogrzebów cmentarz zamknięty; dzieci nie są mile widziane. ■

Lauderdale House

- Plan s. 133
- Highgate High Street, N6
- 0181-348 8716
- Metro: Highgate, Archway

Highgate Cemetery

- Plan s. 133
- Swaine's Lane, N6
- 0181-340 1834
- Część wsch. $, zach. z przewodnikiem: $$
- Metro: Archway

Kenwood House i Hampstead Heath

DZIEŁA SZTUKI W PIĘKNYCH WNĘTRZACH, PANORAMICZNE widoki, łagodne wzgórza i leśne ścieżki sprawiają, że zwiedzanie tego pałacyku i otoczenia należy do najprzyjemniejszych w Londynie.

Kenwood House, Iveagh Bequest

- Hampstead Lane, NW3
- 0181-348 1286
- Wstęp płatny tylko na specjalne wystawy
- Metro: Hampstead, a stamtąd spacer (1,6 km)

Hill House & Garden

- Sandy Lane obok pubu Jack Straw's Castle, North End Way, NW3
- Brak
- Wstęp bezpłatny
- Metro: Hampstead

W 1754 r. błyskotliwy prawnik earl Mansfield kupił stojący na wzgórzu Kenwood House z XVII w. jako letnią rezydencję pozwalającą odpocząć od mieszkania w Lincoln's Inn Fields. Robert Adam, pochodzący ze Szkocji, przebudował dom w latach 1764–69. Dobudował piętro nad wydłużoną klasycystyczną fasadą ogrodową, dla zachowania równowagi ze starą oranżerią postawił bibliotekę, która jest jedną z jego najpiękniejszych sal z plafonem dekorowanym stiukami Josepha Rose i malowidłami Antonia Zucchiego. Po śmierci Mansfielda dom podupadał aż do 1925 r., kiedy kupił go Edward Guinness, earl Iveagh, razem z 32,5 ha parku. W amfiladzie pokoi powiesił swoje zbiory obrazów. Guinness zapisał narodowi dom, ogrody i obrazy, wśród których jest *Grający na gitarze* Vermeera i późny *Portret artysty* Rembrandta.

Trawniki między frontowym tarasem a ozdobnym stawem są teraz miejscem letnich koncertów. W lewo (na wschód) dróżka na szczyt, skąd zapierający dech widok Londynu. Spacerowicze chętnie zatrzymają się w Hampstead Heath, parku o pow. ok. 335,6 ha, od 1829 r. z trudem ocalanego przed zakusami przedsiębiorców budowlanych. Warto zejść w dół do **Highgate Ponds**, a potem wspiąć się na **Parliament Hill**, gdzie co niedzielę przychodzą amatorzy latawców, potem w dół do **Hampstead Ponds**, można przy okazji odbyć przechadzkę po sekretnych ogrodach **Hill House**, przepojonych wonią azalii. ■

Wieczorny letni koncert w magicznej scenerii.

Urok pałacu i ogrodów Kensington sprawia, że miejsce to szczególnie upodobały sobie całe rodziny. W South Kensington wszyscy, niezależnie od wieku, wędrują po muzeach, chodzą na koncerty, występy cyrkowe i programy rozrywkowe w Royal Albert Hall.

Kensington i South Kensington

Rzeźba pterodaktyla zdobi Muzeum Historii Naturalnej.

Kensington i South Kensington

CIERPIĄCY NA ASTMĘ I BRONCHIT WILHELM III OPUŚCIŁ W 1689 R. WILGOTNY pałac Whitehall i wraz ze swą żoną Marią przeniósł się do Kensingtonu, wówczas leżącego daleko poza Londynem. I tak zaczęły się trwające do dziś królewskie związki z tą dzielnicą, bo w dalszym ciągu część rodziny królewskiej mieszka w Kensington Palace. Oficjalne apartamenty udostępnia się publiczności.

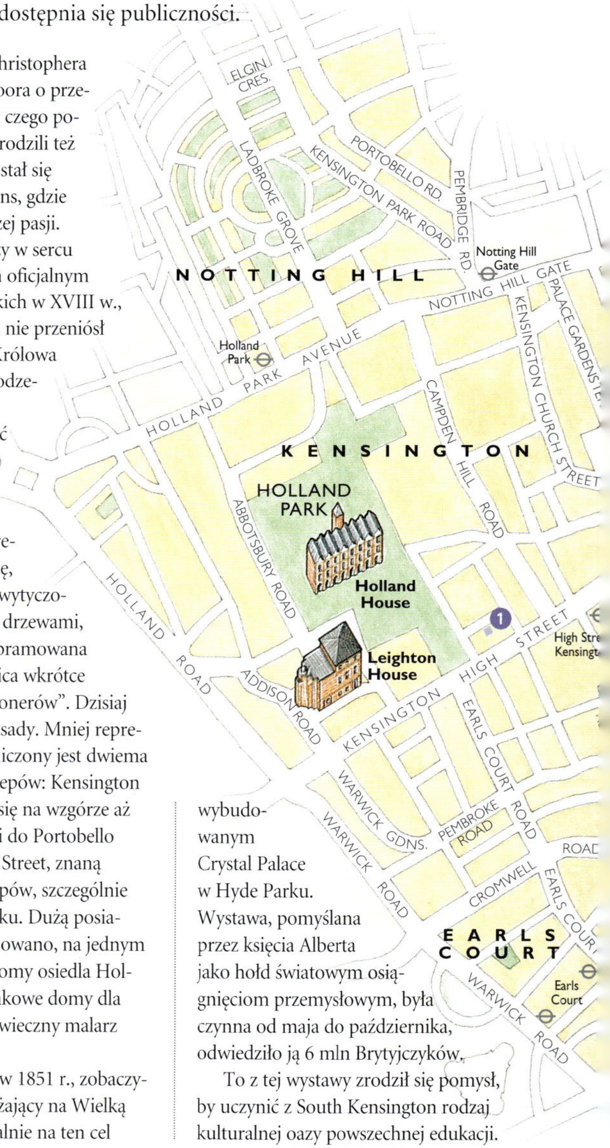

Wilhelm i Maria poprosili Christophera Wrena i Nicholasa Hawksmoora o przebudowanie domu, w wyniku czego powstał pałac Kensington. Odgrodzili też fragment Hyde Parku, który stał się zalążkiem Kensington Gardens, gdzie mogli oddawać się ogrodniczej pasji.

Pałac w dalszym ciągu leży w sercu Kensingtonu. Był ulubionym oficjalnym pałacem władców hanowerskich w XVIII w., dopóki Jerzy III w roku 1762 nie przeniósł się do pałacu Buckingham. Królowa Wiktoria mieszkała tu od urodzenia w 1819 r. do wstąpienia na tron w 1837 roku. Bliskość monarchów przyciągnęła tu zamożnych i dobrze urodzonych.

Największą i najbardziej reprezentacyjną londyńską ulicę, Kensington Palace Gardens, wytyczono w 1843 r. jako wysadzaną drzewami, zamkniętą bramami aleję. Obramowana pałacowymi rezydencjami ulica wkrótce zyskała przydomek „alei milionerów". Dzisiaj znajdują się tu głównie ambasady. Mniej reprezentacyjny Kensington ograniczony jest dwiema wielkimi ulicami pełnymi sklepów: Kensington Church Street, która wspina się na wzgórze aż do Notting Hill Gate, a więc i do Portobello Road, oraz Kensington High Street, znaną z bardziej praktycznych zakupów, szczególnie od otwarcia metra w 1868 roku. Dużą posiadłość Holland Park rozparcelowano, na jednym krańcu powstały wspaniałe domy osiedla Holland Park, a na drugim sielankowe domy dla takich artystów, jak np. XIX-wieczny malarz lord Leighton.

Odwiedzając Kensington w 1851 r., zobaczylibyśmy ogromny tłum podążający na Wielką Wystawę, urządzoną w specjalnie na ten cel wybudowanym Crystal Palace w Hyde Parku. Wystawa, pomyślana przez księcia Alberta jako hołd światowym osiągnięciom przemysłowym, była czynna od maja do października, odwiedziło ją 6 mln Brytyjczyków.

To z tej wystawy zrodził się pomysł, by uczynić z South Kensington rodzaj kulturalnej oazy powszechnej edukacji.

Obecnie pomnik księcia Alberta (Albert Memorial) stoi naprzeciwko Royal Albert Hall, ukończonego w 1871 roku. W pobliżu mieszczą się królewskie college sztuki i muzyki, a także Royal Geographical Society (Królewskie Towarzystwo Geograficzne), Imperial College of Science and Technology oraz Instytut Goethego. Tutaj mieszczą się także trzy wielkie muzea: Victoria i Albert Museum (Muzeum Wiktorii i Alberta), Science Museum (Muzeum Nauki) i Natural History Museum (Muzeum Historii Naturalnej). ■

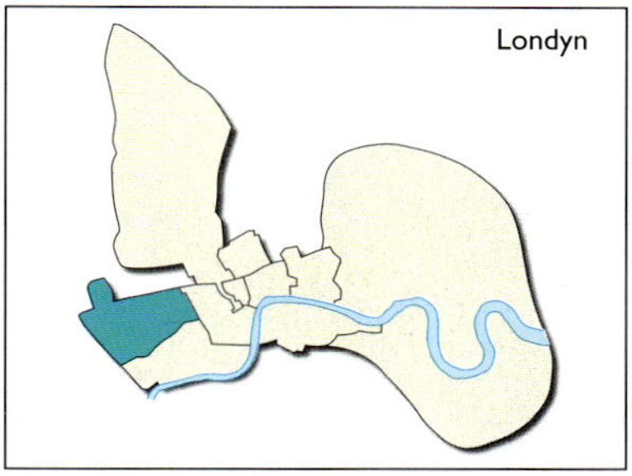

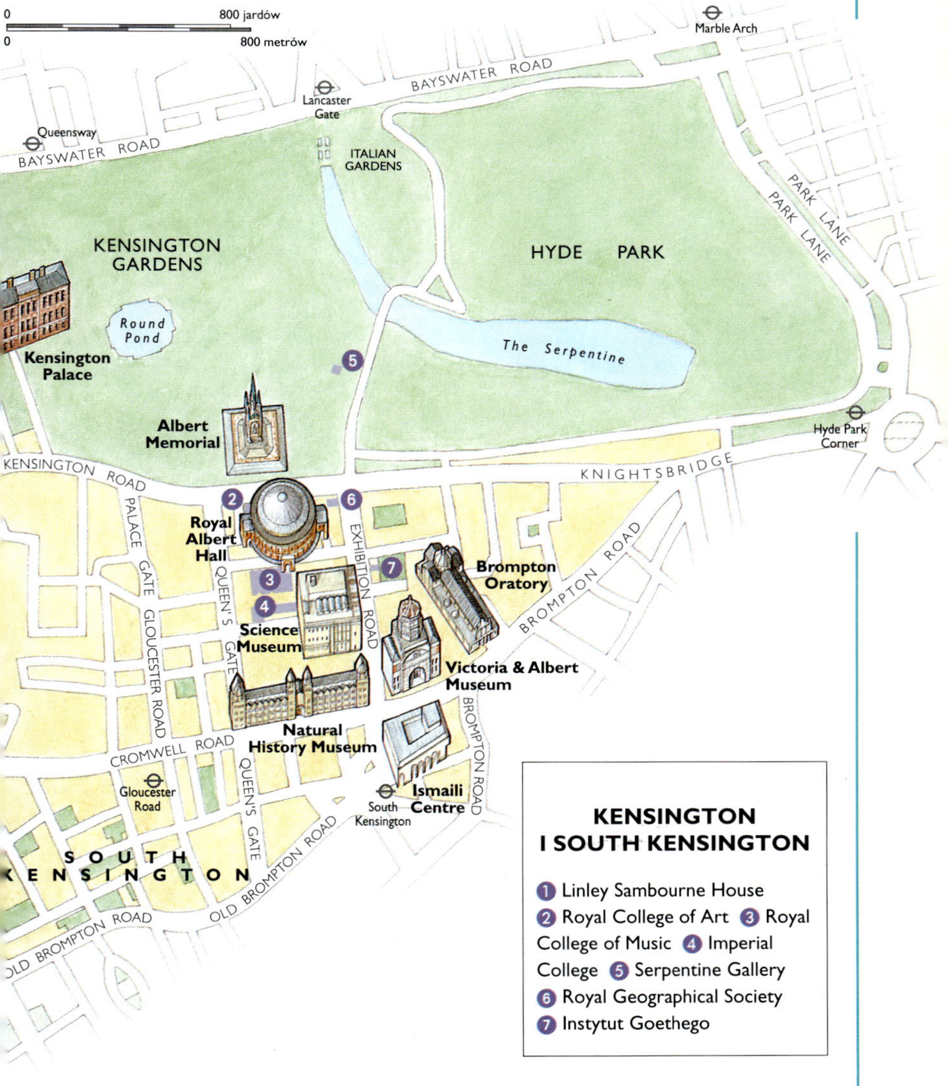

KENSINGTON I SOUTH KENSINGTON

1 Linley Sambourne House
2 Royal College of Art 3 Royal College of Music 4 Imperial College 5 Serpentine Gallery
6 Royal Geographical Society
7 Instytut Goethego

Południowa fasada pałacu Kensington – domu rodziny królewskiej od 1689 roku.

Kensington Palace

CIEPŁA CZERWONA CEGŁA FASADY I NIEWIELKIE, WYGODNE komnaty we wnętrzu pałacu Kensington sprawiają, że panuje tu atmosfera przytulna i nieformalna, stojąca w ostrej sprzeczności z oficjalną wspaniałością Hampton Court czy pałacu Buckingham. Tę rodzinną atmosferę stworzyli Wilhelm i Maria. W 1689 r. kupili wiejską rezydencję od Heneage Fincha, diuka Nottingham, który w 1661 r. przebudował dom z czasów Jakuba. W 1689 r. Christopher Wren i Nicholas Hawksmoor dokonali w rezydencji zasadniczych przeróbek, tak by królewska rodzina mogła się tu wprowadzić na Boże Narodzenie. Prace trwały jednak przez następnych siedem lat.

Kensington Palace

Plan s. 145

Kensington Gardens, W8

0171-937 9561

$$$

Metro: High Street Kensington

Najlepiej podejść do pałacu od pd. strony. Fasada pd. i wsch. z piękną murarką to dzieło Wrena. Mijamy pomnik Wilhelma III, obchodzimy budowlę dokoła, obok komnat reprezentacyjnych i pomnika królowej Wiktorii wykonanego przez jej córkę Ludwikę; mijamy ogród okolony splecionymi drzewkami (ich gałęzie spleciono, by stworzyć solidny gąszcz). Po prawej od wejścia do pałacu stoi Oranżeria proj. Hawksmoora z lat 1704–05, obecnie kawiarnia, w której można podziwiać festony Grinlinga Gibbonsa rzeźbione w drewnie sosny i gruszy. Budynek przylegający do pałacu od tyłu jest domem niektórych członków rodziny królewskiej. Mieszkała tu księżna Diana po separacji z księciem Karolem i właśnie z pałacu Kensington wyruszył do Opactwa Westminsterskiego jej kondukt pogrzebowy.

Nad drzwiami wejściowymi monogram Wilhelma i Marii. Reprezentacyjne komnaty wypełniają wybrane dzieła sztuki ze zbiorów królowej. Po przeniesieniu się rodziny królewskiej do pałacu Buckingham, pozostawiono je tutaj, a w 1899 r. udostępniono publiczności.

Proste dębowe schody królowej (Queen's Staircase) prowadzą do prywatnych apartamentów królowej Marii. Ramy luster nad kominkami w galerii rzeźbione przez Gibbonsa, w jadalni oryginalne kasetony. W saloniku królowej Marii barometr wykonany specjalnie do tej komnaty przez Thomasa Tompiona ok. 1695 r. i portret Henry Wise'a, pierwszego projektanta tutejszych ogrodów. W sypialni królowej Marii oryginalna podłoga z drewna wiązu i łoże z zasłonami, w którym sypiał Jakub II.

Wysoko sklepione komnaty reprezentacyjne, zaprojektowane przez Colena Campbella dla Jerzego I w latach 1718–20, rozpoczynają się od Privy Chamber. Subtelny palladiański charakter tych komnat podkreśla dekoracja plafonów proj. Williama Kenta. W dekoracji Privy Chamber postacie Marsa i Minerwy symbolizują militarne osiągnęcia króla i mecenat artystyczny i naukowy królowej. Na ścianie sali, w której odbywały się prywatne audiencje, wiszą XVII-wieczne gobeliny Mortlake'a. Przez okno widać stąd Clock Court (Dziedziniec Zegarowy) proj. Wrena. Następna komnata to sala audiencji publicznych, Presence Chamber. Plafon udekorowany przez Kenta w pogodnych pompejańskich barwach, jest to pierwsze w Anglii zastosowanie stylu, którym następnie posługiwali się bracia Adamowie.

Wielkie schody królewskie – The King's Grand Staircase zaprojektował Wren, ornamenty z kutego żelaza – Jean Tijou. Malowidła Kenta na ścianach i suficie to jego największe dzieło dekoracyjne: widok zatłoczonej galerii w stylu weneckim, czerpiący inspirację z Wersalu i Blenheim (zob. s. 225). Goście i dworzanie pałacu wstępowali po tych monumentalnych schodach do galerii królewskiej, zbudowanej przez Hawksmoora w latach 1695–96, ozdobionej przez Kenta scenami z *Odysei* w latach 1725–26. Teraz na ścianach galerii ponownie wiszą te same obrazy, co w czasach Jerzego II. Obrazy w pendentywach przedstawiają cztery kontynenty, zgodnie z ówczesną wiedzą.

Jedna z komnat zamieszkanych przez królową Wiktorię przed jej wstąpieniem na tron.

Następna jest amfilada pokojów przerobionych dla księżnej Kentu i jej córki Wiktorii. To tutaj 20 czerwca 1837 r. kilkunastoletnią księżniczkę obudzili w środku nocy arcybiskup Canterbury i lord szambelan, żeby poinformować ją, że została królową. Wśród pamiątek znajduje się kołyska jej dzieci, widoki z Wielkiej Wystawy Davida Robertsa, srebrna patera Garrarda, na której widoczne są cztery psy królowej. W salonie królewskim kolejny piękny plafon Kenta. Wren wspólnie z Kentem stworzyli Copula Room (Salon z Kopułą), gdzie w 1819 r. ochrzczono Wiktorię.

Na końcu wystawa strojów królewskich **Dressing for Royalty Exhibition.** Wystawiono tu ślubną suknię królowej Marii, kilkanaście strojów obecnej królowej i wiele innych eksponatów. ■

Spacer po Kensington Gardens i South Kensington

Przechadzka po ogrodach Kensington to zaledwie początek niezwykłych atrakcji w wielu placówkach kulturalnych i edukacyjnych w tej dzielnicy.

Ze stacji metra Lancaster Gate wchodzimy do **Kensington Gardens**, niemal prosto do ogrodu włoskiego, stworzonego przez Wiktorię i Alberta w 1861 roku. Zaczątkiem 150-hektarowego parku był ogród holenderski założony przez Wilhelma i Marię na 10 ha terenu. Królowa Anna powiększyła i wprowadziła angielski styl ogrodu, zbudowała oranżerię i zagłębiony ogród, wytyczyła także promenadę Rotten Row. W 1728 r. żona Jerzego II królowa Karolina, zapalona ogrodniczka, odgrodziła kolejne tereny Hyde Parku, założyła Round Pond (Okrągły Staw), zmieniła bieg strumienia Westbourne, tworząc jeziorko Long Water. W ten sposób ogród stał się naprawdę królewską oprawą pałacu Kensington; został udostępniony publiczności w 1841 roku.

Idziemy ścieżką wzdłuż Long Water, oglądając perkozy i inne ptactwo wodne w cieniu płaczących wierzb. Dochodzimy do pomnika Piotrusia Pana, bohatera książki J.M.Bariego, dłuta George'a Framptona (1912). Po prawej między drzewami brązowa statua dłuta George'a Fredericka Watta z 1904 r. przedstawiająca *Energię fizyczną*, dalej staw Round królowej Karoliny. W drodze powrotnej do Long Water oglądamy świątynię królowej i **Galerię Serpentine** 1 *(tel. 0171-402 6075)*, gdzie odbywają się wystawy sztuki współczesnej.

Ścieżka kwiatowa – Flower Walk – przez okrągły rok kwitną tu kwiaty, prowadzi do okazałego pomnika **Alberta** 2 proj. George'a Gilberta Scotta z lat 1864–76. John Foley jest autorem siedzącej postaci księcia, który trzyma w ręku katalog Wielkiej Wystawy i spogląda na swoje dzieła w South Kensington.

Pierwszą z wielu instytucji kulturalnych jest **Royal Albert Hall** 3 *(Kensington Gore, tel. 0171-589 8212, wycieczki 0171-930 2377)* naprzeciwko pomnika. Wielką owalną salę, otacza fryz wykonany przez pracowników Muzeum Wiktorii i Alberta. Fryz przedstawia triumf sztuki i literatury. Wewnętrzna kopuła z żelaza i szkła jest z kolei triumfem sztuki inżynierskiej. Koncerty promenadowe Henry Wooda, siedmiotygodniowy letni festiwal cowieczornych koncertów Proms, przeniesiono tutaj w 1941 r. po zbombardowaniu Queen's Hall w czasie II wojny światowej.

Wokół cały wianuszek rozmaitych instytucji. Po wyjściu z Royal Albert Hall skręcamy w lewo do **Royal College of Art** *(Kensington Gore, tel.0171-590 4444)*, założonego w 1837 r. w budynku H.T. Cadbury-Browna i Hugha Cassona (1962–73). Trochę dalej wielobarwna fasada E.W. Moody'ego stanowi fronton jednej z największych prywatnych rezydencji Londynu. Idziemy do Prince Consort Road. Po lewej **Royal College of Music** 4 *(tel. 0171-589 3643)*, założony w 1882 r., wśród zbioru instrumentów znajduje się klawikord Haydna. Studenci występują w budynku opery im. Brittena proj. Hugha Cassona.

Dochodzimy do Exhibition Road. Jeśli starczy nam energii, możemy iść pod górę do **Royal Geographical Society** 5 *(Kensington Gore, tel. 0171-591 3000, nieczynne sob.-niedz.)*, założonego w 1830 r. w Lowther Lodge Normana Shawa (1873–75) i do **Instytutu Polskiego** (Polish Institute) *(20 Prince's Gate, tel. 0171-589 9249)*, gdzie mieści się Muzeum Sikorskiego. Jest to największe polskie muzeum poza krajem, ponieważ po inwazji niemieckiej na Polskę w 1939 r. rząd na wychodźstwie urzędował w Londynie.

Droga w dół prowadzi do **Goethe Institute** (Instytutu Goethego) *(50 Princes Gate, tel. 0171-411 3400, nieczynne pt., niedz.)* po lewej, **Imperial College** po prawej. Za nami znajduje się **Science Museum** (Muzeum Nauki) (zob. s. 160) i tylne wejście do **Victoria and Albert Museum** (zob. s. 157). Skręcamy w lewo w Prince's Gate Mews, idziemy prosto mijając domki w dawnych zaułkach stajennych, następnie przechodzimy ogród **Holy Trinity Church** (kościół Świętej Trójcy) 7. Podchodzimy do kościoła w górę podjazdem, skręcamy w prawo do oratorium St. Filippa Neri, znanego jako **London Oratory** 8 *(Brompton Road, tel. 0171-589 4811)*, które zostało założone przez ojca Fabra w 1849 r. na wzór oratorium św. Filipa Neri (z 1575 r.). Olbrzymią nawę wewnątrz barokowego kościoła otacza dwunastu apostołów Giuseppe Mazzuoli z katedry w Sienie.

Po wyjściu z kościoła skręcamy w prawo w Brompton Road, mijamy fronton muzeum V & A, przechodzimy na drugą stronę ulicy do Thurloe Place i Thurloe Street, zbudowanej w latach 40. XIX wieku. Na rogu Exhibition Road **Ismaili Centre** 9 Hugha Cassona *(1 Cromwell Gardens, tel. 0171-581 2071)*, z wystawą sztuki i kultury islamskiej. Stąd idziemy do **Natural History Museum** (zob. s. 162). Do stacji metra South Kensington minuta drogi. ■

- Plan druga strona okładki
- Metro: Lancaster Gate
- 4 km
- 2 godz.
- Metro: South Kensington

ZOBACZ KONIECZNIE

- Albert Memorial
- Royal Albert Hall
- Royal Geographical Society
- London Oratory

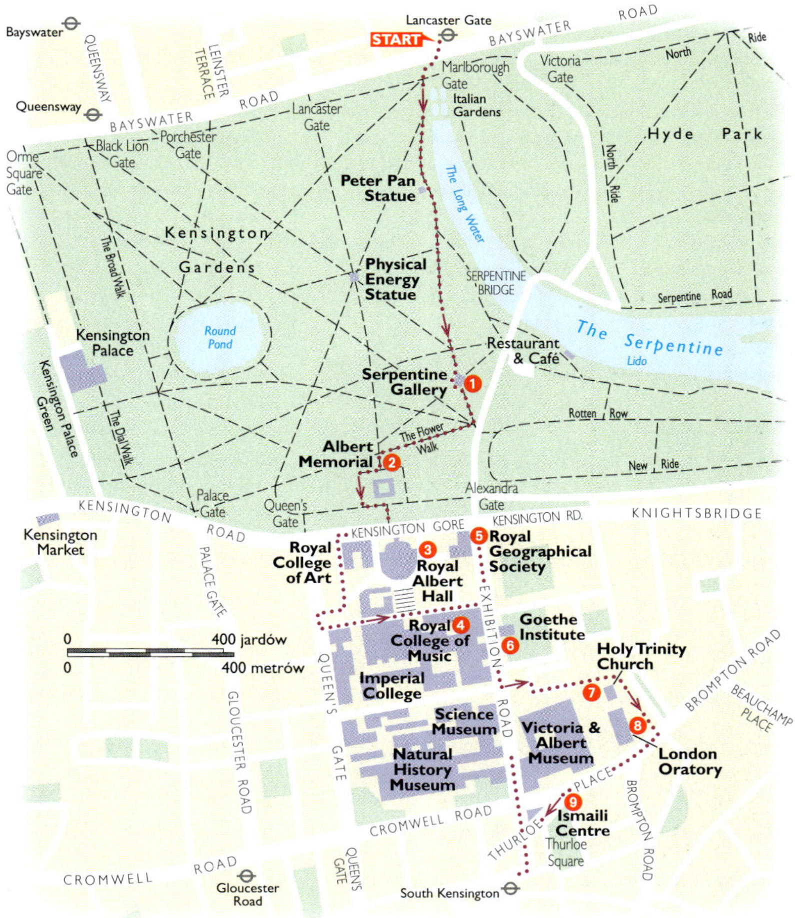

Holland Park i Leighton House

HOLLAND PARK TO NIE TYLKO NAZWA PARKU OTACZAJĄCEGO Holland House i dwóch dróg w jego pn.-zach. krańcu, ale i całej dzielnicy rozciągającej się między Kensington High Street a Holland Park Avenue.

Leighton House

Plan s. 144

12 Holland Park Road, W14

0171-602 3316

Nieczynne niedz.

Metro: High Street Kensington albo Holland Park (trzeba dojść przez park)

Dom zwany **Holland Park**, obecnie w ruinie, zbudował w latach 1606–07 Walter Cope, minister Jakuba I. Jest to jedyna rezydencja z tego okresu w Londynie zbudowana na planie litery E, a zachowało się z niej tyle, że można wyobrazić sobie styl życia właścicieli. Jednym z nich był Henry Fox, który jako główny skarbnik rządu wykorzystywał fundusze publiczne do prywatnych spekulacji; kupił tę posiadłość w 1768 roku. Dom stał się politycznym i literackim ośrodkiem stronnictwa wigów, a Palmerston, Macaulay, Wordsworth i Dickens sprawili, że był to dwór bardziej znaczący od królewskiego.

Obszerne i ciągle modne domy w osiedlu Holland Park zbudowano w 1866 roku.

Jednak po bombardowaniach II wojny światowej i zawirowaniach społecznych malownicze ruiny stanowią dziś ledwie scenerię letnich przedstawień. W oranżerii odbywają się wystawy dzieł sztuki, a w ogrodowej sali balowej mieści się restauracja. Tę salę balową dobudował czwarty baron, który założył także tarasowy ogród.

Właśnie od tych tarasów, ocienionych wspaniałymi kasztanami, zaczynał się 21-hektarowy **Holland Park**, otwarty dla publiczności w 1950 roku. Nowszą atrakcją jest m.in. japoński ogród Kioto, stworzony w 1991 roku. Trawniki na południu kontrastują z leśnymi ścieżkami na pn. parku. Gęste drzewa, rododendrony i azalie, wiosenne żonkile stwarzają niezwykły nastrój.

Dalej znajduje się **osiedle Holland Park**, tuż za pn. bramą parku. Złożone z 87 domów, zbudowane w 1866 r. przez Williama i Francisa Redfordów, po tym jak wdowa po czwartym baronie sprzedała część gruntów, żeby zdobyć fundusze na wystawny tryb życia. Wyjątkowo pretensjonalne fasady domów zdobią ornamenty z kutego żelaza i szerokie schody.

Wszystko to stanowi część dzisiejszej dzielnicy Holland Park. W końcu XIX w. zielona enklawa mieszkalna na pd. skraju stała się domem zamożnych artystów i architektów. Pod nr 18 Melbury Road mieszkał malarz Holman Hunt, pod nr 31, zaprojektowanym przez Normana Shawa,

Lord Leighton zgromadził te arabskie, bardzo kolorowe płytki ceramiczne podczas swoich podróży.

Linley Sambourne House

Plan s. 144

18 Stafford Terrace, W8

Czynne III–X, śr. i niedz. po ustaleniu z Victorian Society, 1 Priory Gardens W4

0181-994 1019

$$

Metro: High Street Kensington

malarz Luke Fildes, a William Burges sam zaprojektował swoją gotycką wieżę w budynku pod nr 29.

Najciekawszy w Holland Park jest **Leighton House** – dom malarza Fredericka Leightona, zaprojektowany przez jego przyjaciela George'a Aitchisona w 1864–66. Talent Leightona został uznany, kiedy miał lat 25, i gdy królowa Wiktoria kupiła jeden z jego obrazów na dorocznej wystawie Akademii Królewskiej w 1855 roku. Wnętrze Leighton House to typowe mieszkanie kawalera z jedną sypialnią i brakiem miejsca dla gości. Czerwone ściany, bejcowane na heban drewno i złocenia zdobią główne pomieszczenia na dole. Arabski hol i schody wyłożono barwnymi glazurowanymi płytkami. ■

Linley Sambourne House

Victorian Society z pietyzmem dba o ten idealny obiekt architektury edwardiańskiej, ukryty przy Kensington's Stafford Terrace pod stiukową, klasycystyczną fasadą w stylu włoskim. Autor politycznych karykatur, Linley Sambourne, urodzony w 1844 r., wprowadził się do tego nowo wybudowanego domu w 1874 roku. W chwili jego śmierci w 1910 r. dom był wypełniony po brzegi. Na tapetach Williama Morrisa wiszą karykatury Sambourne'a wykonane dla pisma *Punch*. Cały ten wystrój w połączeniu z ciężkimi zasłonami na witrażowych oknach, które miały przyćmiewać światło, tworzy szczególnie bogatą, a zarazem surową atmosferę. W sypialni Roya Sambourne'a na piętrze ilustracje Linleya Sambourne'a do *Wodnych dzieci (Water Babies)* Charlesa Kingsleya. ■

Londyńskie targowiska

W Londynie funkcjonuje ponad 340 targowisko: od olbrzymiego niedzielnego targu przy Petticoat Lane do niewielkiego, czynnego w południe – Leadenhall.

Żywność

Wszystkie duże targi hurtowe należy odwiedzać rano. Smithfield Meat Market (zob. s. 66), ostatni hurtowy targ świeżego mięsa w śródmieściu Londynu, handluje rano. Targ rybny Billingsgate wyniósł się z City, mieści się teraz w West India Dock na Wyspie Psów, a New Covent Garden Market – sprzedający owoce, kwiaty i warzywa – przeprowadził się na drugą stronę rzeki na Nine Elms Lane w Vauxhall.

Ubrania, antyki i rękodzieło

Inne wielkie targi są czynne w bardziej dogodnych porach: Portobello w soboty, Camden w weekendy. Rękodzieło, konfekcja, pamiątki i antyki sprzedawane są codziennie prócz niedziel w halach Covent Garden, jednym z najnowszych targowisk Londynu. Weekendowy targ w Greenwich, wspomnienie po wielkim targu zamkniętym w ubiegłym stuleciu, odbywa się nad Tamizą przy King William Walk i ma niemal wakacyjny charakter. Można tu kupić ubrania, antyki, książki i sztychy; targ wyrobów rękodzielniczych mieści się na Bosun's Yard.

Najlepiej znany duży targ niedzielny to Peticoat Lane, którego stragany zapełniają Middlesex i Wentworth Street, a także okoliczne uliczki. Można tu kupić wszelkiego rodzaju ubrania. Najlepsi uliczni sprzedawcy londyńskiego East Endu z niebywałym talentem zachwalają swoje towary łatwowier-

Prawdziwie eklektyczny zestaw towarów można znaleźć przy Portobello Road w soboty, ale trzeba pójść tam wcześnie.

nym przechodniom i sprzedają im bezużyteczne drobiazgi i wątpliwej jakości perfumy o francuskich nazwach.

Targi lokalne

Rozsiane po całym Londynie niewielkie targowiska sprzedają najróżniejsze towary. Targ przy Berwick Street w Soho odbywający się w dni powszednie istnieje od lat 40. XIX w., kiedy w tej dzielnicy mieszkali Włosi i Francuzi, a sprzedawane tu świeże warzywa, przyprawy i kwiaty uzupełniają zakupy w okolicznych włoskich sklepach spożywczych. Chapel Market w Islington od stu lat zaopatruje mieszkańców dzielnicy w codzienną żywność i podstawowe przedmioty domowego użytku. Zupełnie inny jest targ przy Ridley Road w Dalston – działa od lat 80. XIX w., ale powojenny napływ emigrantów z wysp Morza Karaibskiego, Azji i Turcji sprawił, że można tu teraz kupić niezwykłe przysmaki. Prawdziwe towary z wysp Morza Karaibskiego najlepiej kupować na targu w Brixton. Tutaj także znaleźć można sklepy z muzyką reggae i soul, egzotyczne ryby i barwne afrykańskie tkaniny.

Na straganach przy kościele St. James's na Piccadilly przyciągają wzrok wyroby ze srebra i rozmaite drobiazgi.

Targi specjalistyczne

Dużo sklepów i stoisk z antykami znajduje się w Camden Passage, a wokół dużo dobrych restauracji. Podobnie jest na Portobello. Targ Bermondsey odbywa się na Bermondsey Square w piątki, są tu największe stragany i najciekawsze przedmioty, ale żeby coś kupić tanio, trzeba przyjść między 5 a 6 rano i oglądać towary przy świetle latarki. Ceny są bardzo różne, ale tylko prawdziwi znawcy potrafią wygrać z handlarzami.

Bezpieczniej wybrać w niedzielę obraz przy Bayswater Road czy monetę na sobotnim targu kolekcjonerów przy Villiers Street. W piątki i soboty odbywają się targi przy kościele St. James's w Piccadilly , a przy kościele St. Martin-in-the-Fields codziennie prócz niedziel. ■

Notting Hill i Portobello Road

HOLLAND PARK PRZYCIĄGAŁ NAJLEPSZE TOWARZYSTWO, natomiast dzielnica położona bardziej na północ miała trochę mniejsze aspiracje. Jednak bardzo szybko farmy, manufaktury ceramiczne i chlewnie przeszły do historii, w miarę jak piękne wille i szeregi domków rozprzestrzeniały się na pn. Londynu. Obecnie dzielnica Notting Hill najlepiej znana jest z targu antyków przy Portobello Road i dorocznego karnawału karaibskiego.

W latach 40. i 50. XIX w. Norlands Farm u podnóża Notting Hill przekształciła się w ładne, kameralne osiedle Norland. Przedsiębiorca budowlany Ladbroke kupił położoną trochę wyżej farmę Notting Hill, by zbudować utopijne miasto-ogród złożone z dużych domów z prywatnymi ogrodami,

Na Portobello Road także w soboty pojawiają się stragany z antykami.

które miały się łączyć z ogrodem komunalnym. Kiedy osiedle to ukończono w 1870 r., jego architektura była najwyższej próby. Świadczą o tym choćby Lansdowne Road i Crescent, Stanley Crescent i Ladbroke Square.

PORTOBELLO ROAD

Zanim Portobello Road skręci ku północy, biegnie wzdłuż wspaniałej Ladbroke Grove. Była to niegdyś wiejska droga prowadząca do farmy Porto Bello. W latach 70. XIX w. Cyganie handlowali tu końmi i ziołami, a w latach 90. XIX w. zrodziła się tradycja targów odbywanych w sobotnie wieczory przy świetle lamp. Handlarze antyków, którym obecnie ulica zawdzięcza swoją sławę, pojawili się tutaj w 1948 r., kiedy zamknięto Caledonian Market w pobliżu King's Cross.

Obecnie targ przy **Portobello Road** jest jednym z najdłużej otwartych w kraju, a czynny także w soboty z pewnością dostarczy fascynującego zajęcia na cały dzień, tym bardziej jeśli zdarzy się kupić coś po okazyjnej cenie.

Sklepy i stragany z antykami na końcu Notting Hill, między Chepstow Villas a Lonsdale Road, oferują wartościowe, często kolekcjonerskie obiekty, czasami można tu znaleźć jakąś rzadkość. Dobre sklepy spożywcze między Lonsdale a Lancaster Road pomogą odzyskać siły. Za wiaduktem Westway można znaleźć używane ubrania i bibeloty. Przy Golborne Road – targ owocowy i warzywny, a w sklepach między Aklam Road i Oxford Gardens można dostać najmodniejsze rzeczy. Dalej znajdziemy używane rowery, nowe ubrania i artykuły gospodarstwa domowego. ■

Karnawał

Co roku w sierpniowy weekend ulice Notting Hill stają się miejscem karaibskiego karnawału. Społeczność karaibska osiadła tu po II wojnie światowej, kiedy obywatele od niedawna niepodległych krajów brytyjskiego imperium dostawali również obywatelstwo brytyjskie. Pierwszy uliczny festiwal afro-karaibski odbył się w latach 60. XX w., jako echo karnawału na Trynidadzie, który odbywa się na wyspie dwa dni przed Popielcem. Obecnie jest to największy uliczny festiwal w Europie, gromadzi pół miliona osób na obszarze między Chepstow Road a Ladbroke Grove.

Karnawał – muzyka i parady – trwa przez sobotę i niedzielę. W poniedziałek dziesiątki egzotycznych zespołów grają reggae, soul i calypso na Powis Square lub jeżdżą po ulicach na otwartych platformach ciężarówek. Wpływ Trinidadu widać w paradach kostiumowych i w zespołach „blaszanych", które używają metalowych pojemników po oleju jako instrumentów; zwyczaj ten rozwinął się w odpowiedzi na kolonialny zakaz grania na bębnach. Pochody te są bardzo malownicze; taneczna grupa obejmuje około 200 osób w fantastycznych kostiumach, przedstawiających wojowników afrykańskich, motyle, kwiaty. Za najlepszą muzykę i kostiumy przyznaje się nagrody pieniężne. ■

Karnawał w Notting Hill.

Marzenie księcia Alberta

South Kensington to żywe dziedzictwo jednego człowieka – księcia Alberta Saxe-Coburg-Gotha. Od dnia ślubu z królową Wiktorią w 1840 r. był jej najbliższym doradcą i niestrudzenie pracował dla dobra swej przybranej ojczyzny.

Największym osiągnięciem Alberta była Wielka Wystawa Przemysłu Wszystkich Narodów urządzona w Hyde Parku w 1851 roku. Było to święto wiktoriańskiego dynamizmu. Joseph Paxton, niegdyś ogrodnik diuka Devonshire, zaprojektował budynek z lanego żelaza i szkła, nazwany Crystal Palace. W pałacu tym 13 937 wystawców, z czego połowa z Wielkiej Brytanii i jej wielkiego imperium, pokazało 100 tys. eksponatów. Wystawa, pomyślana jako forum prezentacji przedsiębiorczości przemysłowej na całym świecie, trwała od maja do końca października, odwiedziło ją 6 mln Brytyjczyków.

Sukces wystawy, a także znaczny dochód, jaki przyniosła, zachęcił Alberta do snucia jeszcze ambitniejszych marzeń: stworzenia kulturalnego centrum, które pozwoli wszystkim na bezpłatne kształcenie. Miała to być stała wystawa sztuki i przemysłu na polach położonych na południu od Hyde Parku. Plan przewidywał aleję szkół artystycznych i naukowych prowadzącą do olbrzymiej narodowej galerii, za którą znajdowałyby się muzea, towarzystwa naukowe, sale koncertowe i ogrody.

Albert był niezwykle zaangażowany w realizację swojego pomysłu, który szybko zyskał nazwę „Albertopolis". Niestety, w 1861 r. zmarł na tyfus. Królowa pogrążyła się w żałobie; premier Benjamin Disraeli złożył oświadczenie: „Niemiecki książę rządził Anglią przez dwadzieścia jeden lat z mądrością i energią, jakiej nie okazał żaden z naszych królów".

Nic jednak nie powstrzymało realizacji planu Alberta – największego kompleksu budowli użyteczności publicznej, jaki kiedykolwiek wzniesiono w Londynie. Kiedy Galeria Narodowa nie chciała się przenieść, jej miejsce w planie zajął Royal Albert Hall, wkrótce otoczony szkołami sztuk pięknych i muzyki. Muzeum Wiktorii i Alberta, które według księcia miało być pomocą dla młodych handlowców i przemysłowców, rozrastało się tak szybko, że związana z nim szkoła sztuk pięknych stała się odrębnym Royal College of Art, a zbiory naukowe i edukacyjne przekształciły się w Muzeum Nauki. Tymczasem dział przyrodniczy w British Museum już nie mieścił się w budynku, więc dostał tutaj dodatkową przestrzeń, w 1935 r. przeniosło się tu z St. James's Geological Museum (Muzeum Geologii), później wchłonięte przez przyrodnicze Natural History Museum. ■

Albert Memorial (1876) – pomnik księcia Alberta proj. George'a Gilberta Scotta na południowym skraju Hyde Parku.

Victoria and Albert Museum (V&A)

Podczas ostatniego publicznego wystąpienia w 1899 r. królowa Wiktoria oświadczyła, że muzeum zostanie nazwane imieniem swego założyciela Alberta i jej własnym.

TO NAJWIĘKSZE NA ŚWIECIE MUZEUM – MUZEUM WIKTORII i Alberta przypomina encyklopedię. Początkowo narodowe muzeum sztuki i wzornictwa, obecnie obejmuje zbiory rzeźby, akwareli, miniatur portretowych, fotografii artystycznej, tapet i plakatów, a także National Art Library (Narodowa Biblioteka Sztuki). Chlubi się najlepszym zbiorem włoskich rzeźb poza Włochami i najwspanialszą na świecie kolekcją hinduskiej sztuki dekoracyjnej.

Początkiem V & A był zbiór odlewów gipsowych, sztychów i kilku eksponatów sztuki zdobniczej z Wielkiej Wystawy. Książę Albert wraz z mecenasem sztuki Henry Colem wpadli na pomysł utworzenia muzeum „reprezentującego zastosowanie sztuk pięknych do rzemiosła". Idea Cole'a, pierwszego dyrektora muzeum, to ekspozycja wzornictwa artystycznego i rzemiosła jako inspiracji do wykorzystania sztuki w praktyce, nie jako sztuka dla sztuki. I to obowiązuje do dziś.

Małe muzeum o wielkich planach mieściło się początkowo w drewnianych barakach, potem w budynku z żelaza i szkła, znanym jako Brompton Boilers. Początkowo gromadziło wartościowe przedmioty jako wzory do naśladowania dla uczniów, potem zaczęły napływać darowizny. Malarstwo brytyjskie Sheepshanka, kolekcja ceramiki i porcelany Bandinela, kolekcja modeli rzeźb Gherardiniego i wiele innych. Budowano kolejne sale tworzące centralny czworokąt i wschodnie dziedzińce, a szereg galerii Astona Webba budowano od frontu w latach 1899–09. Mimo to wkrótce całe działy trzeba było przenieść jako filie V & A albo niezależne muzea – jak Science Museum

Plan s. 145
Cromwell Road, SW7
0171-9938 8500.
Codziennie
$$ Bilet sezonowy
Metro: South Kensington

Szkatułka Becketa z emalii z Limoges z 1180 r. nabyta przez V & A w 1997 r.

(Muzeum Nauki), Museum of Childhood (Muzeum Dziecińśtwa) w Bethnal Green i Theatre Museum (Muzeum Teatru). W końcu XX w. muzeum zajęło także skrzydło Henry'ego Cole'a w pn.-zach. narożniku i zaczęło budowę Spirali proj. Daniela Libeskinda – pięciu galerii wzniesionych jako samonośna spirala bez rdzenia, obudowana płytkami ceramicznymi w kolorze kości słoniowej.

Tygrys Tipoo – mechaniczne cudo wykonane ok. 1790 r. dla rozrywki sułtana Tipoo, władcy Mysore w Indiach; katarynka wydaje jęki umierającego brytyjskiego oficera, którego zaatakował tygrys, i ryk tygrysa.

Niektóre eksponaty są maleńkie, jak Canning Jewel, inne olbrzymie jak np. wielkie szkice Rafaela. Istnieją też całe pokoje, jak np. pokój muzyczny diuka Norfolk czy gabinet Franka Lloyda Wrighta. Obecnie większość z ok. 2000 rocznych nabytków projektów, sztychów i rysunków to prace współczesne. Muzeum zamawia regularnie wyroby ze srebra, meble i inne przedmioty. Ciągle dodaje się nowe galerie, do najnowszych należą galeria ceramiki, szkła i fotografii.

Część z 4,5 mln eksponatów muzeum wystawia się w ponad 170 galeriach na sześciu poziomach wokół czterech dziedzińców. Zwiedzających prowadzą kolorowe znaki: czerwone na północ, żółte na wschód, zielone na południe, a na zachód niebieskie.

Zasadniczo sale wystawowe można podzielić na dwie grupy: galerie sztuki i wzornictwa (jak np. Europa 1600–1700) i galerie materiałów i technik, gdzie wystawia się przedmioty z jednego materiału czy jednego typu. np. srebrne, aby pokazać ich formę i technikę wyrobu.

Osobom, które wiedzą, co chcą obejrzeć, wystarczy plan, spis galerii i wyczucie kierunku. Dla tych, którzy czują się przytłoczeni ogromem muzeum, jeszcze zanim zaczną zwiedzać, podajemy kilka ciekawych punktów na łatwej trasie (numery sal takie jak na planach muzeum dostępnych bezpłatnie w okienku informacji).

TRASA

Z wejściowego halu skręcamy w prawo i przechodzimy przez sale 50A i 50B (rzeźba i architektura). Skręcamy w lewo do sal 46A i 46B wypełnionych wiktoriańskimi odlewami: kolumna Trajana i *Dawid* Michała Anioła stanowiły inspirację dla rzeszy studentów, tutaj również znajduje się muzealna kolekcja wspaniałych falsyfikatów.

Mijamy sztukę koreańską i chińską w salach 47G i 47F, skręcamy w prawo do **Toshiba Gallery of Japanese Art** (Galeria Sztuki Japońskiej Toshiby). Jednym z najlepszych zakupów muzealnych było nabycie w 1886 r. 12 tys. drzeworytów. W sali 44 znajduje się **T.T. Tsui Gallery of Chinese Art** (Galeria Sztuki Chińskiej T.T.Tsui). Sala 43 to **Medieval Treasury** (Skarbiec Średniowiecza). Słabo oświetlona sala mieści arcydzieła wyrafinowanego rękodzieła, wykonane z kości słoniowej, złota i drogich kamieni. Stąd mamy dobry widok na ogród Pirellego,

Sala Gamble'a początkowo służyła jako jadalnia dla zwiedzających.

w głębi oryginalna fasada muzeum. Po schodach idziemy w dół, w lewo przez salę 22 i znowu w lewo do sali 41 – **Nehru Gallery of Indian Art** (Galeria Sztuki Indyjskiej im. Nehru), gdzie wystawia się maleńką część kolekcji indyjskiej, zazwyczaj niezwykłe miniatury i delikatne tkaniny. Sztuka indyjska wypełnia sale korytarzowe 47A i B, które prowadzą do **hall of fashion** (sala mody), sali 40, gdzie zgromadzono mnóstwo europejskich ubiorów od XVI w. do dziś.

Od pn. strony korytarza sala 20. Stąd można przejść po starszych salach otaczających ogród Pirellego. Można się zatrzymać w salach 11–20, by napawać się kolekcją XV-wiecznej sztuki włoskiej. Mijamy sale 27, 26 i 25, skręcamy w lewo i znowu w lewo do **Canon Photography Gallery** (Galeria Fotograficzna Canon). Na wystawie znajduje się część z muzealnego zbioru 300 tys. fotografii, najwcześniejszy jest dagerotyp M. De Ste Croix z 1839 r. przedstawiający Trafalgar Square.

Jeśli wystarczy nam siły, wejdźmy po schodkach w sali 25 na poziom B, przejdźmy przez barwne sale 111 i 112 z witrażami, i znów schodami na poziom C, gdzie w sali 131 pełno pięknego błyszczącego szkła. Na zakończenie, na drugim piętrze skrzydła Henry Cole'a w sali 202 zabaczymy **gabinet Franka Lloyda Wrighta**, a malarstwo i rysunki Johna Constable'a w sali 603 na szóstym piętrze. ■

Science Museum

Plan s. 145
Exhibition Road, SW7
0171-938 8000
$$; $$$ z wystawą wiedzy o sporcie
Metro: South Kensington

NAWET OSOBA W NAJMNIEJSZY SPOSÓB NIE ZWIĄZANA z nauką nie oprze się urokowi brytyjskiego Muzeum Nauki, gdzie zdobycie informacji często wymaga znacznie bardziej aktywnego uczestnictwa niż czytanie objaśnień i oglądanie eksponatów. W 1909 r. muzeum się usamodzielniło, a w 1913 r. przeniosło się do budynku Richarda Allisona. Wysokie okna i duże puste przestrzenie domu towarowego były wprost idealne. Można tu było oddać pełnię ekscytacji towarzyszącej odkryciom naukowym w ciągu wieków. Po tym muzeum łatwo się poruszać.

Dzieciom podoba się, że w Muzeum Nauki można zdobywać wiedzę, samemu sprawdzając działanie eksponatów.

Obecnie w 70 galeriach na siedmiu piętrach obejmujących 3,2 ha powierzchni wystawionych jest ok. 200 tys. eksponatów, pokazujących wynalazki i odkrycia, które odmieniły nasze życie, od plastikowych worków i telefonów do platform wiertniczych na morzu i samolotów.

Plan muzeum jest bardzo prosty: niżej położone galerie przeznaczone są dla najmłodszych, często jest tu bardzo tłoczno, wyższe piętra przeznaczone są dla widzów o bardziej ukierunkowanych zainteresowaniach. Nasza trasa prowadzi przez wszystkie piętra, uwzględniając najciekawsze eksponaty. Skrzydło Wellcome'a poświęcone współczesnej nauce, medycynie i technologii otwarto w 2000 r. (zob. s. 127).

TRASA

Przy głównym wejściu znajduje się informacja o najważniejszych imprezach i pokazach w danym dniu, co obejmuje także wprowadzenie do nauki od wieku kamienia do współczesności (na półpiętrze). Na parterze galerie poświęcone **mocy** (od maszyn parowych Jamesa Watta do pierwszego Rolls Royce'a z 1904 r.), **eksploracji kosmosu** i **wiedzy o sporcie**. W tej ostatniej można się dowiedzieć, jak pracuje ciało, jak je trenować, można zmierzyć się z profesjonalnymi biegaczami i sportowcami z innych dyscyplin. Schody w dół prowadzą do sutereny, gdzie wystawa **„Rzeczy"** zaspokaja naturalne zainteresowanie dzieci przedmiotami codziennego użytku.

Niejako na zapleczu pierwszego piętra umieszczono tematy: gaz, rolnictwo, meteorologię, geodezję i pomiar czasu. **„Telekomunikacja"** i **„Wyrzutnia"** pokazują działanie

telefonu i pierwszą wyprawę człowieka na Księżyc, można tu zobaczyć ekwipunek kosmonautów. **„Wyzwanie materiałów"** pokazuje świat materiałów, z wykorzystaniem instalacji, wystaw audiowizualnych i komputerów interaktywnych.

Na drugim piętrze można zobaczyć, jak produkuje się papier, jak wyglądał druk przed wprowadzeniem składu komputerowego, który skazał metalowe czcionki na pobyt w muzeum. Inne tematy obejmują chemię, pomiary, oświetlenie, fizykę nuklearną i moc. Działy dotyczące ropy naftowej i komputerów prowadzą do dużych powierzchni poświęconych nawigacji, inżynierii morskiej, portom i nurkowaniu. Znajduje się tu mnóstwo wspaniałych modeli statków. Stąd schody prowadzą na trzecie piętro. Tutaj wszystko dotyczy latania: w **„Laboratorium lotu"** zebrano wszystkie urządzenia do badania zasady lotu, a w hangarze pełnym samolotów stoi „Jason" Amy Johnson, którym poleciała do Australii w 1930 r., i model delikatnego samolotu braci Wright, w którym w 1903 r. dokonali pierwszego lotu wspomaganego silnikiem. Na końcu piętra **„Sprawy zdrowia"** Instytutu Wellcome'a, gdzie np. wyjaśnia się zasady szczepionek.

Piętra czwarte i piąte poświęcone są historii medycyny i **„Nauce i sztuce medycyny"**. Czarujące, choć staroświeckie dioramy opowiadają historie operacji, dentystyki i zabiegów na otwartym sercu. Górne piętro z galerią Instytutu Wellcome'a to istne zbiorowisko skarbów: zmumifikowana głowa egipska, afrykańskie fetysze, sztuczna szczęka George'a Washingtona, apteczka podróżna dra Livingstone'a, posrebrzana szczoteczka do zębów Napoleona i wiele innych przedmiotów, stanowiących cenne przyczynki do dziejów nauki i medycyny. ■

Eksploracja kosmosu to popularny dział w Muzeum Nauki.

Natural History Museum

ZARÓWNO KOLEKCJA – LICZĄCA PONAD 68 MLN OKAZÓW i milion książek i rękopisów – jak i ogromny budynek Muzeum Historii Naturalnej mogą trochę zniechęcać. Jednak to przyrodnicze muzeum stara się, by eksponaty i wiedza były jak najbardziej przystępne i zajmujące dla publiczności, nie tracąc przy tym funkcji edukacyjnej. Słynna wystawa dinozaurów świadczy o tym, czego możemy się nauczyć o ewolucji zwierząt z tych bardzo starych kości.

Plan s. 145
Cromwell Road, SW7, boczne wejście od Exhibition Road
0171-938 9123
$$.
Metro: South Kensington

BUDYNEK

Budynek muzeum jest równie niezwykły jak jego zbiory. Kiedy w 1862 r. kolekcja przyrodnicza Muzeum Brytyjskiego (zob. s. 122), obejmująca również zbiory Hansa Sloane'a, przeniosła się do rozkwitającego ośrodka kulturalnego w South Kensington, potrzebowała odpowiedniego pomieszczenia. Okazał się nim przestronny jak katedra budynek Alfreda Waterhouse'a. Jego wieże, iglice, łuki i kolumny przypominają kościoły Nadrenii. Rama z żelaza i stali pokryta jest kremową, niebieską i żółtą terakotą, co wprowadziło kolor do burego wiktoriańskiego Londynu i stworzyło łatwą do czyszczenia powłokę ochronną. Zgodnie z planami pierwszego dyrektora muzeum, zoologa Richarda Owena, żyjące gatunki zwierząt „tłoczą się" po zach. stronie, a wymarłe po wsch., co odpowiada pierwotnym założeniom galerii.

Pod koniec XX w. muzeum okazów żyjących (lub żyjących kiedyś) gatunków formalnie połączyło się z sąsiednim **Geological Museum** (Muzeum Geologiczne). Geologiczna kolekcja opowiada dzieje planety Ziemi, od delikatnej, liczącej 330 mln lat skamieliny paproci do odwzorowania trzęsienia ziemi w 1995 r. w Japonii.

Do **Life Galleries** (Galeria Istot Żywych) wchodzi się głównym wejściem od Cromwell Road; łączy się ona z geologiczną działem **Earth Galleries** (Galeria Ziemi), do których można również wejść bezpośrednio z Exhibition Road. Każda wystawa zawiera tak wiele informacji, że wystarczy na jedną wizytę. Pracuje tu 300 naukowców i bibliotekarzy, a to, co oglądamy, stanowi rezultat pracy uczonych na całym świecie.

Dla tych, którzy pragną zdobyć jedynie ogólne pojęcie o muzeum, ze szczególnym uwzględnieniem kilku ciekawszych rzeczy, sugerujemy łatwą trasę po tej olbrzymim muzeum.

Centralny hol muzeum zbudowano jako katedrę cudów natury i otwarto rok przed śmiercią Karola Darwina.

TRASA

W olbrzymim **Holu Centralnym** (sala 10) malowane plafony Waterhouse'a i zoo z terakotowych zwierzaków, ptaków, kwiatów, płazów wspinających się po kolumnach i ukrytych w łukach stanowią scenerię dla olbrzymiego szkieletu *Diplodocus*. W łukach dojrzeć można także inne skarby – bryłkę złota czy pająka uwięzionego w bursztynie.

Skręcamy w lewo, na zachód, i szlakiem Waterhouse Way dochodzimy do dinozaurów w sali 21. Znajdują się tu kości zwierząt, które chodziły po ziemi przez 160 milionów lat, zanim wymarły 65 mln lat temu. Pokazano tu różne gatunki, a szkielety pozwalają nam poznać tryb życia tych zwierząt – to, czy żyły samotnie, czy w walce szarżowały jak kozły, czy polowały stadnie, jak rozwinęły mechanizmy obronne w rodzaju mocnych ogonów, rogów i kostnych grzebieni szyjnych.

Dalej na Waterhouse Way **Human Biology Room** (Sala Biologii Człowieka) (nr 22) – bliższe informacje o ewolucyjnie młodym osobniku – istocie ludzkiej. Na specjalnych modelach można obejrzeć, jak działa pamięć i jak z pojedynczej komórki rozwija się dziecko; optyczne iluzje wyjaśniają związek między widzeniem a wiedzą.

Po prawej: Szkielet ichtiozaura, wymarłego gatunku morskich gadów.

Sąsiednie sale 23 i 24 poświęcone są ssakom. Model wieloryba wielkości naturalnej uzupełniają nagrania śpiewu wielorybów i wyjaśnienia, dlaczego tak ciężkie zwierzę nie tonie. Specjalne urządzenia zachęcają, by przekonać się dlaczego koń może galopować, a słoń nie. W sali 12 i 13 – ryby i gady. Można tu posłuchać odgłosów morza i zachwycać się różnorodnością podwodnego życia eksponowanego w tradycyjnych gablotach – tropikalnymi rybami, wolno rosnącymi morskimi koralowcami i gigantyczną kałamarnicą nad nimi.

Na modelu pterodaktyla w locie widoczna błona lotna, podobna jak u nietoperza, która pozwalała latać tym dawno już wymarłym gadom.

Wracamy na Waterhouse Way, skręcamy w lewo, po obu stronach skamieniałości morskich gadów. Po lewej w sali 33 zwierzęta bezkręgowe. Owady, pająki, skorupiaki i stonogi mają dużą łatwość adaptacji, niektóre rozwinęły skomplikowane systemy społeczne i mechanizmy obronne w rodzaju kamuflażu, pancerza czy broni. To wszystko pomogło im przeżyć. Po prawej za salą 33 poświęconą skamieniałościom brytyjskim, znajduje się sala 32 poświęcona ekologii: w jaki sposób wszystkie żywe stworzenia są nawzajem powiązane, jak niezbędne do życia jest powietrze, ziemia, światło słońca, energia i woda.

Stąd prowadzą schody na pierwsze piętro, gdzie w sali 105 można poznać dzieje teorii doboru naturalnego Karola Darwina. Poszczególne galerie poświęcone są małpom i małpiatkom, miejscu człowieka w łańcuchu ewolucji, roślinom, minerałom i meteorytom.

Na końcu Waterhouse Way salę 40 pozostawiono dokładnie taką, jak w dniu otwarcia muzeum w 1881 roku . Wreszcie w sali 50 możemy się dowiedzieć, jak zwierzęta rosną i jak funkcjonują ich narządy.

Sala 60 to wielkie wprowadzenie do **Earth Galleries** (Galeria Ziemi). Wśród licznych okazów znajduje się już było próbka podłoża z Księżyca, a także próbka miękkiego grafitu, który ma identyczny skład chemiczny jak twarde diamenty. Teraz pojedziemy ruchomymi schodami przez skupiska żelaza, cynku i miedzi. Na górze tematem wystawy jest energia i niespokojna powierzchnia ziemi. Tutaj przedstawione są jej nieustanne zmiany, które zachodzą z niepokojącą regularnością: wybuch wulkanu Mount Pinatubo w 1991 r. i trzęsienie ziemi w 1995 r. w Kobe. Na końcu trasy zwiedzający mogą polerować skały, zmieniać bieg rzek i klimat na Ziemi. Koniecznie trzeba zobaczyć fragment skały, na której utrwaliły się wszystkie zmiany powierzchni Ziemi w ciągu milionów lat. ■

Ta okolica, skupiająca najwięcej eleganckich domów, przyciąga zagranicznych i zamożnych mieszkańców. Znajdują się tu dwie ulubione londyńskie instytucje: dom towarowy Harrods przy Knightsbridge i Galeria Sztuki Brytyjskiej Tate'a w Pimlico.

Chelsea, Belgravia, i Knightsbridge

Emeryt z Chelsea, jeden z weteranów wojennych, pensjonariusz Szpitala Królewskiego.

Chelsea, Belgravia, i Knightsbridge

KIEDY KSIĄŻĘ REGENT ZOSTAŁ KRÓLEM JERZYM III W 1820 R. I ZACZĄŁ PRZERABIAĆ pałac Buckingham, przedsiębiorcy budowlani dostrzegli obiecujące możliwości tej okolicy. Liczba mieszkańców Londynu w XIX w. wzrosła z 1 do 6 mln. Puste pola i błotniste, acz możliwe do osuszenia tereny leżały tuż obok pałacu, Mayfair i wytwornego Hyde Parku, było stąd niedaleko również do Westminsteru i pałacu St. James. Wielkie rezydencje Chelsea też miały znaczenie, członkowie rodziny królewskiej mieszkali w pobliskim pałacu Kensington. Wkrótce więc na tym odcinku Tamizy wyładowywano z barek materiały budowlane. Tak powstawała Belgravia. Jej powstanie, Wielka Wystawa w 1851 r., a także rozwój muzeów w South Kensington i budowa eleganckich domów przyczyniły się do stworzenia Knightsbridge.

CHELSEA

Najbardziej interesujące jest Chelsea, ulubione wiejskie ustronie arystokratów od czasów Tudorów, kiedy rezydencje otoczone rozległymi sadami wyrastały wokół rybackiej wioski. Towarzystwo Aptekarzy założyło tu swój Physic Garden w 1673 r., w następnym dziesięcioleciu król Wilhelm i królowa Maria zbudowali tu Royal Hospital (Szpital Królewski), a Hans Sloane kupił Chelsea Manor w 1712 r. na siedzibę swoich zbiorów (zob. s. 122). Chelsea łączyło miasto z wiejskimi rezydencjami arystokratów w górnym biegu rzeki: podróż Tamizą była najszybsza i najbezpieczniejsza, a King's Road stanowiła prywatną królewską drogę między Londynem a Hampton Court i innymi posiadłościami monarchy między 1660 r. a połową XIX wieku.

Później, w XIX w., Chelsea przyciągało pisarzy i artystów, od Thomasa Carlyle'a do Oscara Wilde'a. Właśnie w tej dzielnicy architekci po raz pierwszy odeszli od georgiańskiego klasycyzmu białych stiuków, by powrócić do bardziej lokalnego stylu królowej Anny, który posługiwał się czerwoną cegłą. Styl ten, po raz pierwszy zastosowany w domach przy Embankment, wybrała rodzina Cadoganów, zakładając w latach 70. XIX w. Cadogan Square i przyległe ulice. W czasach bardziej współczesnych King's Road, biegnąca od Sloane Square przez samo centrum Chelsea i Fulham, przeżyła w latach 60. XX w.

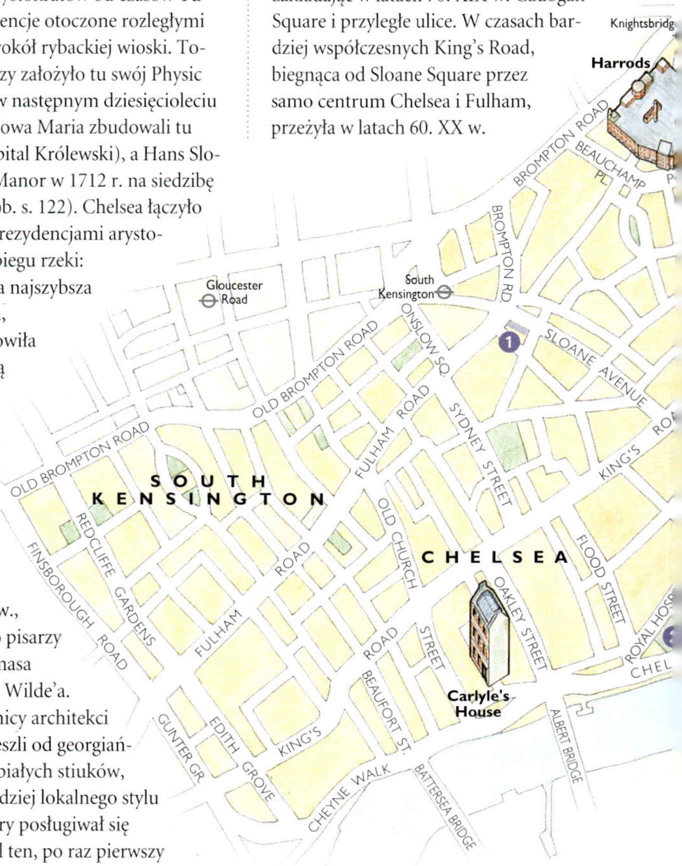

odrodzenie jako miejsce spotkań awangardy, a szeregowe domki, wzniesione pierwotnie jako masowe budownictwo dla rzemieślników, stały się mieszkaniami bankierów z City i ludzi interesu.

BELGRAVIA

Dzieje Belgravii są krótsze, choć malownicze. Wzrastające zatłoczenie Mayfair i St. James's sprawiło, że była to ostatnia w Londynie dzielnica budowana przez bogatych (rodzina Grosvenorów) dla bogatych. Budowę rozpoczęto w 1824 r., centrum założenia stanowił Belgrave Square – styl regencji osiągnął tu szczyt. Architekt Thomas Cubitt uratował upadający projekt budowlany, a zrobił to tak dobrze, że nawet rodzina Grosvenorów przeniosła się z Mayfair do Belgravii. Przy Belgrave Square mieści się kilka ambasad. W 1835 r. Cubitt zabrał się do przebudowy Pimlico.

KNIGHTSBRIDGE

Rozwój Knightsbridge przyspieszyła nie tylko Wielka Wystawa, ale także budowa Belgravii. Pola pierwszej wioski przy drodze wiodącej z Mayfair na zachód od miasta przekształciły się w gęsto zabudowany obszar, którego istotę stanowi handel detaliczny. Dzisiaj sercem Knightsbridge jest Harrods – turyści zagraniczni uważają, że naprawdę byli w Londynie, jeśli zrobili zakupy u Harrodsa. ■

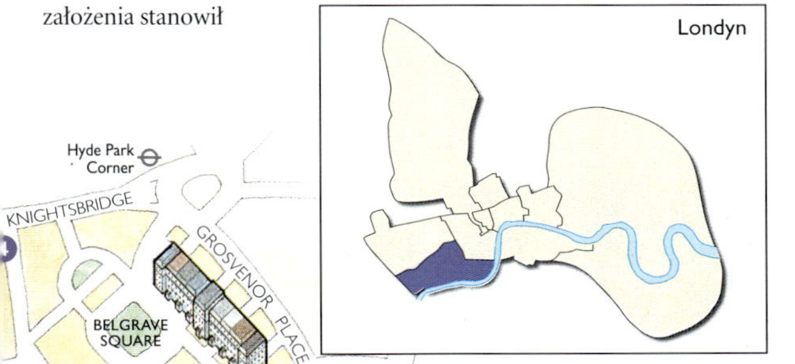

CHELSEA, BELGRAVIA, I KNIGHTSBRIDGE

❶ Sklep Conrana ❷ Chelsea Physic Garden ❸ National Army Museum ❹ Harvey Nichols ❺ Clore Gallery

Carlyle napisał o szpitalu proj. Wrena w Chelsea: „Spokojne i dostojne dzieło dżentelmena".

Chelsea

KIEDY SZKOCKI HISTORYK I FILOZOF THOMAS CARLYLE (1795–1881) zdecydował się w 1834 r. zamieszkać w Chelsea, ta dzielnica wcale nie należała do modnych.

Royal Hospital Chelsea

- Plan s. 167
- Royal Hospital Road, SW3
- 0171-730 0161
- Zamknięty niedz. prócz pory nabożeństw
- Opłata dowolna Ogrody bezpłatnie
- Sloane Square

ROYAL HOSPITAL W CHELSEA

Szpital Królewski w Chelsea zaprojektowany przez Christophera Wrena dla Karola II jako dom dla niemal 500 weteranów wojennych w dalszym ciągu pozostaje domem ubranych w czerwone mundury emerytów. Najlepiej oglądać go z dwóch miejsc: z Royal Avenue zimą, kiedy drzewa nie mają liści, albo ze statku na rzece, skąd widać główną fasadę.

Była to nowatorska praca Wrena, pierwsze dzieło świeckie na taką skalę. Inspirowany Pałacem Inwalidów w Paryżu budynek stał się wzorcem dla tego rodzaju instytucji w Europie i Ameryce. Do centralnego hallu i kaplicy przylegają dwa boczne dziedzińce ze skrzydłami mieszczącymi sypialnie. W 1814 r. John Soane, administrator szpitala, dobudował stajnie.

Od strony fasady ogrodowej z ławek na Dziedzińcu Figur widać brązowy posąg Karola II proj. Grinlinga Gibbonsa i ogród, który kiedyś kończył się nad wodą. Bardziej swobodny ogród po lewej był od 1742 do 1803 r. niesławnym parkiem rozrywkowym Ranelagh.

W samym budynku istnieją trzy wspaniałe sale. W wielkim hallu

Wystawa kwiatów w Chelsea

Od 1913 r. Królewskie Towarzystwo Ogrodnicze urządza co roku bardzo spektakularną Wystawę Kwiatów – Chelsea Flower Show, będącą równocześnie konkursem, wokół i wewnątrz olbrzymiego namiotu stawianego w ogrodach Szpitala Królewskiego. Przez cały tydzień pod koniec maja na ulicach Chelsea pełno zwiedzających. Szkółki i hodowcy, architekci ogrodów i producenci ogrodowego wyposażenia pokazują swoje osiągnięcia – nową odmianę róży, całe założenie ogrodowe, cudowny sposób na ślimaki. Zwiedzający przychodzą podziwiać, podchwytywać pomysły czy rozkoszować się pięknem kwiatów. ■

z kasetonami współcześni pensjonariusze jadają pod portretem Karola II pędzla Verrio, w kaplicy modlą się w ławach przed *Zmartwychwstaniem* Sebastiana Ricci w głównym ołtarzu. Jeszcze piękniejsza jest Sala Rady w głębi, ozdobiona portretami pędzla Van Dycka i Lely'ego.

DOM CARLYLE'A

Pomimo niemodnej wówczas lokalizacji Carlyle uwielbiał swoją ulicę i „ogromny, przestronny, zupełnie wystarczający stary dom" pod nr 24 przy Cheyne Row.

Dzisiaj, podobnie jak w wielu domach-muzeach, i w domu Carlyle'a wyczuwa się osobowość właściciela. Carlyle przechadzał się z fajką po domu i ogrodzie, ubrany w strój domowy i słomkowy kapelusz, wszystkie te rekwizyty zachowały się w idealnym stanie. Tutaj ten intelektualista wraz ze swą błyskotliwą żoną przyjmował w salonie Johna Stuarta Milla, Dickensa i Emily Browning, a Darwina lub Thackeraya w jadalni na tyłach. Carlyle mieszkał tutaj 47 lat i wydaje się, że jego duch nadal błąka się w ogrodzie.

CHELSEA PHYSIC GARDEN

Ogród założony w 1673 r. przez Stowarzyszenie Aptekarzy w celu studiowania leczniczych roślin, miał 1,5 ha powierzchni, a wiele okazów uprawiano tu po raz pierwszy w Anglii. Jeden z pierwszych kuratorów ogrodu, Phillip Miller (1722–1770), autor *Słownika ogrodnika* wysłał nasiona bawełny do Georgii w Ameryce Północnej, aby dostarczyć nowej kolonii wartościowej uprawy. Obecnie ogród pełen ziół i egzotycznych drzew pozostaje zarówno terenem badań, jak i miejscem spokojnych spacerów. ■

Chelsea Flower Show

☎ Royal Horticular Society 0171-384 43333

$ $$$–$$$$$. Konieczna rezerwacja

Carlyle's House

Plan s. 166

✉ 24 Cheyne Row, SW3

☎ 0171-352 7087

🕒 Zamknięty pon.–wt. i X–III

$ $$

Metro: Sloane Square, potem autobus wzdłuż King's Road do Oakley Street (po lewej). Idziemy Oakley Street, potem w prawo w Cheyne Row.

Chelsea Physic Garden

Plan s. 166

✉ 66 Royal Hospital Road, SW3; wejście od Swan Walk

☎ 0171-352 5646

🕒 Zamknięte pon.–wt. i czw.–sob., z wyjątkiem trwania Chelsea Flower Show

$ $$

Metro: Sloane Square, potem autobus wzdłuż King's Road do Flood Street (po lewej). Idziemy do Chelsea Embankment, skręcamy w lewo, a potem pierwszą w lewo do Swan Walk.

Belgravia i Pimlico

KIEDY WIELKA BRYTANIA PRZEŻYWAŁA EKONOMICZNY boom, a Jerzy IV przebudowywał pałac Buckingham, drugi earl Grosvenor zainteresował się 160 ha swoich gruntów na południe od Hyde Parku. Na 80 ha tych błotnistych, nędznych terenów słynących z rozbojów, pojedynków i polowań na kaczki stworzył zabudowę, która wkrótce przyćmiła 40-hektarowe osiedle Mayfair. Georgiańska cegła, prostota i skromna skala ustąpiły miejsca stiukowej wspaniałości okresu regencji. Tak zrodziła się Belgravia, przedmieście dla dobrze urodzonych i bogatych. Wkrótce zaczęło tu ściągać lepsze towarzystwo, Knightsbridge i South Kensington także podniosły swój status, a Chelsea zostało włączone do nieustannie rozrastającego się Londynu.

Podstawą założenia był tradycyjny plac (Belgrave) otoczony siatką ulic, georgiańskich w pomyśle, ale wykonanych w skali typowej dla okresu regencji. Na plac budowy wkroczyło trzech wielkich przedsiębiorców. Dwóch zbankrutowało, trzeci, Thomas Cubitt (zob s. 171), zbił fortunę. Prace rozpoczęto w 1824 r., skończono 30 lat później. Cubitt, finansowany przez trzech szwajcarskich bankierów, wydzierżawił Belgrave Square i zatrudnił architekta George'a Basevi. Plac okazał się natychmiastowym sukcesem towarzyskim. Prace budowlane trwały. Wkrótce Cubitt wybudował Upper Belgrave Street, Chester Square i Eaton Place (gdzie miał swoje biuro).

Grosvenor Crescent w Belgravii, gdzie błyszczące stiukowe fasady upiększają budynki z cegły.

Aby docenić wspaniałość Belgravii, przejdźmy się po tych imponujących ulicach i placach. Ze Sloane Street idziemy na wschód Pond Street i Chesham Street, mijając Cadogan Place. Skręcamy w lewo w Belgrave Mew – kiedyś były tu stajnie wielkich domów od frontu, teraz przerobione na atrakcyjne (i drogie) domki – a następnie Halkin Place prowadzący do wspaniałego Belgrave Square. Skręcamy w lewo, idziemy łukiem Wilton Crescent, który doprowadzi nas z powrotem na Belgrave Square. Upper Belgrave Street po przeciwnej stronie prowadzi do cudownego Eaton Square.

Obecnie w domach Belgravii mieszczą się ambasady, mieszkają bogaci zagraniczni biznesmeni, a także resztki starej brytyjskiej arystokracji. Sztywna, formalna atmosfera tej dzielnicy różni ją od Pimlico, gdzie londyńczycy uczestniczą w bogatym życiu towarzyskim na targu przy Tachbrook Street czy w restauracjach przy Warwick Way.

Pimlico to projekt samego Cubitta. Po wielu latach negocjacji przekonał Grosvenorów, by wydzierżawili mu tereny na pd. od kanału, obecnie odcięte przez dworzec Victoria. Wytyczył tam dwa place, Eccleston i Warwick, otoczone uliczkami szeregowych domków. ■

Łuk Wilton Street najlepiej pokazuje uroki Belgravii.

Thomas Cubitt

Thomas Cubitt odniósł największe sukcesy jako londyński przedsiębiorca budowlany na początku XIX w. Urodzony w 1788 r. w pobliżu Norwich, zrewolucjonizował przemysł budowlany, a dzięki mieszaninie handlowego sprytu i śmiałości wyobraźni przeprowadził wiele olbrzymich projektów w całym mieście.

W młodości pracował na statku płynącym do Indii jako stolarz okrętowy i zarobił dość pieniędzy, by po powrocie założyć własny interes. W 1815 r. 25-letni Cubitt zorientował się, że zawieranie umów z robotnikami na pojedyncze budowy nie jest najlepszym pomysłem na skuteczną pracę. Toteż w swoim biurze przy Gray's Inn Road zatrudnił pełny zestaw robotników i rzemieślników na stałej pensji, tworząc pierwszą nowoczesną firmę budowlaną w Londynie.

Londyńskie prace Cubitta zaczęły się w Bloomsbury, gdzie wytyczył Gordon Square, Endsleigh Place i Tavistock Square. Kiedy rodzina Grosvenorów budowała Belgravię, zaczęły się dla niego dobre czasy. Ukoronowaniem jego kariery było Pimlico, bardzo ryzykowny pomysł handlowy. W Belgravii, Pimlico i przy realizacji rządowego projektu stworzenia Battersea Park, Cubitt podwyższył nisko położone tereny, nanosząc ziemię wykopaną z wielkich doków na East Endzie, w których budowę był mocno zaangażowany. Wypalał cegły na miejscu budowy. Ten przedsiębiorca, który pracą doszedł z nędzy do pieniędzy, walczył o poprawę systemu kanalizacji w Londynie i zakładanie parków. ■

Harrods i sklepy Knightsbridge

NAJZAGORZALSZY MIŁOŚNIK ZAKUPÓW TAK SAMO NIE może od razu „zaliczyć" Harrodsa, jak największy wielbiciel sztuki nie może „zaliczyć" Muzeum Brytyjskiego. Harrods jest olbrzymi. 300 działów na siedmiu piętrach zajmuje powierzchnię 8 ha. Codziennie personel liczący 4000 osób obsługuje 35 tys. klientów i przyjmuje do kas ok. 1,5 mln funtów.

Wszystko zaczęło się od tego, że kupiec herbaciany Charles Henry Harrod otworzył sklep spożywczy w wiosce Knightsbridge w 1849 r., przynoszący zysk ok. 20 funtów tygodniowo (dzisiaj 30 funtów). Dwa lata później Wielka Wystawa bardzo ożywiła handel. Syn Charlesa, również Charles, przejął sklep w 1861 r., przebudował i wkrótce jego przychody wzrosły pięciokrotnie. Po ogromnym pożarze w 1883 r. po prostu poinformował klientów, że dostawy „opóźnią się o dzień lub dwa". Harrods już wtedy stawał się instytucją. Kiedy w 1894 r. sklep przejął Richard Burbidge, wymyślił hasło „Harrods obsługuje świat"; w 1898 r. zainstalował pierwsze w Londynie schody ruchome.

Burbidge też przebudowywał. Znany różowy edwardiański budynek z kopułą zaprojektowali Stephens i Munt, zbudowano go w latach 1901–1905. W latach 20. XX w. Louis de Blanc dostawił aneks na zapleczu. Działy spożywcze ozdobiono mozaikowymi fryzami i kafelkami W. J. Neatby'ego. Dom handlowy Burbidge'a zawsze był ulubionym sklepem królewskim: Jerzy V nadał właścicielowi tytuł barona.

Wielu turystów uważa pobyt w Londynie za nieudany bez wizyty u Harrodsa, na ogół nie zadawalają się oglądaniem 80 wystaw czy 11 tys. żarówek oświetlających budynek. 40% wszystkich towarów sprzedanych w Harrodsie wyjeżdża za granicę w słynnych już ciemnozielonych torbach ze złotymi literami. Wielu londyńczyków chodzi tam choćby do dziecięcego fryzjera o niezwykłej cierpliwości, do olbrzymiego działu kart okolicznościowych i niemal zawsze przejdą przy okazji przez dział spożywczy, by kupić wspaniale dojrzały ser, dobre ciastko czy smaczny pasztet.

Wnętrze Harrodsa przypomina cudowne, samowystarczalne miasto detalicznego handlu. Można tu znaleźć wszystko, co pozwoli miłośnikowi zakupów przetrwać cały dzień, a nawet kilka dni. Przy większości wejść znajduje się informacja, gdzie można bezpłatnie dostać plan magazynu i listę specjalnych imprez danego dnia. W całym budynku rozmieszczone są liczne bary i restauracje. Jest tu salon kosmetyczny i sklep z artykułami dla zwierząt domowych, dział sukien ślubnych i najlepsze w Londynie stoisko z zabawkami, stoisko z wyrobami firmowymi Harrodsa i słodko pachnąca sala perfum, biuro sprzedaży biletów, gdzie można kupić bilet niemal na każdą imprezę i stoisko z ponad 150 gatunkami whisky, no i oczywiście niepowtarzalny dział spożywczy.

W pobliżu ulokowało się wiele sklepów w nadziei, że skorzystają z klienteli Harrodsa. Córka Benjamina Harveya wykorzystując zyski z Wielkiej Wystawy sprowadziła do rodzinnej firmy bławatnej doświadczonego znawcę jedwabiu, pułkownika Nicholsa. Sklep **Harvey**

Nichols jeszcze po tylu latach jest rajem dla kobiet: stroje wielkich projektantów mody i dodatki, stylowy salon spożywczy na piątym piętrze, bary i restauracje firmy Wickham & Associates. Bracia Gardinerowie przyjechali z Glasgow w 1830 r. i otworzyli naprzeciwko Harrodsa bardzo dziś znany sklep **Scotch House**, gdzie do tej pory kupić można tweedy i szkockie kraty.

Magazyn Harvey Nichols stoi na rogu Sloane Street, przy której mieszczą się liczne sklepy międzynarodowych projektantów mody, dorównujące klasą sklepom przy Old i New Bond Streets. Najnowszy sklep z haute couture mieści się przy Brompton Road. Sklepy z meblami i ubraniami tłoczą się też wokół **Conran Shop** (sklep Conrana) w budynku Michelina przy Brompton Cross, w miejscu skrzyżowania Brompton Road z Walton Street i Fulham Road.

W wielu z nich wprowadzono nowoczesny wystrój. Schody sygnowane przez Evę Jiricną, wymyślne balustrady, błyszcząco białe gipsowe ściany znajdziemy w sklepach **Joseph**, m.in. pod nr 16 i 26 Sloane Street. Architekt Stanton Williams przebudował sklep **Issey Miyake** pod nr 270 przy Brompron Road. ■

Magia Harrodsa w zimowy wieczór.

Tate Gallery of British Art

W STULECIE OTWARCIA W 1897 R. GALERIA TATE'A PRZECHODZI zasadnicze przemiany, które dobiegną końca w 2002 roku. Wspaniała kolekcja sztuki brytyjskiej od XVI w. do ok. 1900 – jedyna w swoim rodzaju – wypełni odnowiony i odrestaurowany budynek tu, na pn. brzegu Tamizy. Zbiory współczesnej sztuki świata znajdują się w odrębnej Galerii Tate'a w Bankside w Southwark, na pd. brzegu (zob. s. 216). Galeria Tate'a ma dwie filie: w Liverpoolu i w St. Ives w Kornwalii.

Tate Gallery of British Art

- Plan s. 167
- Millbank, SW1
- 0171-887 8000
- Metro: Pimlico

LOKALIZACJA I BUDYNEK

Historia galerii zaczyna się od momentu, gdy Henry Tate, XVIII-wieczny milioner cukrowy, podarował narodowi własne zbiory malarstwa wiktoriańskiego i trochę funduszy na budynek. Rząd po długich wahaniach z niechęcią przyjął dar Tate'a. Rozpętała się długa dyskusja, gdzie należy zbudować budynek na zbiory: w South Kensington, Blackfriars czy Millbank, gdzie grunty były dostępne najwcześniej. Pieniądze Tate'a wystarczyły na budynek Sidneya Smitha. Nowa galeria zastąpiła oktogonalne więzienie Millbank, jej budynek był zgodny z duchem oświecenia i propozycją Jeremy'ego Benthama, zaprojektowany przez Roberta Smirke'a i wzniesiony w latach 1812–21.

Neoklasycystyczna fasada, hall wejściowy i rotunda proj. Smitha były gotowe na dzień otwarcia. Potem oddawano kolejne części. Najbardziej znaczące było dobudowanie w 1899 r. dziewięciu galerii, centralnej kopuły i galerii rzeźby ufundowanej przez handlarza dzieł sztuki Josepha Duvena i jego syna w 1937 roku.

W 1983 r. otwarto restaurację Whistlera, gdzie pejzażowe malowidło ścienne Rexa Whistlera *Ekspedycja w poszukiwaniu rzadkiego mięsiwa* (1926–27) harmonijnie łączy sztukę z jedzeniem.

Clore Gallery Stirlinga i Wilforda otwarto w 1987 r. jako miejsce daru Turnera. Artysta zapisał

Grupa uczniów w jednej z sal Galerii Tate'a.

W Tate Gallery przy Millbank nadal będą mieściły się narodowe zbiory sztuki brytyjskiej.

narodowi ok. 300 obrazów, 20 tys. rysunków i prawie 300 szkicowników. Za zielonymi drzwiami Clore Gallery w ośmiu oświetlonych od góry salach wystawowych panuje naturalne światło, które nie niszczy delikatnych akwarel Turnera.

Centenary Development (jubileuszowy plan rozwoju), zapoczątkowany w 1997 r., ma powiększyć powierzchnię wystawową o jedną trzecią i spełnić marzenia Henry'ego Tate'a o wystawie sztuki brytyjskiej. Zbiory fundacji urosły błyskawicznie po 1916 r., kiedy muzeum otrzymało zadanie utworzenia zbiorów nowoczesnej sztuki światowej (która ma się teraz przenieść do Bankside). Galerie zostaną przerobione, wprowadzi się wiele ułatwień i zapewni bezpośredni dostęp do obrazów. Po tych zmianach w galerii będzie więcej miejsca na stałą ekspozycję.

KOLEKCJA

Obejmuje ok. 3500 obrazów, sztychów – w tym pochodzące z daru Turnera – i rzeźb. Co roku przybywają nowe dzieła.

Naiwna formalność portretów epoki Tudorów i Stuartów widoczna jest w obrazie *Cholmondeley Sisters* (1600–10), przedstawiającym dwie siostry urodzone, wydane za mąż i uśmiercone równocześnie, a także w *Portrait of a Lady* (1565–1568) Hansa Ewortha. Niezwykły jest obraz Edwarda Colliera *Trompe l'oeil of Newspapers...* (1695–1700).

W XVIII w. malarze brytyjscy powrócili do idei Oświecenia. Obrazy Williama Hogartha pokazują jego służących (ok. 1750–1755). Znajdują się tu obrazy Stubbsa *Koń pożarty przez lwa* (ok. 1760) i *Żniwiarze i kosiarze* (1785), Reynoldsa *Three Ladies Adorning a Term of Hymen* (1774) i liczne płótna Gainsborough, w tym cudowny *Wielebny John Chaffy grający na wiolonczeli na wolnym powietrzu* (1750–1752) i późniejsza zachwycająca *Giovanna Baccelli* (ok. 1782).

Malarstwo brytyjskie w XIX w. rozwijało się w wielu kierunkach,

David Hockney, *A Bigger Splash* (1967).

w Galerii Tate'a są przykłady każdego z nich. Wielkiego wizjonera, poetę i malarza Williama Blake'a reprezentują jego ilustracje do *Raju utraconego* Miltona i wiele innych. Wśród licznych obrazów Johna Constable'a znajduje się bardzo lubiany *Młyn Flatford* (1816–1817) i *Otwarcie mostu Waterloo* (1832). Wielki zbiór świetlistych obrazów olejnych i akwarel Turnera wypełnia Clore Gallery. Malarstwo prearafaelitów obejmuje najbardziej znane obrazy: *Kwietniowa miłość* (1855–1856) Arthura Hughesa, *Ofelia* (1851–1852) Johna Millaisa, *Dzień Derbów* (1856–1868) Williama Fritha i *Przebudzenie świadomości* (1853) Williama Holmana Hunta.

Oryginalność i różnorodność tematów kontynuowana jest w XX wieku. Wśród mistycznych obrazów Stanleya Spencera znajduje się *Swan Upper at Cookham* (1914–1919). Równie silne wrażenie wywierają dzieła Francisa Bacona.

Ostatnio zakupy współczesnej sztuki brytyjskiej przez Galerię Tate'a wywołały polemikę wokół charakteru niektórych dzieł (cegły, pokawałkowane zwierzęta itd.). Wiele dzieł uważanych obecnie za reprezentatywne dla danego okresu było otwarcie kwestionowanych w chwili zakupu. Patrząc na klasyczne już prace Anthony'ego Caro, Richarda Hamiltona i Davida Hockneya, trudno zrozumieć, o co było całe zamieszanie. Dotyczy to również Edouarda Paolozzi, Franka Auerbacha, Luciana Freuda i Richarda Longa, a także biało-czarnej geometrii Bridget Riley i czystego koloru Howarda Hodgkina. W przyszłości zwiedzający ocenią ciągle kontrowersyjnego Damiena Hirsta.

Poza sztuką nowoczesną w zbiorach Tate'a znajdują się dzieła sporządzone na papierze – od akwarel z XVIII w. do druków powojennych. Są tu także przykłady wyjątkowych brytyjskich osiągnięć w rzeźbie, szczególnie Henry'ego Moore'a i Barbary Hepworth.

Nowa galeria będzie miała cztery samodzielne działy. Dzieła niektórych artystów brytyjskich, takich jak Hogarth, Constable, prerafaelici i Bacon będą wystawiane stale; inne rotacyjnie. Częściej eksponowane będą dzieła na papierze, rzeźby znajdą się w Galerii Duveen, a także w głównych przestrzeniach wystawowych. Nowe galerie w podziemiu będą miejscem wystaw okresowych, których eksponaty pochodzą ze zbiorów Tate'a. Niemal zawsze można będzie oglądać krajobrazy Londynu, jak np. *Cecil Court, London WC2* Amerykanina Kitaja albo *Przęsło Mostu Westminsterskiego* Samuela Scotta. ■

W zachodnim Londynie leżą eleganckie domy proj. Adama otoczone parkami, ogród botaniczny Kew i pałac Hampton Court, równie atrakcyjne dla dzisiejszych londyńczyków, jak dla dawnych władców i arystokratów, którzy je wybudowali.

Londyn zachodni

Insygnia królewskie na głównej bramie do ogrodów Kew.

Londyn zachodni

OD CZASU TUDORÓW PO XX W. GŁÓWNĄ TRASĄ WYJAZDOWĄ Z LONDYNU była Tamiza. Lądowe drogi były wyboiste i niebezpieczne, jeździło się po nich wolno. Królowie, królowe, arystokraci i zamożni kupcy płynęli w górę rzeki przy akompaniamencie muzykantów, mijali wioski rybackie, sady, ogrody warzywne i niewielkie stocznie, dążąc do swoich wiejskich siedzib. Mniej zamożni londyńczycy wsiadali na statki wycieczkowe, wyprawiając się na cały dzień w górę rzeki do licznych tawern nad wodą w Chiswick, Kew i Richmond. Większość wspaniałych budowli i ogrodów powstała nad rzeką lub w jej pobliżu. Jeszcze dzisiaj najprzyjemniej dojechać do nich statkiem (zob. s. 53).

Te wiejskie niegdyś posiadłości otoczone obecnie miejską zabudową tworzą teraz oazy zieleni.

W miejscu, gdzie Tamiza zaczyna skręcać na południe. (zob. plan s. 46), po obu jej stronach zachowały się duże połacie leśnych terenów. W samym zakolu znajdują się otwarte przestrzenie Barnes Common i sąsiedniego Putney Lower Common; nadbrzeżny pas zieleni biegnie aż do mostu Putney. Wimbledon Common i Putney Heath stanowią razem największy teren zielony w Londynie, 424 ha porośniętych trawą, wrzosem i jałowcem, laskami dębowymi i brzozowymi, dzikimi kwiatami. Żyje tu też wiele gatunków ptaków. Dalej w górze rzeki leży Richmond Park, o pow. 943 ha, największy z królewskich parków Londynu, a także ważny rezerwat przyrody w pd. Anglii. Jest to mieszanina łąk, lasów, jezior, bagnisk; rośnie tu ponad 200 tys. drzew, niektóre to ostatki starych puszcz, niegdyś otaczających Londyn.

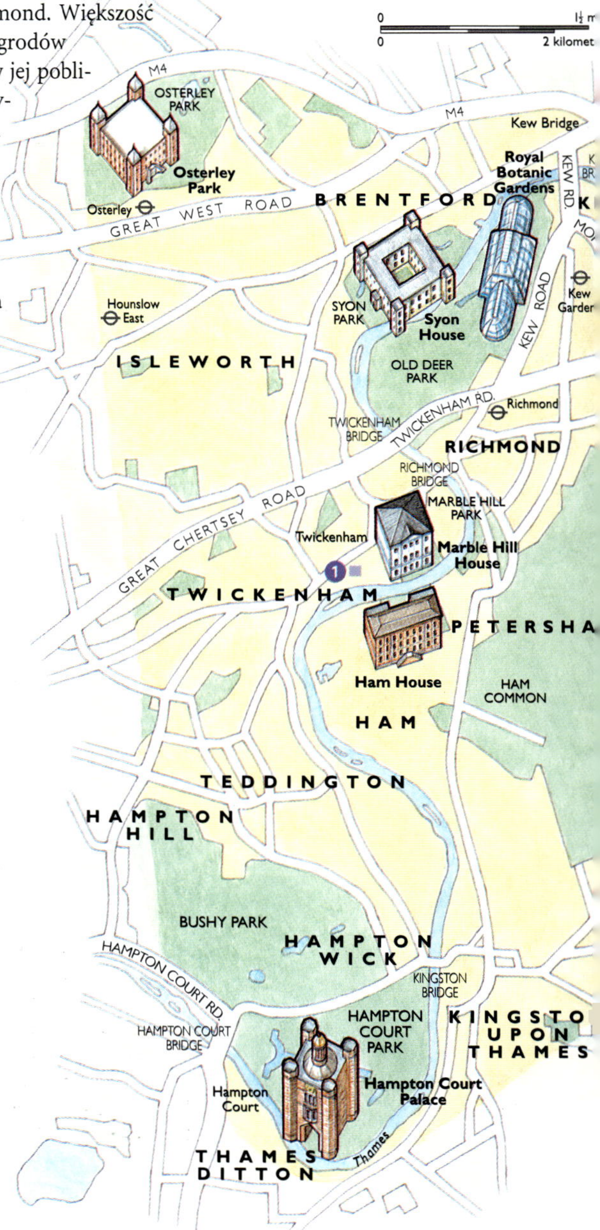

Żyją tu stada saren, danieli i jeleni, rozciągają się plantacje azalii i rododendronów i przez zasłonę drzew roztaczają się malownicze widoki na Tamizę.

Dalej nad rzeką leży wspaniale rozplanowany Royal Botanic Gardens (Królewski Ogród Botaniczny) w Kew ze szklarniami, jeszcze bardziej w górę rzeki Ham House z XVII w. w Twickenham. Za pomocą oryginalnych planów i zachowanych roślin udało się zrekonstruować część ogrodu. Warto obejrzeć równe trawniki, dzikie zakątki obrośnięte ścianą grabów, piękne klony i sad wiśniowy z ziołami i żywopłotami z cisu.

Za tym zakolem Tamizy wszystkie tereny wokół Chiswick House, Osterley Park, Syon House i Marble Hill House zabudowano w XVIII w. eleganckimi willami. Królewskie koneksje Richmondu czyniły tę okolicę bardzo popularną, podobnie jak modne wówczas prospekty, czyli widoki rozciągające się z Richmond Hill. Bo w istocie z każdej willi powinny rozciągać się niepowtarzalne widoki, a zarówno Syon House, jak i Marble Hill House wychodziły na Tamizę.

Innym celem projektantów było kontrolowanie i poprawianie natury. Królewski ogrodnik Charles Bridgeman i poeta Alexander Pope zaprojektowali ogrody Marble Hill i wspólnie z Williamem Kentem pracowali z lordem Burlington w Chiswick. Do Syon House rodzina Northumberlandów sprowadziła Capability Browna, który stworzył jeziora i założył ogród różany, posadził też wiele drzew jak cypryśnik błotny i dąb bezszypułkowy. Bankier Francis Child upiększył płaską, pozbawioną widoków posiadłość Osterley wprowadzając budowle ogrodowe i sadząc dużo drzew – w tym posępne, ciemne cedry między domem a jeziorem. Jezioro przyciąga teraz perkozy dwuczube, siewki, potrzeszcze, pustułki, zimorodki i inne ptaki.

W Kingston rzeka ponownie skręca na północ, co widać na planie. Tym razem całe zakole zajmuje pałac Hampton Court, ogrody obejmują m.in. odrestaurowany ogród holenderski, park pełen zwierzyny płowej i cudownie dziki Bushy Park. W takiej scenerii znaleźć można jedne z najbardziej specyficznych atrakcji Londynu – wiejskie rezydencje królów i arystokratów. ■

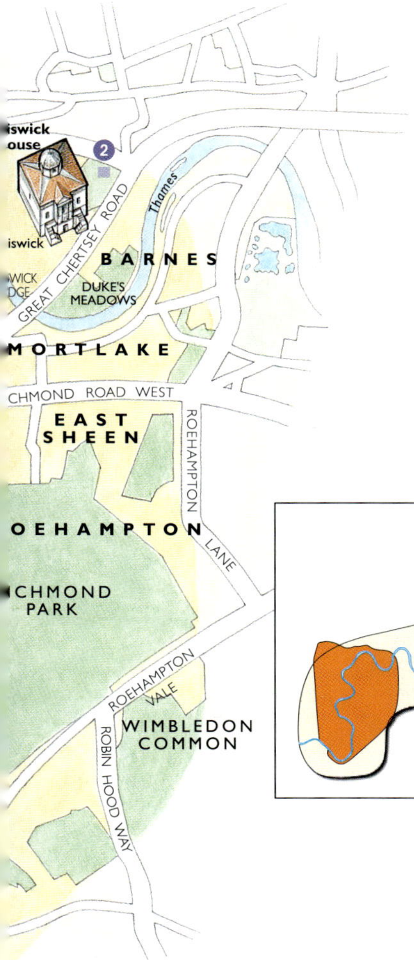

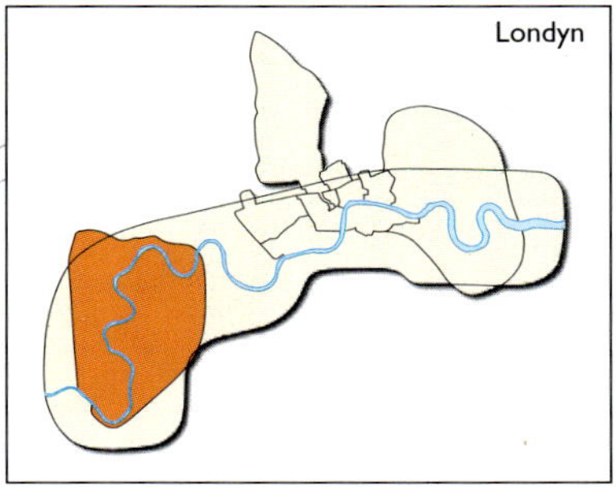

LONDYN ZACHODNI (WEST LONDON)

1. Orleans House Gallery
2. Dom Hogartha

Na sąsiedniej stronie: Spiralne schody w wiktoriańskiej palmiarni. Poniżej: Gigantyczne liście tropikalnej lilii o nazwie wiktoria królewska.

Royal Botanic Gardens, Kew

KRÓLEWSKI OGRÓD BOTANICZNY W KEW TO ŻYWE MUzeum wspaniałych roślin, krajobrazów, budowli i posągów. 120-hektarowy ogród przeróżnych drzew i roślin z całego świata stanowi część prawie stuletniego botanicznego instytutu badawczego. Zwiedzający mogą podziwiać 50 tys. gatunków roślin i cieplarnie pełne lilii i orchidei.

Royal Botanic Gardens

Plan. s. 178

Kew, Richmond, Surrey

0181-940 1171. Automatyczna informacja również o kwitnących roślinach.

Niektóre tereny czasowo nieczynne. Queen Charlotte's Cottage: zamknięte pon.–pt. i X–III.

$$

Kolejka lub metro do Kew Gardens, potem pieszo; statek – zob. s. 53

Jednak nie trzeba mieć botanicznej wiedzy, żeby zachwycać się pięknem ogrodu. Jego początkiem były dwie odrębne posiadłości. Część zach. przylegająca do rzeki należała do wiejskiego domu Jerzego II i królowej Karoliny – White Lodge w dobrach Richmond. Capability Brown był twórcą jeziora i doliny, obsadzonej teraz rododendronami. Część wsch. to pierwotna 3,5-hektarowa posiadłość Kew; w tamtejszym pałacu mieszkała księżna Augusta, wdowa po księciu Fryderyku. Pałac Kew zbudował w 1631 r. kupiec holenderskiego pochodzenia. W 1759 r. księżna zajęła się ogrodnictwem. Jej głównym ogrodnikiem był William Aiton, botanikiem lord Bute, a budowniczym William Chambers. W 1761 r. Chambers zaprojektował oranżerię, obecnie jest tu Tea House (herbaciarnia), i pagodę, symbol ogrodów Kew. Na narożach balustrad pagody zaprojektowanej pod wpływem podróży Chambersa do Chin ustawione były niegdyś smoki.

Jerzy III, który wstąpił na tron w 1760 r., odziedziczył obydwie posiadłości po matce, księżnie Auguście, i po dziadku Jerzym II. Jerzy III mieszkał w maleńkim pałacyku Kew i wkrótce zatrudnił Josepha Banksa do powiększenia

i przekształcenia obydwu połączonych ogrodów. Podczas podróży z kapitanem Cookiem Banks kolekcjonował okazy roślin, a potem wysyłał ogrodników po następne.

Ogród powiększono, a w 1841 r. przekazano go państwu. Dyrektorem był William Hooker, który założył dział praktycznej botaniki, muzea, herbarium i bibliotekę. W 1844 r. postawiono w Kew pierwszą, wykonaną na zamówienie cieplarnię (zob. poniżej). Później W.A. Nesfeld, który pracował również w Regent's Park, wytyczył cztery wielkie perspektywy: Pagoda Vista, Broad Walk, Holly Walk i Cedar Vista. Zaprojektował także jezioro i staw. Jego syn, W.E. Nesfeld, jest twórcą zachwycającej Temperate House Lodge (1866–1867); był to jeden z pierwszych budynków w Londynie przywracający styl królowej Anny. Warto zwrócić uwagę na subtelne detale wysokich kominów.

W Kew jest co oglądać w każdej porze roku. A zawsze dobrze zacząć zwiedzanie od Oranżerii. Potem można poddać się magii perfekcyjnego ogrodu. Wiosną kwitną tu krokusy, żonkile, tulipany i dzwonki, szczególnie wokół domku królowej Charlotte. Wczesnym latem wśród drzew i krzewów wyróżniają się azalie, magnolie, rododendrony i kwitnące wiśnie. Z końca alejki azalii piękny widok na Syon House. Po wspaniałych barwach jesieni kwitnie zimowy prunus, do oglądania jest ogród Heath wokół Pagody i cieplarnie. O każdej porze roku robią wrażenie perspektywy Nesfielda, podobnie jak zagajniki wierzb, buków i brzóz. Przy każdym drzewie tabliczka z krajem pochodzenia. ■

Na sąsiedniej stronie: Krokusy zwiastują nadejście wiosny.

Pagoda w Kew wprowadza chiński akcent do XVIII-wiecznego Londynu.

Cieplarnie w Kew

Jest ich siedem. Powstały prawdopodobnie pod wpływem olbrzymiej Great Conservatory w Syon House (zob. s. 185). Pierwszą ogrodową cieplarnią był Aroid House zaprojektowany przez Nasha w 1826 r. jako pawilon ogrodowy pałacu Buckingham. Jednak palmiarnię zaprojektowali specjalnie w latach 1844–48 Decimus Burton i Richard Turner. Wysmukła sylwetka z lanego żelaza sprawia, że jest to najładniejsza konstrukcja ze szkła i żelaza w Anglii. Powstała trzy lata wcześniej niż Crystal Palace Paxtona. W 1852 r. zbudowano pawilon lilii wodnych, potem pawilon umiarkowanych temperatur Burtona wzniesiony w latach 1860–1898 jako największa cieplarnia na świecie. Znacznie późniejsza, bo pochodząca z 1987 r., cieplarnia księżnej Walii ma dziesięć stref klimatycznych i zastępuje 26 starych szklarni. ■

Osiemnastowieczne wiejskie rezydencje

UMIŁOWANIE MALOWNICZOŚCI, SZCZEGÓLNIE PIĘKNYCH perspektyw sprawiło, że ładny odcinek brzegu Tamizy obejmujący wioski Chiswick, Richmond i Twickenham stał się ulubionym miejscem na budowę wiejskich rezydencji. Tereny te miały także królewskie asocjacje i były dostępne od strony rzeki, stanowiącej ulubioną trasę komunikacyjną.

Marble Hill House

Plan s. 178

Richmond Road, Twickenham

0181-892 5115

Zamknięte pon.–wt. i XI–III

$$

Metro: Richmond, potem pieszo przez most

TWICKENHAM

Wiele wiejskich rezydencji z XVIII w. zachowało się do dziś. **Marble Hill House** był jednym z pierwszych, zbudowany w latach 1723–29 dla metresy Jerzego II. Ta odrestaurowana, błyszcząca bielą palladiańska willa wychodzi na Tamizę pomiędzy Twickenham a Richmond. Za inspirację budowy domu i parku posłużyła klasyczna idea ziemskiego Elizjum, ożywiona w XVI-wiecznych willach włoskiego Veneto. Montpelier Row z ok. 1720 r. na pn. skraju parku to jedna z wcześniejszych, pełnych wdzięku uliczek Twickenham z szeregową zabudową. Ścieżką nadrzeczną przez lasek dochodzimy do oktogonalnego **Orleans House** Jamesa Gibbsa (1720) *(Riverside, tel. 0181-892 0221, nieczynne pon.)*, dość dobrze zachowanego. Na uliczkach Bell, Water i Church więcej starych domów, stąd też odchodzi prom do Ham House.

Marble Hill House, zbudowany dla Henrietty Howard, jednej z metres Jerzego II.

Chiswick House

Plan s. 179

Burlington Lane, Chiswick, W4

0181-995 0508

Dom zamknięty pon.–wt. X–III

Dom: $, ogrody bezpłatnie

Pociągiem do Chiswick, potem pieszo przez Burlington Lane

CHISWICK

W dół biegu rzeki za Kew Richard Boyle, trzeci earl Burlington i wielki koneser, zbudował w latach 1725–29 idealną palladiańską świątynię sztuki **Chiswick House**. W swoim miejskim domu, którego wewnętrzna część mieści dzisiaj Royal Academy, Burlington zerwał już z angielskim barokiem Wrena na rzecz lekkiego włoskiego stylu Palladia.

W Chiswick earl posunął się jeszcze dalej. Inspirowany budowlą Villa Capra proj. A. Palladia położoną w pobliżu Vicenzy, zbudował wspaniałą palladiańską willę z ogrodem. William Kent zajął się jej dekoracją i w dużym stopniu wpłynął na projekt ogrodu, jednego z najciekawszych w Londynie.

Ogród, podobnie jak dom, zrywa z geometrycznymi założeniami angielskiego baroku. Zmierza raczej w stronę swobodniejszych, choć równie kontrolowanych krzywizn Capability Browna, które rozwinęły się później w koncepcję angielskiego ogrodu pejzażowego. Wprawdzie samo założenie jest zasadniczo geometryczne z promieniście rozchodzącymi się alejkami, pewnej swobody nadaje mu wykorzystanie rzeźb, budowli ogrodowych i nierównomiernie sadzonych wspaniałych drzew.

SYON I OSTERLEY

Obie rezydencje są imponujące. Pełen przepychu **Syon House** to kamienny budynek z XVI w., całkowicie przebudowany w 1761 r. przez Roberta Adama dla Hugha Smithsona. Adam nadzorował cały projekt, od architektury i subtelnych stiuków do złoceń, dywanów, plafonów, mebli, a nawet klamek. Większość zachowała się w idealnym stanie: kominki Matthew Boultona, ceramika Wedgwooda, jedwabie ze Spitafields. W 1827 r. dobudowano cudowny ogród zimowy proj. Charlesa Fowlera, łączący dom z ogrodami krajobrazowymi proj. Capability Browna z lat 1767–1773. Ogrody po raz pierwszy otwarto dla publiczności w 1837 r. Tradycję ogrodów zapoczątkowanych tutaj przez przyklasztorne sady kontynuuje się do dziś na łąkach należących do **London Butterfly House** *(tel. 0181-560 7272)*.

Adam stworzył w tej części Londynu inne arcydzieło: **Osterley Park** *(tel. 0181-560 3918)*. Również tutaj przerobił budowlę z XVI w. na palladiańską rezydencję dla bankierów z City, Francisa i Roberta Childów. Obecnie wielki portyk Adama prowadzi do amfilady komnat ozdobionych gobelinami. ■

Syon House

- Plan s. 178
- Brentford, Middlesex
- 0181-560 088
- Zamknięte pon.–wt. XI–III
- $$, ogrody tylko $
- Pociąg lub metro do stacji Kew Bridge, potem autobus 237 albo 267

Przedsionek w Syon House.

Meble z muzeum V & A podkreślają wspaniałość komnat Ham House z XVII wieku.

Ham House

JEDNA Z WCZEŚNIEJSZYCH I PIĘKNIEJSZYCH WIELKICH rezydencji Londynu. Od 1949 r. bardzo starannie zarządzana przez National Trust, umeblowana meblami wypożyczonymi z V & A. Dom wzniesiony w 1610 r. dla Thomasa Vavasoura, marszałka Jakuba I, został zasadniczo przebudowany w latach 1673–1675 przez Williama Samwella dla Elżbiety, hrabiny Dysart, i jej drugiego męża Johna Maitlanda, diuka Lauderdale, który przez jakiś czas po Restauracji był faktycznym władcą Szkocji. Stworzyli wspólnie iście pałacową barokową rezydencję. Trust całkowicie odrestaurował dom i ogród na podstawie starych zapisków i planów, możemy więc zorientować się, jak naprawdę wyglądało życie w wielkim domu w Anglii w XVII w.

Ham House

Plan s.178

Richmond, Surrey

0181-940 1950

Zamknięte niedz.–wt.

$$

Pociągiem lub metrem do Richmond, potem autobusem 65 lub 71

Fasada to trzy proste kondygnacje z cegieł z kamiennymi dekoracjami. Jednak popiersia w owalnych niszach pozwalają się domyślać tego, co nastąpi.

Wewnątrz dwukondygnacyjny wielki hol z galeriami, plafon Josepha Kinsmana z pierwotnej budowli z lat 1637–1638. Jest tu także malowany przez Reynoldsa w 1775 r. portret Elżbiety hrabiny Dysart. Plafony w wielu pomieszczeniach parteru malował neapolitański artysta Antonio Verrio, na ścianach jadalni wiszą skórzane zasłony, a w prywatnym gabineciku hrabiny oryginalne wyposażenie. W ubieralni lady Maynard na piętrze dwa wczesne obrazy Constable'a. W gabinecie miniatur prace Hilliarda i Coopera, a w pn. salonie angielskie gobeliny z wyobrażeniami poszczególnych miesięcy, prawdopodobnie tkane w Soho ok. 1700. W Długiej Galerii, której wystrój pochodzi z 1639 r., wart uwagi zespół portretów z XVII w. w oryginalnych złoconych ramach z epoki. W gabinecie królowej plafon Verria, płaskie marmurkowane powierzchnie, wczesny przykład dekoracji typu scagiola wokół kominka i barokowe żłobienia na boazerii. Wracamy przez amfiladę komnat i udajemy się do ogrodu, który trzeba zobaczyć koniecznie (zob. s. 179). ■

Hampton Court Palace

PAŁAC HAMPTON COURT DLA TURYSTY JEST NAJCIEKAWSZY ze wszystkich pałaców królewskich w Londynie: są tu dwa zespoły komnat królewskich (kameralne z okresu Tudorów i reprezentacyjne proj. Wrena), liczne ogrody (Tudorów, holenderski, Labirynt) i dwa wspaniałe parki (Hampton Court i Bushy). Nad zachowaniem tych zabytków pracuje teraz olbrzymi zespół specjalistów.

DZIEJE PAŁACU

Pałac powstał w XII w. jako siedziba oficjalistów otoczona fosą. W 1514 r. miał już wewnętrzny dziedziniec. W tym samym roku Thomas kardynał Wolsey, lord kanclerz Henryka VIII wydzierżawił go na swój wiejski dom. Dodał większość tudorowskich budowli, które stoją do dziś: 44 mieszkania dla gości w Base Court, trzy kondygnacje komnat specjalnie na cześć wizyty Henryka VIII w 1525 r., długą galerię i wspaniałą kaplicę.

Kiedy Wolsey utracił łaski w 1528 r., Henryk VIII przejął ten gotowy pałac. Natychmiast rozbudował kuchnie, a w latach 1532–35 dodał Wielką Sień. Jego córka Elżbieta dobudowała kolejne kuchnie. Ze wszystkich 60 monarszych rezydencji Tudorów jedynie Hampton Court mógł pomieścić cały 1000-osobowy dwór. Jednak na gościach największe wrażenie czyniły apartamenty królewskie, w większości już nie istniejące, zachowała się jedynie Wielka Sala Straży, kaplica i gabinet Wolseya.

Wilhelm i Maria po wstąpieniu na tron w 1689 r. dokonali tu zasadniczych zmian przy pomocy Christophera Wrena. Wren zaczął

Plan s. 178

East Molesey, Surrey

0181-781 9500

Pałac i ogrody: $$$, same ogrody: $$

Pociągiem do Hampton Court, potem pieszo przez most. W lecie statkiem z przystani Waterloo (zob. s. 53)

Uwaga: Pałac proponuje szeroki program tras, wykładów i specjalnych imprez.

Wolsey rozbudował Hampton Court na taką skalę, że Henryk VIII wziął pałac dla siebie, kiedy kardynał utracił królewskie łaski.

Ślepe alejki i zaułki w Labiryncie.

Trasa 2: Wilhelm i Maria

Zaczynamy od Fountain Court, wchodzimy wielką klatką schodową malowaną przez Williama Kenta w 1735 roku. Queen's Presence Chamber prowadzi do jadalni dla gości, a potem do pokoju audiencji królowej (z baldachimem tronowym), do salonu, sypialni (łóżko zrobione dla królowej Karoliny w 1715 r.), galerii i gabinetu.

Schodzimy w dół bocznymi schodami, wracamy na dziedziniec zegarowy, żeby zwiedzić apartamenty królewskie. Wchodzimy monumentalnymi schodami królewskimi, udekorowanymi alegorią dobrego rządu Wilhelma III namalowaną przez Verria, dochodzimy do komnaty gwardii, gdzie składowano 3000 sztuk broni.

W sali audiencyjnej znajduje się oryginalny tron, konny portret króla pędzla Godfreya Knellera i gobeliny wykonane do pałacu Whitehall Henryka VIII. Dalej dochodzimy do wielkiej królewskiej jadalni, Privy Chamber, saloniku, wielkiej sypialni i gabinetu. Bardziej prywatne apartamenty króla ciągną się jeszcze dalej na dole. ■

Ogrody Hampton Court

Ogrody z okresu Tudorów, baroku i królowej Wiktorii są obecnie wspaniale utrzymywane przez 41 ogrodników. Niewiele zachowało się z wielkich założeń ogrodowych Henryka VIII: jedynie odosobnione Knot i Pond Gardens. W Pond Garden Henryka (1536) istniały ozdobne stawy rybne, pełne jadalnych ryb do kuchni. Wielka winorośl wyrosła z odnóżki odciętej w 1768 r. z matecznej rośliny. W pobliskiej Mantegna Gallery można obejrzeć jego scenografię do *Triumfów Cezara* (ok. 1486–1494). 1,2-hektarowy prywatny ogród Wilhelma przywrócono obecnie do stanu z 1702 r., łącznie z kwiatami, krzakami i 33 tys. roślin doniczkowych. Wren zaprojektował nadbrzeżny Banqueting House, a Jean Tijou żelazne bramy. Warto też zobaczyć żywopłotowy Labirynt, posadzony po raz pierwszy w 1690 r., i Wilderness, gdzie posadzono milion cebulek. Za Long Water w Home Park żyje 300 jeleni – potomstwo stad Henryka VIII. Tutaj co roku w lipcu odbywa się pokaz kwiatów Hampton Court Palace Flower Show. ■

Na wschód od City Tower of London, georgiańskie Spitafields i wesołe targowiska East Endu prowadzą do odrodzonych Doklandów, a dalej do Kopuły Milenijnej i Greenwich.

Londyn wschodni

Współczesna rzeźba w nowoczesnej scenerii londyńskich Doklandów.

Londyn wschodni

EAST LONDON STANOWI SWOISTE PRZECIWIEŃSTWO PEŁNEJ STIUKÓW Belgravii i sklepów z dziełami sztuki w St. James's. Średniowieczna Tower of London w dalszym ciągu co wieczór zamyka swe wrota przed londyńskim tłumem. Dalej w dole rzeki wspaniałościom królewskiego pałacu i parku w Greenwich dorównuje muzeum morskie i statki. A pośrodku East End kipi witalnością jak wtedy, gdy zbudowano zamknięte doki, by sprostać gwałtownemu rozwojowi handlu, który nastąpił po rewolucji przemysłowej.

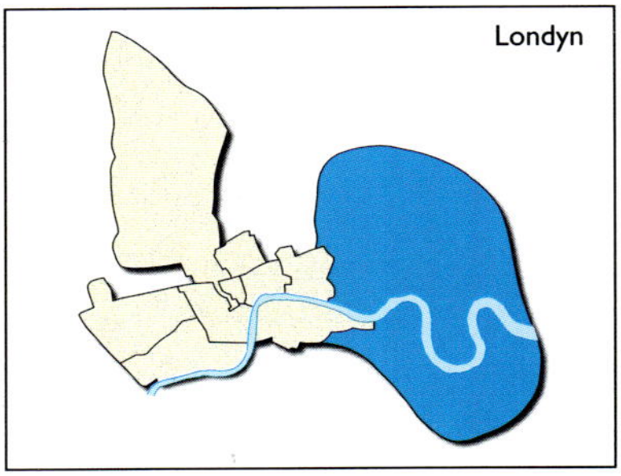

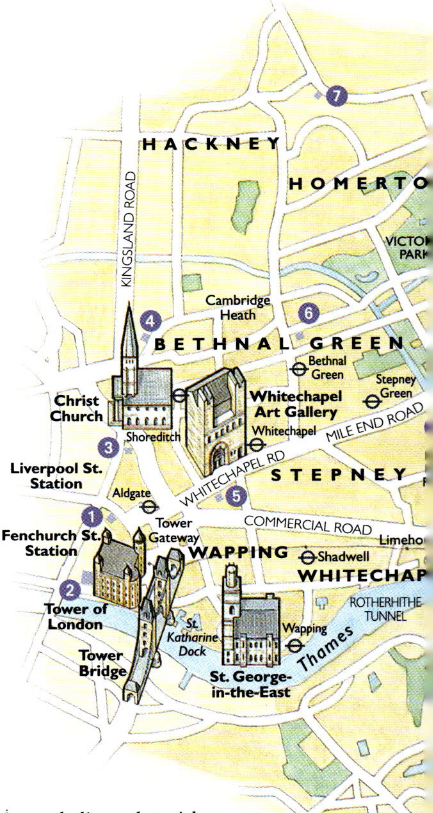

Romantyzm zatłoczonego, ubogiego, ale pełnego humoru East Endu – cockneyów mówiących rymowanym londyńskim slangiem, perłowych królów i music-halli – zrodził się w XIX wieku. Starsze partie dzielnicy takie jak Spitafields i Whitechapel, wioski Hackney i Limehouse zostały wchłonięte przez gigantyczną wiktoriańską rozbudowę miasta. Mężczyźni i kobiety pracowali w dokach i przy budowie statków, wyrobie mebli czy w odlewni dzwonów Whitechapel przygotowującej dzwony dla licznych wiktoriańskich kościołów Londynu. Produkowali piwo, handlowali na ulicznych targowiskach i zabawiali tłumy w music-hallach. Tutaj swój sceniczny debiut w music-hallu Royal Cambridge miał Charlie Chaplin. Rząd stworzył dla mieszkańców „zielone płuco" – Victoria Park, a dobroczyńcy i misjonarze uruchomili Ragged School (szkoła dla biednych).

Obecnie na East Endzie, który trochę przycichł po zamknięciu doków, pojawiło się wiele ciekawych miejsc do odwiedzenia.

Spitafield, skupiony wokół Christ Church, stanowi obecnie mieszaninę nowej klasy średniej przemysłu konfekcyjnego, restauracji i meczetów.

Wokół Whitechapel Art Gallery skupia się duża społeczność artystów, mieszkających w okolicznych tanich i nieużywanych magazynach. Część dawnych przytułków w Bethnal Green stała się siedzibą Geffrye Museum. Teatr variétés Hackney Empire gra przy pełnej widowni, a tuż za rogiem National Trust utrzymuje jeden z nielicznych zachowanych domów kupieckich z XVI wieku. Kilka ulic na wschód od parku Victoria muzeum V & A ma swoją placówkę: Museum of Childhood (Muzeum Dziecińśtwa) w Bethnal Green.

Nad samą Tamizą w 1981 r. rozpoczęto przebudowę 20-kilometrowego pasa nieużywanych już doków. Okazało się to przedsięwzięciem udanym i opłacalnym, jak ewidentny sukces St. Katharine Dock (doku św. Katarzyny), lotnisko London City, apartamenty Cascades i zatykający dech w piersiach wieżowiec Canary Wharf.

Zabudowa Doklandów trwa, a nowe projekty ożywią jeszcze bardziej większe partie starych doków. Na Isle of Dogs, gdzie w ciągu pierwszych 20 lat dominowała budowa biur i mieszkań, będzie teraz Muzeum Docklandów przy West India Docks. Dalej na wsch., przy Royal Victoria Docks zaplanowano Excel – Międzynarodowe Centrum Wystawowe Londynu. Jeszcze dalej na wsch. w Royal Albert Dock – Regatta Center, czyli centrum żeglarstwa. Stojący w Greenwich żaglowiec *Cutty Sark* ma być odrestaurowany, a na cyplu Greenwich stanęła największa na świecie kopuła – Millenium Dome. ■

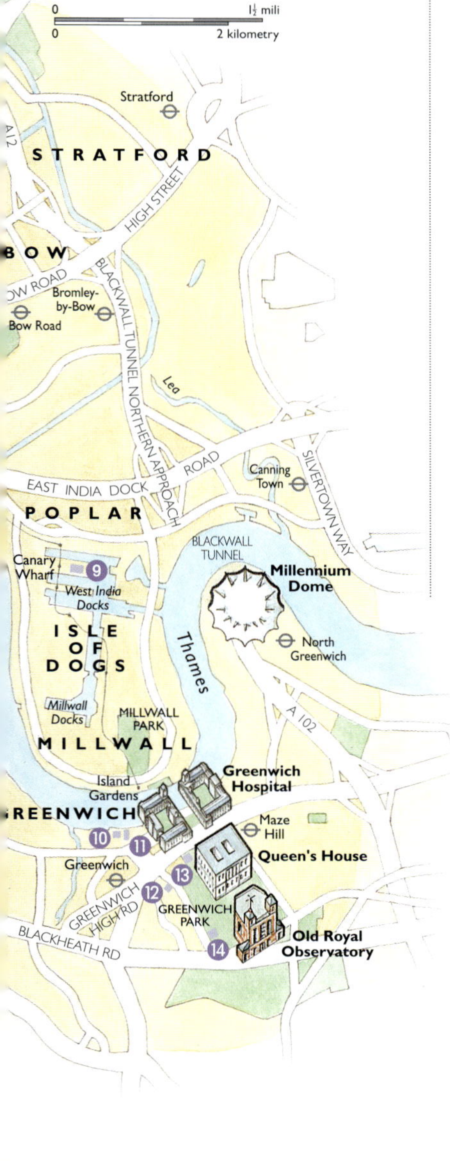

Wnętrze domu Dennisa Saversa świadczy o wygodnym życiu osiemnastowiecznego kupca.

LONDYN WSCHODNI (EAST LONDON)

❶ Synagoga hiszpańska i portugalska ❷ Kościół All Hallows koło Tower ❸ Dennis Savers's House ❹ Geffrye Museum ❺ Bell Foundry Whitechapel (odlewnia dzwonów) ❻ Childhood Museum w Bethnal Green ❼ Sutton House ❽ Ragged School Museum ❾ Wieżowiec Canary Wharf ❿ *Gypsy Moth IV* ⓫ Żaglowiec *Cutty Sark* ⓬ Fan Museum ⓭ National Maritime Museum ⓮ Ranger's House

Tower of London

Tower of London
- Plan s. 192
- 0171-709 0765
- $$$
- Metro: Tower Hill albo Monumet (by przyjrzeć się usytuowaniu całości) i piechotą przez City

Kościół All Hallows koło Tower
- Plan s. 192
- Byward Street, EC3
- 0171-481 2928
- Zamknięty dla zwiedzających niedz. do południa
- Opłata dowolna
- Metro: Tower Hill

LONDYŃSKA TOWER, NAJLEPIEJ ZACHOWANY BRYTYJSKI średniowieczny fort wtłoczony między smukłe wieżowce City, zapomniany przez większość londyńczyków, ale zawsze popularny wśród turystów. W istocie Tower to nie jest tylko fort, jest tam pałac, więzienie, miejsce egzekucji, kaplice i muzea. Od czasów Wilhelma Zdobywcy, który rozpoczął jej budowę zaraz po swoim podboju w 1066 r. Tower zawsze służyła królom. Obecnie obejmuje 7,2 ha powierzchni i jest najmniejszą dzielnicą Londynu, jej mieszkańcy to 18 rodzin.

Początkowo Tower miała być tymczasową fortecą, wzniesioną przez Wilhelma do pilnowania niegodnych zaufania kupców z City. Zbudował ją pomiędzy murami saskimi i zachowanym wysokim murem rzymskim. Później wzniósł White Tower (Biała Wieża), którą ukończyli Wilhelm II i Henryk I. Warownia z kamienia z Caen we Francji ma ściany wysokości 27 m i 4,5 m grubości, wewnątrz jest miejsce na trzy studnie, salę bankietową, salę rady, maleńką kaplicę św. Jana, loch i więzienie. Henryk I zbudował także drugi kościół w Tower: St. Peter ad Vincula. Ostatni król normański Stefan był pierwszym, który zamieszkał w Tower.

Henryk II dobudował kuchnie, piekarnie i areszt. William Longchamp, wierny sługa Ryszarda II, dodał część murów, Bell Tower, Wardrobe Tower i kanał, kiedy król był na wyprawie krzyżowej.
Książę Jan oblegał Tower, został

H.M.S. Belfast
020-7940 6300
Nieczynny XI–II
Prom z przystani Tower
$$

Z poziomu ulicy widoczne są: mury zewnętrzne i mury wewnętrzne Tower, a w głębi wieżyczki Białej Wieży.

królem i dodatkowo wzmocnił mury. Henryk III zaczął budować mury wewnętrzne, fosę, własną bramę wodną i pałac królewski. Pobielił Białą Wieżę i zaczął zakładać zwierzyniec – król Norwegii podarował mu niedźwiedzia polarnego, który chodził na smyczy łowić ryby w Tamizie. Edward I ukończył zach. część wewnętrznych murów i mury zewnętrzne z Byward Tower i Traitor's Gate (Brama Zdrajców). Przeniósł tu z Westminsteru mennicę i klejnoty koronne.

Od tamtych czasów niewiele dodano: kopuły z XIV w., domy o konstrukcji szkieletowej z czasów Henryka VIII i dwa koliste bastiony na Tower Green oraz koszary z 1840 roku.

Tower była świadkiem hucznych zabaw i wielkich okropności. Henryk IV zainicjował tu Ceremony of the Bath w 1399 roku. Za panowania Henryka VI diuk Exeter urządził tu koło tortur. Edmunda Campiona, angielskiego jezuitę męczennika (1540–1581) rozciągano na nim trzykrotnie. Edward IV York bawił się i urządzał pikniki na trawnikach Tower. Kiedy Ryszard III w 1483 r. pojechał na koronację, w Bloody Tower (Krwawa Wieża) zamordowano jego dwóch bratanków. Potem nastała dynastia Tudorów: Henryk VIII zgładził tutaj dwie swoje żony, Annę Boleyn i Katarzynę Howard. Thomas Cromwell, arcybiskup Laud i wielu innych aż do lorda Lovata w 1747 r. tracili głowy na Tower Hill podczas publicznego widowiska. Księżniczka Elżbieta weszła najpierw przez Traitor's Gate, a później wyruszyła stąd na koronacyjną procesję w pozłacanej karocy. Potem Stuartowie: Jakub I, ostatni król, który mieszkał w Tower, obserwował z Lion Tower (Wieża Lwów) walki lwów i niedźwiedzi. Karol I zesłał do Tower sześciu członków parlamentu za zniewagę swego faworyta, diuka Buckingham. Przywrócony na tron Karol II odbył ostatnią paradę w Tower w 1661 r., na którą przygotowano całkiem nową kolekcję klejnotów koronnych, ponieważ poprzednie rozkradli zausznicy Cromwella.

ZWIEDZANIE TOWER

Kto przyjdzie wcześnie, może popędzić do skarbca i obejrzeć go w spokoju. Jednak najciekawiej jest przyjechać tu statkiem (zob. s. 53), ale wtedy za późno jest na skarbiec. Bilety podwójnego wstępu pozwalają wyjść na lunch przy Tower Wharf czy do pobliskiego St. Katharine Dock. Jeśli kolejki są za długie, warto zobaczyć pobliski kościół All Hallows, Tower Bridge (zob. s. 198), St. Katharine Dock lub popłynąć promem z przystani Tower na statek H.M.S. *Belfast* (zob. s. 209), a do Tower wrócić później.

TRASA

Przyjazd statkiem oznacza, że przepływamy pod London Bridge, gdzie niegdyś więźniowie, np. księżniczka Elżbieta, mogli oglądać głowy swoich poprzedników zatknięte na piki. Przyjście pieszo z City pozwala obejrzeć kościół All Hallows i spojrzeć na Tower ze wspaniałym wiktoriańskim mostem Tower w tle.

Wchodzimy na teren fortecy głównym wejściem przez Byward Tower w pd.-zach. narożniku. Można zwiedzać na własną rękę lub dołączyć do grupy oprowadzanej przez jednego ze strażników z Yeoman Warders, czyli Beefeaters, którzy strzegą Tower od 1485 roku.

Najlepiej zacząć od obejrzenia skarbca klejnotów koronnych w Waterloo Barracks. Aby tam dotrzeć, idziemy prosto, po prawej Brama Zdrajców, skręcamy w lewo, idziemy po schodach, mijając Tower

Green i dalej prosto. Wystawę klejnotów koronnych można obejść dwukrotnie, gdyż dość trudno zidentyfikować poszczególne insygnia. Mnóstwo tu błyszczących diamentów wielkości jajka: największy – Gwiazda Afryki (530 karatów) w berle Karola II, 2800 diamentów w koronie królowej Wiktorii, używanej podczas uroczystej inauguracji parlamentu i diament Koh-i-noor z Indii w koronie małżonka królowej. Wystawione są także ampulla i łyżeczka do namaszczenia władcy wykonane w 1399 r. oraz pięknie zdobiony barokowy talerz zrobiony dla Karola II.

Ze skarbca wracamy na Tower Green, żeby obejrzeć kościół St. Peter ad Vincula, miejsce egzekucji i pokoje w Bloody Tower (Krwawej Wieży), w których faworyt Elżbiety I Walter Raleigh spędził 13 lat. Następnie idziemy do oryginalnej warowni, White Tower (Białej Wieży), której najbardziej magiczne pomieszczenie to maleńka kaplica św. Jana (St. John's Chapel) na drugim piętrze. Na zewnątrz fragment rzymskiego muru prowadzi w dół do odwiecznej siedziby ośmiu kruków z Tower, które mają swego opiekuna – Raven Master (Mistrza Kruków).

Martin Tower to początek spaceru po murach przez wieże i mury Henryka II w dół, aż do Salt Tower (Wieża Solna). Warto zobaczyć kilka najlepszych komnat w średniowiecznym

Mistrz Kruków z jednym ze swych podopiecznych.

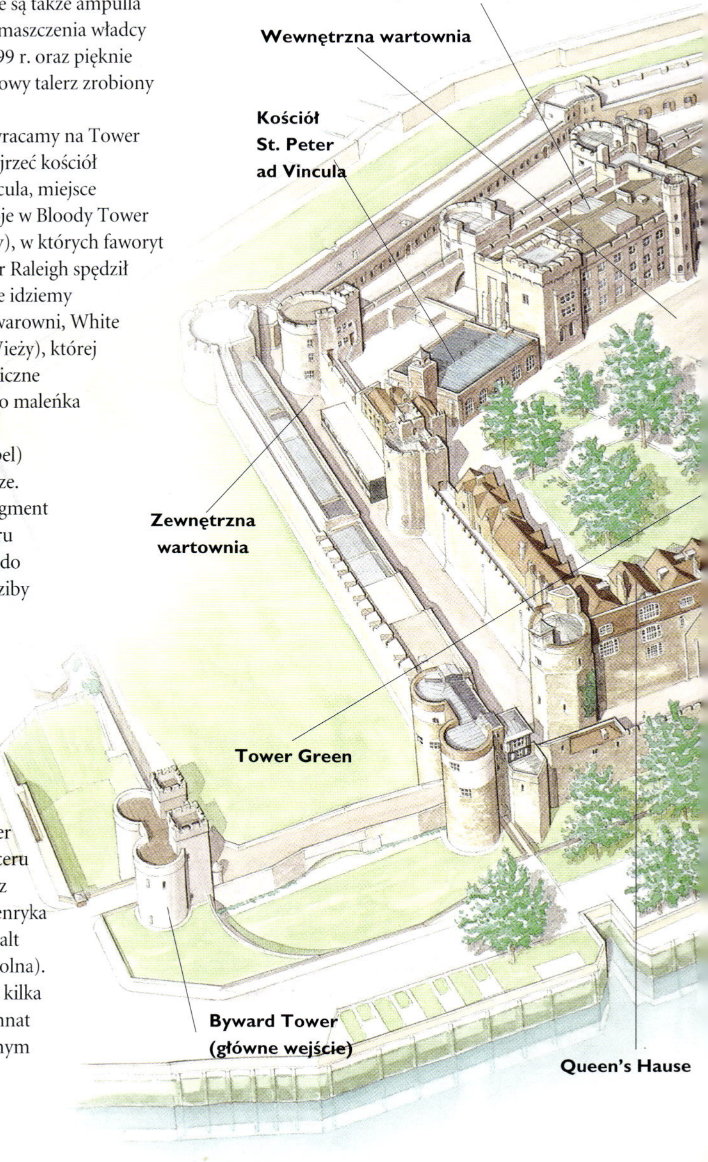

pałacu. Idziemy wzdłuż ściany pd. wychodzącej na rzekę; są tu wieże St. Thomas i Wakefield odrestaurowane tak, że można wyrobić sobie pojęcie o ich konstrukcji i prawdopodobnym wykorzystaniu za panowania Edwarda I. ■

Płaskie łuki w St. John's Chapel zdradzają normańskie pochodzenie Tower.

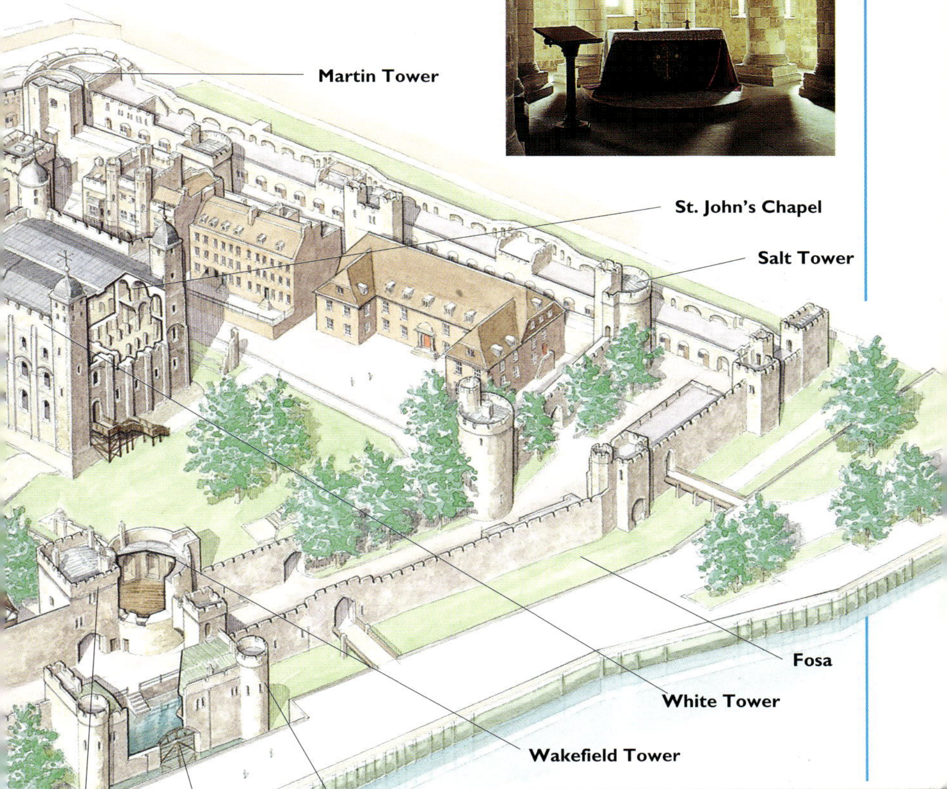

Brama Zdrajców – ponure powitanie więźniów przywożonych do Tower łodzią.

Most Tower na tle nowoczesnej zabudowy Doklandów.

Tower Bridge

JEDEN Z NAJNOWSZYCH MOSTÓW W LONDYNIE, JEGO budowę rozpoczęto w 1886 roku. Miał rozładować tłok na innych mostach w City i pozwolić dużym statkom wpływać do górnego basenu londyńskiego portu.

Tower Bridge

- Plan s. 192
- 0171-403 3761. Informacja o otwieraniu mostu: 0171-378 7700
- $$
- Metro: Tower Hill

Specjalny akt parlamentu z 1885 r. zezwolił na postawienie podwójnego mostu zwodzonego w stylu gotyckim, który pasowałby do pobliskiej Tower; szerokość kanału dla statków miała wynosić 266 m przy 40,5 m wysokości.

Most otworzył w 1894 r. książę Walii. Długość mostu wynosiła 240 m, a jego budowa kosztowała 800 tys. funtów.

W **Muzeum Tower Bridge** ekspozycja przedstawia historię powstania mostu oraz maszynownię, którą opalano węglem aż do 1976 r., kiedy wszystkie urządzenia zelektryfikowano. ■

Mechanika Tower Bridge

Pomimo gotyckiego wystroju most Tower był niezwykle nowoczesny. Dwie wieże mają stalową konstrukcję, obudowaną kamieniami, mieściła się w nich maszyneria hydrauliczna, podtrzymywały go 1000-tonowe przeciwciężary, zainstalowano także ruchome schody prowadzące na most dla pieszych. Przęsła po obu bokach zbudowano na zasadzie mostu wiszącego, pomosty zwieszają się z zakrzywionych dźwigarów. Podniesienie mostu zajmuje 90 sekund. Dawniej był podnoszony 50 razy na dzień. Teraz, most podnosi się mniej więcej 500 razy w ciągu roku (latem do 15 razy dziennie). Czasami na uroczystości, jak np. przybycie królewskiego jachtu *Britannia* na obchody 50. rocznicy zakończenia II wojny światowej. ■

East End i Spitalfields

WARTO SPĘDZIĆ CAŁY DZIEŃ W TEJ ZWYCZAJNEJ, NIEZBYT wytwornej dzielnicy ze względu na jej niezwykły koloryt i tłumy turystów. Trzeba zaplanować wycieczkę tak, aby wszystkie interesujące obiekty były czynne.

Whitechapel Art Gallery, w odległości pięciu minut spaceru od Tower stała sala wystawowa sztuk plastycznych na East Endzie w secesyjnym budynku C.H. Towsenda z lat 1897–1899. Miejsce spotkań największej społeczności artystów w Europie. Można się z nimi kontaktować za pośrednictwem galerii. **Whitechapel Belle Foundry** (odlewnia dzwonów), kiedyś odlano tu dzwon Big Ben. W Aldgate znajduje się okazała **hiszpańska i portugalska synagoga** *(tel. 0171–626 1274)* zbudowana w 1701 r. przez kwakra Josepha Avisa dla żydowskich uchodźców.

W Spitafields, na wschód od stacji Liverpool Street, wyjątkowo dużo ładnych domów. W końcu XVIII w. pracowało tu 12 tys. tkalni jedwabiu francuskich hugonotów. Wiele domów odrestaurowano, w tym **Dennis Savers's House** *(tel. 0171-247 4013)*. Warto zobaczyć **Christ Church** zbudowany przez Nicholasa Hawksmoora (1720). Bangladeski meczet na rogu Folgate Street był poprzednio kościołem hugenotów, metodystów, a potem synagogą. Na **Spitafields Market** największy ruch panuje w niedziele.

Na północ od Spitafields stoją trzy niewielkie muzea. **Geffrye Museum** *(tel. 0171-739 8368)* pokazuje meble i wyroby z drewna w 14 budynkach dawnego przytułku, zbudowanego w roku 1715. W **Muzeum Dzieciństwa Bethnal Green** (Museum of Childhood) *(tel. 0181-903 5200)* obejrzeć można domki dla lalek, pluszowe misie, modele cyrków ze zbiorów muzeum V & A. **Sutton House** *(tel. 0181-986 2264)* to dom kupca z epoki Tudorów, obecnie ośrodek kultury z kawiarnią i galerią sztuki. ■

Whitechapel Art Gallery

Plan s. 192

Whitechapel High Street, E1

0171-522 7888.

Nieczynna pon.

Metro: Aldgate East

Whitechapel Bell Foundry

Plan s. 192

Whitechapel Road, Fieldgate, E1

0171-247 2599

Wycieczki sob. przed południem. Konieczna rezerwacja

$$

Metro: Aldgate East

Christ Church Spitalfields

Plan s. 192

Commercial Street, E1

0171-247 7202

Czynne pon.–pt. 12–14.30 albo po uzgodnieniu

Docklands

TAKA TRANSFORMACJA ZABUDOWY ŚRÓDMIEŚCIA W WARUNkach wolnego rynku stała się możliwa jedynie dzięki atrakcyjnemu położeniu Doklandów. Był to bowiem plan renowacji sprzeczny zarówno z zaleceniami ochrony zabytków, jak i szansą stworzenia nowoczesnego brytyjskiego miasta o znaczącej architekturze. Warto pojechać Docklands Light Railway (DLR, miejska kolejka), aby podziwiać wspaniały widok na część Doklandów, od Tower do Island Gardens.

Museum in Docklands

Nr. 1 Warehouse West India Docks, E14

0171-7515 1162

Metro: West India Quay (DLR), Canary Wharf (linia Jubilee)

Kolejka DRL uruchomiona w 1987 r. obsługuje część Doklandów na wschód od City, od stacji metra Bank do końca Isle of Dogs (Wyspa Psów). Każdy dwuwagonowy skład zabiera 480 pasażerów; kierowany jest za pomocą komputera i zatrzymuje się na bezzałogowych stacjach. Kolejka zostanie przedłużona do Greenwich i Lewisham.

Wsiadamy do kolejki na stacji metra Bank. Pierwszy przystanek to Tower Gateway. Tutaj znajduje się **St. Katharine Dock**, obecnie przystań jachtowa, w której za zamkniętą śluzą cumują kosztowne łodzie. Następny przystanek to Shadwell, tu trzeba wysiąść do pięknego kościoła proj. Hawskmoora **St. George-in-the--East** (1714–1729). Tu także mieszczą się News International, największa w Europie drukarnia prasowa. Stacja Limehouse znajduje się w pobliżu kościoła **St. Anne's** (1714–1730), obok ładne domki i pub przy Narrow Street.

Kolejka skręca na południe za stacją Westferry. Na stacji West India Quay trzeba wysiąść do **Docklands Museum**, na Canary Wharf – żeby zobaczyć gigantyczny wieżowiec Cesara Pelli pod tą samą nazwą. Na lewo widać cypel Greenwich z **Kopułą Milenijną.** Jednak Greenwich najlepiej widać z Island Gardens, dokąd można dojść piechotą tunelem pod Tamizą. ■

Kolejka DLR, w tle Canary Wharf.

Millenium Dome

KOPUŁA MILENIJNA TO OFICJALNA BRYTYJSKA BUDOWLA milenijna. Główny akcent odnowy cypla Greenwich, leżącego w pętli Tamizy na wschód od Isle of Dogs, od początku wzbudzał kontrowersje: ze względu na koszty – ok. 220 mln. funtów, na prace terenowe i szkielet, plus 40 mln na samą kopułę – a także z uwagi na to, że aż tyle publicznych pieniędzy poszło na jeden projekt w stolicy, choć lepiej byłoby je przeznaczyć na różne plany w całym kraju.

Jest to przedsięwzięcie na ogromną skalę. Zainspirowana długotrwałym sukcesem Festiwalu Brytanii z 1951 r., kiedy również wzniesiono kopułę – Kopuła Milenijna zaprojektowana przez pracownię Richarda Rogersa została pomyślana jako stałe centrum wystawowe. Jest to największa tego typu konstrukcja na świecie – powierzchnia podłogi wynosi 8134 m^2, a obwód – prawie jeden kilometr.

Budowę rozpoczęto w 1997 roku. Po oczyszczeniu terenu zatopiono ponad 8000 słupów na fundamenty, w tempie 300 na tydzień. Następnie ustawiono 12 jaskrawożółtych masztów, każdy waży 105 ton i jest dwa razy wyższy od kolumny Nelsona. Potem rozpięto sieć stalowych drutów, która podtrzymuje czaszę kopuły ze szklanych włókien. Pracę tę wykonywali alpiniści. We wnętrzu znajduje się 10 tys. miejsc siedzących. Wystawa „Podróż w czasie" Camerona Mackintosha i Johna Napiera, a także interaktywne pokazy oparte na ogólnym temacie czasu mają w równym stopniu informować i zabawiać.

Obok kopuły biegnie nadbrzeżna trasa spacerowa długości ok. 1,5 km i Millenium Park, które wraz z kopułą stanowią „Millenium Experience". Plan zagospodarowania reszty cypla ma być realizowany przez 15–-20 lat przez takich architektów jak Ralph Erskine. Znajdzie się tu szereg miejskich osad, gdzie powstanie 6500 miejsc pracy, 5000 domów, lokale biurowe, sklepy i kompleksy sportowo-rozrywkowe, hotel, szkoła i parki. ■

Otwarcie Kopuły Milenijnej zapoczątkowało trwające przez cały rok obchody na cześć brytyjskich idei i technologii.

Plan s. 193
Greenwich Peninsula
Metro: Greenwich Peninsula (linia Jubilee). Transport rzeczny z Greenwich

Informacja o projektach milenijnych w Internecie na stronie www.mx2000.co.uk

Greenwich

ELEGANCKIE BUDYNKI I WSPANIAŁE MUZEA W SAMYM parku i w jego sąsiedztwie, a także urocze miasteczko Greenwich sprawiają, że można tu odetchnąć po wizycie w nowych Doklandach czy na cyplu Greenwich.

Painted Hall & Chapel

Plan s. 193

King William Walk, SE10

0181-858 2154

DOJAZD DO GREENWICH

Można tu dotrzeć w rozmaity sposób: metrem linii Jubilee, kolejką DLR do Island Garden i pieszo tunelem pod Tamizą; statkiem (zob. s. 53) lub koleją ze stacji London Bridge. ■

Greenwich od strony rzeki to jeden z najpiękniejszych widoków w Londynie. Najlepiej przypłynąć rzeką albo przyjechać kolejką DLR do Island Gardens. Idziemy King William Walk, potem ścieżką przy płocie college'u, zwaną Five Foot Walk. To tutaj 18 września 1714 r. wylądował Jerzy I, aby objąć tron.

Cudowna sceneria była tworzona stopniowo w XVII i XVIII w., choć prawdziwie szczytowy okres w dziejach Greenwich przypadł na XVI w. za panowania Tudorów. Brat Henryka V, diuk Gloucester, zbudował nadbrzeżny Bella Court w 1427 r., a sześć lat później ogrodził ok. 80 ha gruntu, by założyć Greenwich Park. Henryk VII przebudował rezydencję jako Palace of Placentia w 1500 r., a dla Henryka VIII urodzonego w Greenwich, był to ulubiony pałac przez wszystkie lata panowania. Dobudował m.in. salę bankietową, zbrojownię i specjalny dziedziniec na turnieje rycerskie. W parku polował na jelenie i uprawiał sokolnictwo. Tutaj urodziły się jego córki, Maria i Elżbieta I, a także syn Edward VI. A co ważniejsze, mógł stąd obserwować swoje statki handlowe, nadzorować flotę. W 1512 r. wybudował królewskie doki w Woolwich, a w następnym roku kolejny dok w Deptford.

Z tego okresu zachowało się niewiele. Obecny budynek centralny widoczny w głębi wzniosła Anna Duńska, żona Jakuba I. Zburzyła miejscowe budowle pałacowe z drewna i zatrudniła Inigo Jonesa, żeby w 1616 r. rozpoczął budowę Queen's House (Pałacyk Królowej). Inna królowa, żona Karola I, Henrietta Maria, dokończyła budowę i dekorację, a zięć Jonesa John Webb powiększył dom i zbudował mostki pozwalające przechodzić nad główną drogą Londyn–Dover,

przebiegającą przez teren posiadłości. Za czasów Cromwella zamieniono pałacyk królowej w wytwórnię herbatników.

Następnie Karol II, który spędził lata wygnania we Francji i marzył o stworzeniu tu angielskiego Wersalu, powrócił i rozpoczął w 1664 r. budowę skrzydła od strony rzeki. Sprowadził też André Le Nôtre'a, ogrodnika Ludwika XIV z Wersalu, aby rozplanował park z gwiaździstymi alejkami biegnącymi od Queen's House w górę stoku. Kiedy Wilhelm i Maria wstąpili na tron, ich rozległe plany budowlane obejmowały także Greenwich. Poprosili Christophera Wrena o stworzenie szpitala dla emerytowanych marynarzy, pamiętając o sukcesie Royal Hospital Chelsea dla żołnierzy (zob. s. 168). W latach 1696–1702 Wren stworzył tę imponującą budowlę, którą oglądamy obecnie. Wyburzywszy resztę budowli tudorowskich, zbudował lustrzane odbicie skrzydła wzniesionego przez Karola I, a między obydwoma budynkami dał olbrzymie schody. Dwa budynki na planie litery U stoją naprzeciwko siebie, a między nimi Queen's House.

KING WILLIAM WALK

Aby obejrzeć wielkie pomieszczenia publiczne barokowego szpitala proj. Wrena, gdzie mieszkało niegdyś 2710 marynarzy, musimy znaleźć wejście od King William Walk. Obramowania bramy wejściowej zwieńczone są symboliczną kopułą ziemską i niebieską. Szpital, obecnie **University od Greenwich** (Uniwersytet Greenwich), jest na ogół niedostępny dla zwiedzających, można jednak wejść do **Painted Hall** (Malowany Hol) i **kaplicy**. Malowany Hol miał być jadalnią dla pensjonariuszy, jednak używano go rzadko. Projekt Wrena, architektoniczna dekoracja Hawskmoora i malowidła Jamesa Thornhilla sprawiają, że jest to najwspanialsze świeckie wnętrze z tego okresu w Anglii. Plafon Thornhilla z lat 1707–1726 pokazuje Wilhelma i Marię obdarzających Europę Pokojem i Wolnością, podczas gdy pobity Ludwik XIV trzyma przed nimi złamany miecz. Kiedy kaplica spłonęła w 1779 r., James Stuart zaprojektował nową w stylu klasycystycznym. Jego asystent William Newton czuwał nad wyrafinowaną dekoracją, jedną

Pałacyk Queen's House w obramowaniu budynków pałacu Karola II i szpitala Wrena.

Painted Hall zaprojektowany jako jadalnia weteranów był rzadko używany.

Cutty Sark
- Plan s. 193
- King William Walk, SE10
- 0181-858 3445
- $$

Gypsy Moth IV
- Plan s. 193
- King William Walk, SE10
- 0181-858 3445

z najwspanialszych w Londynie, a nawet w Anglii. Warto zwrócić uwagę na drzwi łączące kaplicę z oktagonalnym westybulem.

Z pałacu idziemy na wschód dróżką holowniczą do **Trafalgar Tavern** (1873), potem do **Trinity Hospital**, ufundowanego w 1613 r., a potem do XVII-wiecznego **pubu Cutty Sark** przy Ballast Quay z cudownym widokiem na Tamizę.

W pobliżu wejścia do tunelu przy nabrzeżu dwie łodzie. Kliper herbaciany ***Cutty Sark*** zbudowany w Clydeside w Szkocji w 1869 r. jest jedym zachowanym z tego okresu statkiem handlowym. *Cutty Sark* płynął z Chin do Anglii 99 dni, a wożąc wełnę z Australii do Londynu – tylko 72 dni.

W pobliżu ***Gypsy Moth IV***, kecz długości 16 m, na którym Francis Chichester przepłynął samotnie dokoła świata w latach 1966–67.

Warto obejrzeć samo miasteczko Greenwich, gdzie odbywają się atrakcyjne weekendowe targi (zob. s. 152). Za elegancką Nelson Road i College Approach zachował się wiktoriański kryty targ, w pobliżu kościół **St. Alfege** proj. Hawksmoora (1714 r.). Krótki spacer pod górę po Croom's Hill doprowadzi nas do **Fan Museum** (Muzeum Wachlarzy) *(tel. 0181-305 1441)*, gdzie w dwóch georgiańskich domach zbiór liczący 2000 eksponatów pokazuje piękno, wysoką jakość i różnorodność kształtów wachlarzy.

NATIONAL MARITIME MUSEUM

Największe muzeum morskie na świecie, jeden z najładniejszych kompleksów muzealnych w kraju – Narodowe Muzeum Morskie – przedstawia historię Wielkiej Brytanii i morza. Zbiory obejmują eksponaty od porcelany i szkła do królewskich barek i zajmują Queen's House, Royal Hospital School i Old Royal Observatory w parku Greenwich na wzgórzu.

Muzeum założone w 1934 r. przechodzi kompletną reorganizację. Queen's House i dawne Old Royal Obserwatory otwarte są przez cały czas.

Zbiory przedstawiają marynarkę, flotę kupiecką, badawczą i związane z nimi zawody. Obejmują eksplorację Arktyki, sporządzanie map Imperium Brytyjskiego, wielką migrację do Ameryki Północnej, podróże Cooka i bitewne triumfy Nelsona. Szczególnie piękne są modele statków, obrazy, medale, mundury, instrumenty nawigacyjne i same statki.

A oto 10 cudów, które trzeba koniecznie zobaczyć : przedmioty z flagowego okrętu Henryka VIII *Mary Rose*, który zatonął u wybrzeży Portsmouth w 1547 r., dekoracyjny obraz klęski hiszpańskiej armady w 1588 r., wspaniały obraz Van Wieringena *Pobicie Hiszpanów przez Heemskerka pod Gibraltarem 25 kwietnia 1607*, model statku St. Michael z 1669 r., portret Samuela Pepysa, pamiętnikarza, który był wysokim urzędnikiem marynarki, pędzla Knellera, pozłacaną barkę proj. Williama Kenta dla księcia Walii Fredericka w 1732 r., kolekcję 40 modeli statków obejmującą Royal William z 1719 r., obraz Canaletta *Szpital w Greenwich z północnego brzegu Tamizy* (1747–1750), srebrną pozłacaną paterę Paula Storra z 1817 r., parowy holownik *Reliant* (1907 r.) i olbrzymi zbiór poświęcony lordowi Nelsonowi, w tym szpady i mundur.

Koniecznie trzeba zobaczyć wnętrze **Queen's House**. Hol stanowi idealny sześcian z biało-czarną posadzką Nicholasa Stone'a ułożoną w 1638 r., ponadto Tulip Staircase (Schody Tulipanowe) i śmiało podwieszony balkon. Na plafonie obraz Gentileschiego, obecnie w Marlborough House, został odtworzony komputerowo podczas restaurowania sali. Na górze State Apartaments (apartamenty reprezentacyjne), po stronie wsch. pokoje króla. Apartamenty królowej po stronie zach. urządzone tak, jak podczas

National Maritime Museum

- Plan s. 193
- Romney Road, SE10
- 0181-858 4422
- $$ Bilet obejmuje też Queen's House i Old Royal Observatory

Cutty Sark **– jeden z wielkich wiktoriańskich żaglowców, zwanych kliprami.**

Linia południka w Greenwich w Starym Obserwatorium Królewskim.

przebywania królowej w pałacu. Queen's Presence Chamber (sala audiencyjna królowej) to dobry przykład angielskiej dekoracji wnętrz w XVII w.: włoskie groteski i francuskie lilie wkomponowane w herb Wielkiej Brytanii jako symbol małżeństwa Karola I z Henriettą Marią z Francji.

Na wzgórzu w parku **Old Royal Observatory** (Obserwatorium Królewskie) (*Romley Road, tel. 0181-858 4422*), złożone z kilku budowli. Wspaniały widok na Londyn. **Flamsteed House** zbudował w 1675 r. Wren dla Johna Flamsteeda, pierwszego królewskiego astronoma. Budynek wykorzystywano do 1948 roku. Flamsteed uważał swoją pracę dla Karola II za okropnie nudną, ponieważ obejmowała ponad 30 tys. obserwacji, studiowania gwiazd i tworzenie dokładnych map nawigacyjnych. W salach tykają czasomierze, a od 1833 r. Time Ball (Kula Czasu) na wieżyczce wsch. opada o godz. 13, żeby przepływający żeglarze mogli sprawdzić swoje zegarki. W 1884 r. konwencja międzynarodowa uznała, że Greenwich będzie wyznaczał zero stopni długości geograficznej. Południk Greenwich przechodzi przez dziedziniec. Czas na świecie wyznacza Greenwich Mean Time. We Flamsteed House i obserwatorium, a także w Meridian Buildings (Budynek Południka) mieszczą się astronomiczne zbiory muzeum.

PARK GREENWICH I RANGER'S HOUSE

W 20-hektarowym parku rośnie wiele wspaniałych drzew jeszcze od czasów, gdy Le Nôtre wytyczał alejki dla Karola II. Wzdłuż regularnych ścieżek rosną powykręcane kasztany jadalne, stare cyprysy, brzozy papierowe, a także inne drzewa egzotyczne jak np.: katalpa i tulipanowiec. Z Great Cross Avenue, poniżej estrady dla orkiestry, panorama East Endu, City i Westminsteru. W pobliżu **Ranger's House** (dom leśniczych) ogród różany; królewskich leśniczych dawno już nie ma, a georgiański dom wypełniają zbiory sztuki z Suffolk Art Collection. ■

Ranger's House

- Plan s. 193
- Chesterfield Walk, SE10
- 0181-853 0035
- Nieczynny pon.–wt. XI–III
- $

Przez 2000 lat niemal cała poważna działalność w Londynie koncentrowała się na północnym brzegu Tamizy. Atrakcją południowego brzegu – South Bank – była i jest rozrywka: skupiają się tu muzea, sale koncertowe, teatry i restauracje.

South Bank

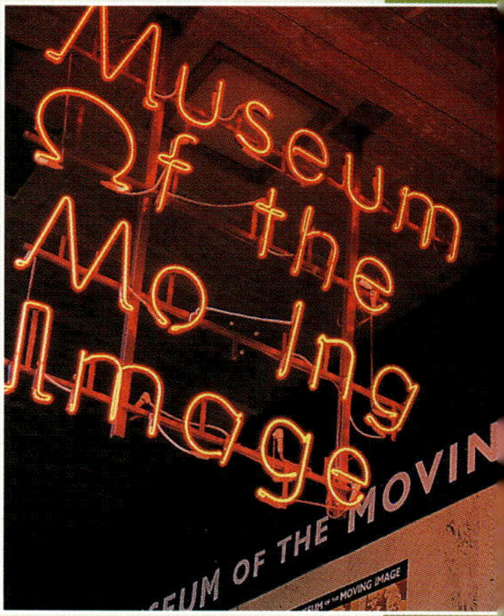

Neonowe napisy rozświetlają południowy brzeg.

South Bank

POWAŻNY RDZEŃ LONDYNU – WESTMINSTER I CITY – LEŻY NA PÓŁNOCNYM brzegu Tamizy, brzeg południowy to długi ciąg instytucji rozrywkowych. Muzea wzornictwa, sztuki nowoczesnej, muzeum filmowe, wojenne i akwarium przeplatają się tu z teatrami, salami koncertowymi, restauracjami i piękną katedrą. Zaczęło się 1574 r., kiedy purytańskie władze City wyrzuciły z miasta teatry. Przedstawienia przeniosły się na drugą stronę rzeki, gdzie można było bawić się w sadach wiśniowych i tawernach, obserwować szczucie psami uwiązanego niedźwiedzia, tańczyć. Wszystko to, a także łatwy dojazd promem uczyniło z Southwark raj dla aktorów rozrywkowych. Później urzeczywistniły się XVIII-wieczne marzenia o narodowym teatrze w postaci teatru obok dworca Waterloo, a całkiem niedawno zbudowano teatr z trzema scenami w South Bank Arts Complex.

Odcinek brzegu Tamizy pomiędzy mostami Tower i Westminster znajduje się dokładnie naprzeciwko City i Westminsteru, w tym miejscu rzeka płynie szerokim zakolem. Położony tu Southwark rozwinął się wcześnie jako miasto-sypialnia rzymskiego Londynu położonego dokładnie naprzeciwko i połączonego jedynym mostem nad Tamizą. W miarę rozwoju Londynu zmieniał się również pd. brzeg, liczba mostów wzrosła do sześciu drogowych, jednego kolejowego i jednego dla pieszych. Odrodzenie pd. brzegu niemal dobiega końca. Nadrzeczna dróżka spacerowa biegnąca prawie na całej

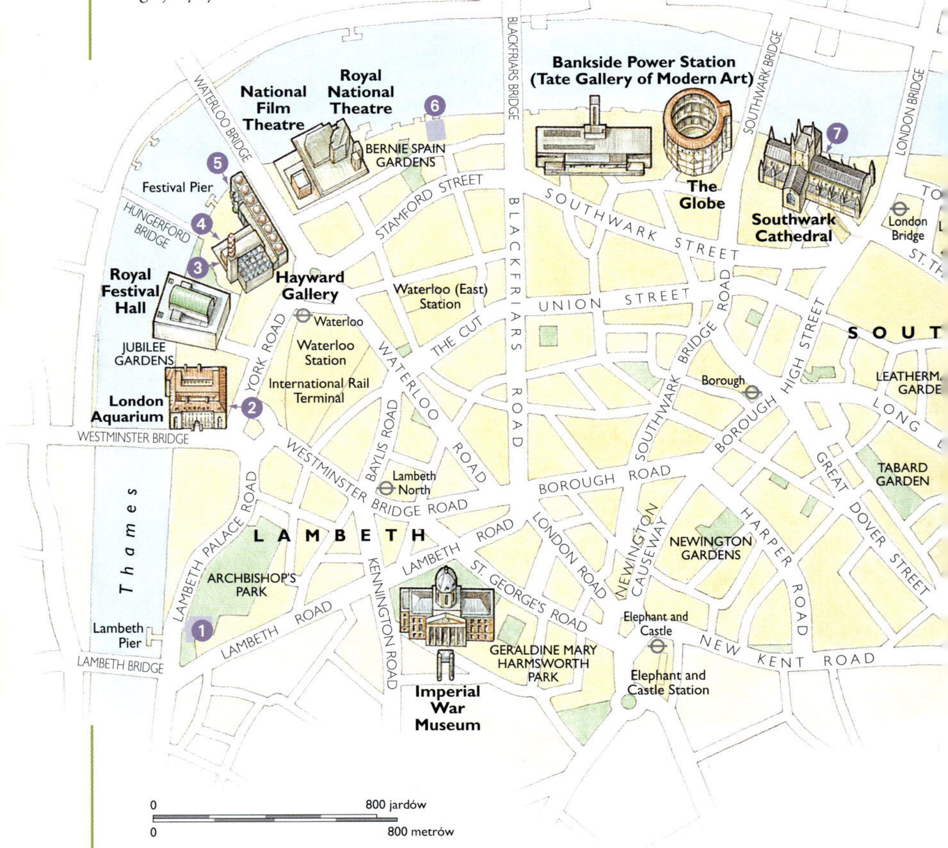

długości tego odcinka rzeki pozwala podziwiać widoki Westminsteru i City.

Przedłużenie linii Jubilee, które biegnie pd. brzegiem od Westminsteru do Kopuły Milenijnej, to najnowszy odcinek londyńskiego metra. Stacja Bermondsey znajduje się niedaleko Cherry Garden Pier (przystań Wiśniowy Sad). Obecnie częściowo odkopano otoczoną fosą rezydencję Edwarda III na wschód od skrzyżowania Bermondsey Wall Street i Cathay Street. W pobliżu pub Angel, tu kapitan Cook planował swoje podróże, a Whistler malował widoki Londynu. W XVIII i XIX w. w olbrzymich magazynach przechowywano trzy czwarte importowanych towarów spożywczych dla Londynu, stąd zwano to miejsce londyńską spiżarnią. W latach 60. XX w. magazyny popadły niemal w kompletną ruinę, ponieważ na wąskich uliczkach nie mieściły się ciężarówki z kontenerami, a kontenerowce nie mogły pływać Tamizą. Dalej na zach. St. Saviour's Dock i Mill Street. Tutaj Andrew Wadsworth, wówczas 23-letni, dokonał pierwszej w Docklandach konwersji, zakupił bowiem w 1980 r. New Concordia Wharf i przerobił go na mieszkanie. Był to wręcz modelowy projekt. Tutaj także znajduje się wyrazisty China Wharf Piersa Gougha i Vogan's Mill. Za Butler's Wharf i mostem Tower – London Bridge City. Tutaj znajdują się domy towarowe, tu odrestaurowano urzekający St. Olaf's House w stylu art déco i Hay's Wharf. H.M.S. *Belfast* zacumowany niedaleko na Tamizie (zob. s. 195) to krążownik z czasów II wojny światowej z pełnym wyposażeniem.

Southwark zajmuje obszar pomiędzy mostami London i Blackfriars. Olbrzymią katedrę oplatają linie kolejowe. Brzeg rzeki natomiast jest otwarty i stanowi doskonałą scenerię dla teatru Globe i jego muzeum, które przypomina rozrywki z epoki Tudorów. Tutaj, w Bankside, mieści się także Tate Gallery of Modern Art.

Na zachód od Blackfriars Bridge i wieżowca Oxo całe wybrzeże zajmuje Soyth Bank Arts Complex (Kompleks Sztuki South Bank). Sercem tego olbrzymiego kompleksu jest pełen krzywizn i szkła, długi na 360 m budynek dworca Waterloo International Terminal (1991–1993). Tutaj pociągiem Eurostar przez tunel pod kanałem La Manche przyjeżdżają przybysze z kontynetu. London Aquarium (Akwarium Londyńskie) zajmuje podziemia budynku County Hall – dawnej Rady Wielkiego Londynu. Stamtąd schody prowadzą do Mostu Westminsterskiego, stąd też rozciąga się chyba najpiękniejszy widok na parlament po drugiej stronie rzeki. ■

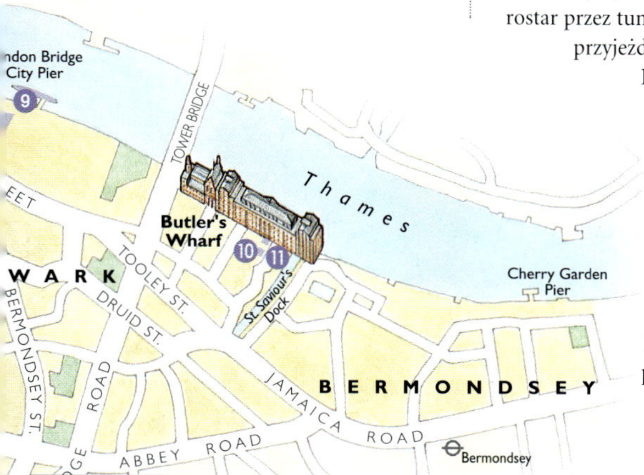

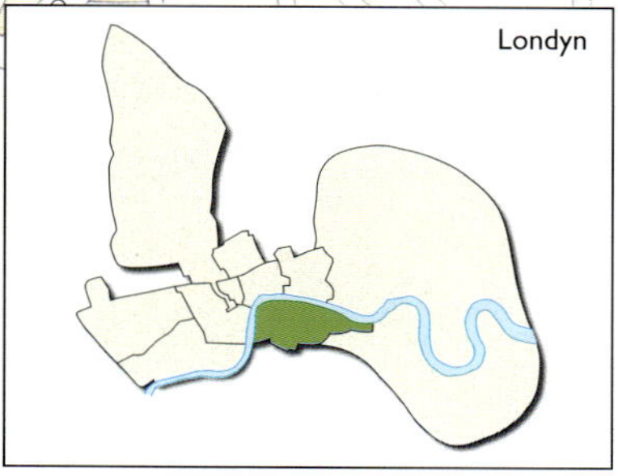

SOUTH BANK

1 Pałac Lambeth 2 County Hall
3 Purcell Room 4 Queen Elizabeth Hall
5 Museum of the Moving Image
6. Pine Tower Wharf 7 Clink Exhibition
8 Hays Galleria 9 H.M.S. *Belfast*
10 Museum Bramah Tea
11 Design Museum

South Bank Arts Complex

SOUTH BANK CENTRE
(Royal Festival Hall, Purcell Room, Queen Elizabeth Hall, Hayward Gallery)

- Plan s. 208
- South Bank, SE1
- 0171-960 4242
- Wstęp bezpłatny $$$ zależnie od imprezy
- Metro: Waterloo, Embankment albo Charing Cross i piechotą przez most Hungerford.

National Film Theatre (NFT)

- Plan s. 208
- South Bank, SE1
- 0171-928 3232
- $$
- Jak do South Bank Centre

ZBUDOWANY W 1951 R. NA FESTIWAL BRYTYJSKI – KOMPLEKS Sztuki South Bank jest największym w Europie Zachodniej obiektem tego typu. Od rana do późnej nocy trwają tu różne imprezy. Najlepiej dojść tutaj cudownie szerokim bulwarem nadrzecznym, latem jest to przyjemny spacer od mostów Waterloo lub Westminster, można też przejść hałaśliwym mostem dla pieszych Hungerford.

Festiwal Brytyjski w 1951 r. urządzono, by podnieść na duchu Brytyjczyków w okresie powojennych niedostatków. Była to prezentacja lepszego świata, o jaki walczyli w czasie wojny. Zbudowano miniaturową krainę cudów demonstrując nowoczesne brytyjskie osiągnięcia w nauce, sztuce i życiu społecznym. Była tam Dome of Discovery (Kopuła Odkryć), inspiracja późniejszej Kopuły Milenijnej, a także Skylon, futurystyczny aluminiowy szyb, który zdawał się unosić w powietrzu. Były rzeźby Rega Butlera i Henry'ego Moore'a, a także Festival Hall. Ta sala koncertowa, znana obecnie jako **Royal Festival Hall** została zbudowana w 1951 r. przez Roberta Matthew i J.L. Martina, a rozbudowana w 1962 r., jest jedyną budowlą pozostałą po festiwalu. Sala na 2600 miejsc zastąpiła Queen's Hall zbombardowany podczas wojny i usunęła w cień Albert's Hall z jego nieprzewidywalną akustyką. Był to pierwszy w Londynie modernistyczny budynek użyteczności publicznej, wyraźnie inspirowany Le Corbusierem, o czystych liniach, z audytorium w kształcie jaja wtulonym w las kolumn, z przeszklonymi galeriami.

W latach 1964–1967 zbudowano **Queen Elizabeth Hall** i **Purcell Room**, w których są mniejsze sale koncertowe, a także sale wystawowe Hayward Gallery, neonowa rzeźba na dachu zmienia się w zależności od wiatru. Galerie

MOMI odtwarza dzieje filmu i telewizji.

spacerowe na wyższej kondygnacji, nieciekawe wejścia i puste betonowe mury nie wyglądają zbyt zachęcająco, ale wewnątrz można posłuchać wspaniałej muzyki i obejrzeć świetną sztukę.

National Film Theatre (1956–1958) wtulony pod most Waterloo, tam też codziennie pod łukami mostu rozstawiają swoje stoiska bukiniści. Bogaty program NFT obejmuje stare klasyczne filmy i najnowsze osiągnięcia zagranicznej awangardy. Odbywa się tu także co roku Londyński Festiwal Filmowy. Za kinem – **Museum of the Moving Image** (Muzeum Ruchomych Obrazów) znane jako MOMI, najnowszy dodatek do całego kompleksu, otwarty w 1988 roku. Pokazuje historię kina i telewizji. Plakaty, kostiumy, zabawki optyczne, pierwsze kamery i różne ciekawostki, wśród których jest agitka, czyli pociąg-kino Lenina, który jeździł po całej Rosji. Odrębne wystawy poświęcone są m.in. Charlie Chaplinowi, Edwardowi Muybridge'owi, Hollywood, cenzurze i niemieckiemu ekspresjonizmowi. W kinie muzealnym można zobaczyć historyczne ujęcia z klasycznych filmów, kronik filmowych i reklam. Zwiedzających zachęca się do uczestnictwa. „Droga z żółtej cegły" daje zwiedzającym szansę przesłuchań do roli w hollywoodzkim musicalu, do stworzenia filmu rysunkowego czy udzielenia wywiadu w dzienniku TV.

Royal National Theatre (Królewski Teatr Narodowy) Denysa Lasduna stanowi kulminację starego marzenia. W XVIII w. aktor David Garrick, który przywrócił modę na Szekspira, sugerował założenie teatru narodowego. Kampanię w tej sprawie podjęli H. Granville-Barker, George Bernard Shaw i Laurence Olivier. Teatr z trzema salami otwarto w 1977 roku. Otwarta scena sali im. Oliviera nadaje się do przedstawień epickich; mniejsza im. Lytteltona – ma konwencjonalny układ, a maleńka sala Cottelsoe może przybrać dowolny kształt. Przestrzenie foyer wykorzystuje się na koncerty, w salach teatralnych często odbywają się wykłady przed spektaklem, a wycieczka za kulisy należy do najciekawszych w Londynie. Wieczorem z tarasów rozciąga się cudowny widok: od katedry św. Pawła do Westminsteru. ■

Museum of the Moving Image

Plan s. 208
Informacja automatyczna: 0171-401 2636.
Kasy: 0171-928 3535
$$
Jak do South Bank Centre

Royal National Theatre

Plan s. 208
South Bank, SE1
Informacja i wycieczka za kulisy: 0171-452 3400
Kasy: 0171-452 3000
Nieczynny niedz.
Wstęp bezpłatny
$$$ zależnie od imprezy
Jak do South Bank Centre

Po lewej: Sale koncertowe na South Bank.

London Aquarium

London Aquarium
Plan s. 208
County Hall, Riverside Building, Westminster Bridge Road, SE1
0177-967 8000
$$$
Metro: Westminster, Waterloo

GŁĘBOKO WEWNĄTRZ COUNTY HALL CZAI SIĘ NAJWIĘKSZY, najciemniejszy i najbardziej fascynujący labirynt stolicy – Akwarium Londyńskie. Jego szklane ściany to okna do jasno oświetlonych podwodnych siedlisk z całego świata. Żyją tu tysiące ryb, od ławic maleńkich turkusowych rybek pływających w określonym szyku do rekinów. Dzięki wzrastającemu zainteresowaniu środowiskiem i ochroną naszej kruchej planety akwaria stały się nowym rodzajem „żywych muzeów", a Akwarium Londyńskie należy do najlepszych. Po jego odwiedzeniu silniejsze staje się pragnienie przyhamowania tempa zanieczyszczeń i zatrucia wód.

County Hall, niegdyś siedziba władz londyńskich, mieści teraz Akwarium.

Woda zajmuje niemal trzy czwarte powierzchni naszej planety, w postaci jasnych błyszczących strumieni czy głębokich oceanów. Zbiorniki w akwarium przedstawiają życie w wodzie; są tu efekty dźwiękowe, jaja i nowo narodzone istoty, każdy zbiornik jest szczegółowo i jasno opisany. Lepiej przez dłuższy czas obserwować jeden zbiornik niż przechodzić pospiesznie obok wszystkich. Pracownicy akwarium wygłaszają bezpłatne odczyty, ale trzeba trochę czasu, żeby ich odnaleźć w podziemnym labiryncie. Jeden z licznych filmów pokazuje, jak ośmiornica atakuje kraby, którymi się żywi.

Pierwsza ekspozycja śledzi drogę strumienia od szybkiego górnego biegu do leniwego rozlewiska przy ujściu i pokazuje, w jaki sposób ryby i inne stworzenia wodne żyją w bystrym prądzie wody i w mniej wartkich kanałach czy stawach. Potem oglądamy port rybacki na wodach strefy umiarkowanej, w którym żyją ośmiornice, mątwy, meduzy i iglicznie. Olbrzymi trzykondygnacyjny zbiornik demonstruje Ocean Atlantycki, którego ciemne głębie zamieszkują ogończe, raje i rekiny. Ocean Indyjski jest domem pięknych skrzydlic, niebiesko nakrapianych raj, ukwiałów i rekinów wąsatych. Żyją tu także koniki morskie i amfipriony raf koralowych, stare ryby płucodyszne słodkich wód tropikalnych i strzelczyk z wód mangrowe, który niezwykle celnie strzela wodą z pyska do much. ■

Imperial War Museum

BRYTYJSKIE IMPERIALNE MUZEUM WOJNY POŚWIĘCONE wojnie XX w. pokazuje nie tylko czołgi i karabiny. W istocie stanowią one bardzo drobną część dużego i fascynującego zbioru, który obejmuje wszelakie aspekty wojny.

Imperial War Museum

Plan s. 208
Lambeth Road, SE1
0171-416 5000
$$
Metro: Lambeth North, potem 5 minut pieszo

Muzeum otwarto w 1920 r. w dawnym szpitalu psychiatrycznym Bedlam Asylum, gdzie przez jakiś czas przebywała matka Charlie Chaplina. Oprócz stałych wystaw urządzane są ekspozycje okresowe wykorzystujące muzealne zbiory 10 tys. plakatów i obrazów. Muzeum nadal wysyła swoich korespondentów wojennych na miejsca konfliktów na całym świecie.

W holu stoją samoloty myśliwskie i olbrzymia rakieta V2, które stanowią wyraźny kontrast do ekspozycji pokazujących straty, jakie ludziom przynosi wojna. Należy do nich robiąca wielkie wrażenie, przerażająca opowieść o wyzwoleniu obozu w Belsen w 1945 roku. Stanie się ona częścią nowej stałej ekspozycji, poświęconej Holocaustowi, pokazującej prześladowanie i mordowanie europejskich Żydów i innych grup narodowościowych od 1933 do 1945 roku. Znajdzie ona miejsce w dodatkowym budynku (Arup Associates), razem ze stałą ekspozycją na temat wpływu wojny XX w. na życie cywilnej ludności.

Secret War Gallery (galeria wywiadu) dowodzi słuszności rządowych wydatków na szpiegostwo, sztuczną inteligencję i tajne agentury. Pokazuje operacje Special Air Services (SAS) podczas wojny w Zatoce Perskiej. W innych galeriach można zobaczyć, jakie były rozrywki żołnierzy na wojnie, jak żołnierze niemieccy słomianymi butami próbowali pokonać rosyjską zimę.

W galerii poświęconej konfliktom po 1945 r. można obejrzeć fragment muru berlińskiego i mundur generała Schwarzkopfa z wojny w Zatoce Perskiej. Szczególne wrażenie robi wizyta w okopach I wojny i doświadczenie Blitzkriegu, pokazujące zbombardowane ulice Londynu. Duże wrażenie robi też lot na stymulatorze. Niedawno otwarta galeria poświęcona jest brytyjskiemu odrodzeniu po okresie wojennych wyrzeczeń. ■

Maszyny z czasów wojny w oszklonym atrium głównego holu muzeum.

Southwark Cathedral

Southwark Cathedral

Plan s. 208
Southwark Cathedral, SE1
020-7367 6700
Metro: Southwark (linia Jubilee), London Bridge

Posąg nagrobny Johna Gowera, przyjaciela Chaucera; głowa poety spoczywa na jego dziełach literackich.

ŚREDNIOWIECZNĄ LIBERALNĄ REPUTACJĘ DZIELNICY Southwark podtrzymywał opacki kościół St. Mary Overie – dzisiejsza katedra Soutwark. Doskonale prosperowały tu prostytutki, znane jako gęsi winchesterskie, i „wyszukane" rozrywki, jak szczucie psami byków i niedźwiedzi, walki kogutów i hazard. Przeprowadzka teatrów utrwaliła sławę dzielnicy jako centrum rozrywki w epoce Tudorów i Stuartów. Wspomina o tym wystawa na miejscu dawnego więzienia Clink, którego początkiem był loch w pałacu biskupim dla nieposłusznych kleryków. Warto zobaczyć zachowaną w pobliżu rozetę okienną z XIV wieku.

Dzisiaj, kiedy magazyny, linie kolejowe i nowy most zniszczyły większość dawnego Southwark, można oglądać starannie odrestaurowaną katedrę, sąsiadujące z nią brukowane uliczki i liczne magazyny.

Katedra była początkowo opactwem augustianów St. Mary Overie, ufundowanym w 1106 roku. W 1212 r. całe opactwo spłonęło, z gotyckiej świątyni zostało tylko prezbiterium i obejście. Prezbiterium odnowiono (dodając piękne kamienne lektorium w stylu Tudorów), ale po reformacji urządzono tu piekarnię i chlew. W XIX w. rozebrano wsch. kaplicę, by wytyczyć podjazd na most, a kościół przerobiono według wiktoriańskich gustów: wieżę i obejście w 1822 r., nawę w 1838 r., a potem w 1890 r. znowu przebudowywał kościół Arthur Blomfield. W 1905 r. kościół St. Mary został katedrą.

Tylko bystre oko wypatrzy mieszaninę francuskiego i angielskiego gotyku, prezbiterium, proste kapitele i okna w górze nawy głównej, kontrastujące z bardziej wybujałym francuskim stylem arkad w przejściach na górnej kondygnacji i sklepieniach, a także wieżę nad skrzyżowaniem (z XIV w.) oraz późniejsze (1689 r.) pinakle, normański pn. transept i okno w XIX-wiecznym transepcie pd., XII-wieczne mury Harvard Memorial Chapel i wystrój z 1907 roku. Wśród ciekawych nagrobków jaskrawo pomalowany grobowiec poety Johna Gowera. ■

Fanfary na cześć Szekspira z okazji odrodzenia teatru Globe.

International Shakespeare Globe Theatre

AMERYKAŃSKI AKTOR SAM WANAMAKER PRZYJECHAŁ DO Londynu w 1949 r., by odszukać miejsce dawnego teatru Globe, zbudowanego w 1599 r., zamkniętego w 1642 r., a potem zniszczonego. W 1970 r. Wanamaker zaczął odtwarzać, jego zdaniem najważniejszy, teatr publiczny, jaki kiedykolwiek zbudowano. Aktor zmarł co prawda w 1993 r., a w następnym roku zmarł architekt teatru Theo Crosby, jednak projekt rekonstrukcji elżbietańskiego teatru mimo wszystko doprowadzono do końca.

Plan s. 208
New Globe Walk, Bankside, SE1
Teatr: 0171-401 9919, wystawy: 0171-902 1500, Globe Education: 0171-902 1433
Zamknięty X–IV; programy edukacyjne przez cały rok
Wystawy: $$, ceny spektakli i programów edukacyjnych zmienne
Metro: Southwark (linia Jubilee), London Bridge

Miejsce na budowę teatru, oddalone o 18 km od pierwotnej lokalizacji Globe Theatre, oczyszczono w 1987 roku. Wykorzystano ilustracje z epoki, dowody archeologiczne, które w połączeniu z tradycyjnymi materiałami i technikami pozwoliły odtworzyć teatr z okresu Tudorów: poligonalny budynek z 20 trzykondygnacyjnymi drewnianymi galeriami. Teatr może pomieścić 1401 widzów, w tym 500 na stojąco. W 1994 r. postawiono ściany teatru, zastosowano tynki wapienne, strzecha jest pierwszą położoną w śródmieściu Londynu od czasu wielkiego pożaru w roku 1666. 27 maja 1997 r. teatr rozpoczął swój pierwszy sezon sztuk z XVII w.: Szekspira *Henryk V* i *Opowieść zimowa*, *Niewinne dziewczę z Cheapside* Middletona i *Tragedia dziewicy* Beaumonta i Fletchera. Przedstawienia cieszyły się wielkim powodzeniem, choć w czasie deszczu trudno coś usłyszeć.

Każdego lata Globe Theatre Company wystawia kilka sztuk. W 2000 r. został otwarty **Teatr Inigo Jonesa**, oparty na jego projekcie, przeznaczony dla 330 widzów. ■

Tate Gallery of Modern Art

Tate Gallery of Modern Art

Plan s. 208

Bankside, SE1

0171-887 8000.

Metro: Southwark (linia Jubilee), London Bridge albo Mansion House i potem przyjemny 5-minutowy spacer przez most Southwark

JAKBY DLA PRZYPIECZĘTOWANIA ZMIAN ZACHODZĄCYCH na pd. brzegu zbiory międzynarodowej Galerii Sztuki Nowoczesnej Tate'a przenoszą się do charakterystycznego budynku elektrowni Bankside Gilesa Gilberta Scotta. To muzeum stanie się największym z nowych muzeów Londynu. Już zaczyna się ożywiać sąsiedztwo dawnej elektrowni.

Zarówno budynek, jak i teren są niezwykłe. Podobna do katedry ceglana elektrownia Scotta stoi na szerokim nadrzecznym tarasie naprzeciwko katedry św. Pawła. Wren mieszkał w pobliżu i właśnie stąd rozciąga się najlepszy widok na jego katedrę. Elektrownię skończono w 1963 r. na miejscu wcześniejszej, a jej największą zaletą jest Hala Turbin długości ok. 150 m i wysokości ok. 30 m ciągnąca się przez całą długość budynku.

Szwajcarska firma architektoniczna Herzog & de Meuron wygrała międzynarodowy konkurs na przebudowę elektrowni (było 148 ofert konkursowych). Chwalono ją za wykorzystanie przestrzeni i światła i za oryginalność. Zwiedzający wchodzą do budynku przez rampę, schodzą następnie do Hali Turbin, która przekształciła się w zadaszoną ulicę. Potem przechodzą do dalszych części budynku przez kolejne galerie oświetlone od góry lub z boku. Są tu: centrum informacyjne, audytorium, sklepy i programy edukacyjne. W kawiarni znajduje się zewnętrzny taras, z restauracji będzie można podziwiać panoramę miasta.

ZBIORY

W 1916 r. Galeria Tate'a dostała zadanie zgromadzenia kolekcji międzynarodowej sztuki nowoczesnej, obejmującej malarstwo i rzeźbę od 1900 roku. Niedawne

Elektrownia Bankside przywrócona do życia dzięki firmie Herzog & de Meuron.

powiększenie zbiorów i ich olbrzymia popularność sprawiły, że siedziba przy Millbank stała się za mała. Placówki Tate'a otwarto w Liverpoolu w 1987 r. i w St. Ives w Kornwalii w 1993 roku. Teraz zbiory nowoczesnej sztuki opuściły Millbank.

Liczba eksponatów zwiększyła się dwukrotnie od 1950 r. i zbiory uznawane teraz za jedne z czterech najważniejszych tego typu na świecie, współzawodniczą z nowojorskim Muzeum Sztuki Nowoczesnej, z muzeum Guggenheima i paryskim Musée National de l'Art Moderne. Kuratorzy Tate'a doskonale wiedzą, czego brakuje w ich zbiorach i sporządzili dokładne listy braków, których uzupełnienie uczyni kolekcję prawdziwie reprezentatywną.

Szczególnie dobrze przedstawione kierunki to surrealizm, abstrakcyjny ekspresjonizm, pop art, minimalizm i sztuka konceptualna. Wiele arcydzieł artystów europejskich i amerykańskich oglądanych dotychczas tylko czasami, znajdzie się teraz w stałej ekspozycji. Może to dotyczyć *Maiastra* (1911) Constantina Brancusi, *Metamorfoz Narcyza* (1937) Salvadora Dali, *Ślimaka* (1953) Henri'ego Matisse'a, *Trzech tańczących* (1925) Picassa i *Dyptychu o Marylin* (1967) Andy'ego Warhola.

To samo dotyczy artystów brytyjskich. Będzie więcej okazji oglądania wielkich dzieł, takich jak *Trzy studia postaci u podstaw ukrzyżowania* Francisa Bacona, *Wcześnie pewnego ranka* Anthony'ego Caro, *Państwo Clark i Percy* Davida Hockneya, *Pochylonej postaci* Henryego Moore'a i *Zmartwychwstania z Cookham* Stanleya Spencera.

Niektóre dzieła znajdą się na stałej wystawie w amfiladzie trzech galerii, inne będą zmieniane. Ponadto w trzech galeriach będą urządzane rocznie trzy ważne wystawy dzieł wypożyczonych, a jedna z nich będzie wystawą jednego artysty. Wystawy architektury i wzornictwa będą uzupełnieniem stałych zbiorów. ■

Nowoczesne arcydzieła zyskują w dużej przestrzeni dawnego obiektu przemysłowego (obraz wygenerowany przez komputer).

Butler's Wharf

Design Museum
- Plan s. 209
- Shad Thames, SE1
- 0171-403 6933
- $$
- Metro: Bermondsey (linia Jubilee), London Bridge albo Tower Hill i pieszo przez most

GŁÓWNYMI NABRZEŻAMI W LONDYNIE BYŁY NABRZEŻA północne, nabrzeża południowe pomagały rozluźnić przeładowany statkami port w XIX wieku. Po zamknięciu doków londyńczycy odmiennie potraktowali owe świadectwa dawnej zamożności miasta. Tę zasadniczą różnicę pokazują dwie panoramy. Jedna rozciąga się z Butler's Wharf – widać okropny budynek hotelu Tower Thistle, zupełnie ignorujący St. Katharine Dock i całe pn. nabrzeże. Odmienna panorama rozciąga się z pn. brzegu na Butler's Wharf. Widać pełne wyczucia połączenie odnowionego budynku magazynu z nowymi budynkami o odpowiednich proporcjach, dbałość o historię londyńskich wybrzeży.

Muzeum Wzornictwa zrodziło się z zamiłowań jego założyciela, Terence'a Conrana.

Bohaterem Butler's Wharf jest Terence Conran. Przychodził tu jako mały chłopiec ze swoim ojcem, który handlował kauczukiem, i razem patrzyli na rozładunek statków. Conran obserwował, jak Bermondsey podupadało, i wkroczył śmiało z zamiarem odrodzenia tego miejsca. Jego Firma Conran Roche odbudowała infrastrukturę dzielnicy, w której nowa społeczność może mieszkać, pracować i odpoczywać. W 1984 r. firma kupiła teren wraz z 17 zabytkowymi budowlami. Magazyny mąki, zboża i ryżu, składy tapioki, kauczuku, herbaty i kawy są już nieczynne, magazynuje się nadal ostro pachnący cynamon i gałkę muszkatołową, zapach tych przypraw czuć na Gainsford Street.

Conran otworzył nabrzeże i przerobił budynek Butler's Wharf (1871–1873) na mieszkania, sklepy i restauracje. Jego ulubiony projekt to nowo zbudowane **Design Museum** (Muzeum Wzornictwa), otwarte w 1989 r.; eksponuje się tu prowokujące i klasyczne projekty. Z muzealnej restauracji rozciąga się piękny widok. W pobliżu **Bramah Museum of Tea and Coffe** (muzeum kawy i herbaty Bramah) *(Clove Building, Maguire Street, tel. 0171-378 0222)* pokazuje 35-letnią historię tych dwu dochodowych towarów, podaje się tu kawę, herbatę i ciasta. W głąb lądu od Butler's Wharf warto obejrzeć Horsleydown Square proj. Julyana Wickhama (1989), The Circle CZWG (1987–1989), Camera Press proj. Pantera Hudspitha (1993) i David Mellor Building proj. Michaela Hopkinsa (1990). ■

Kiedy Londyn zaczyna męczyć, łatwo stąd uciec. Wsiadamy w pociąg, by odnaleźć spokój w zamku Windsor, w Oksfordzie, w Cotswalds, Brighton czy w katedrze w Yorku.

Wycieczki za miasto

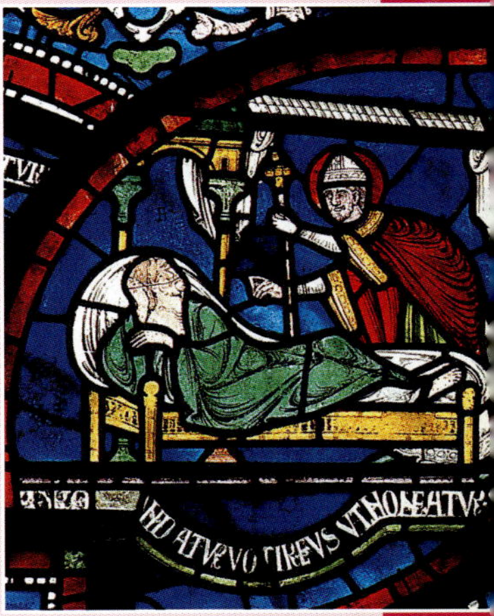

Św. Tomasz Becket na witrażu okna katedry w Canterbury.

Wycieczki za miasto

LONDYN MOŻE CZASAMI WYDAWAĆ SIĘ ZBYT EKSCYTUJĄCY, WIELKOMIEJSKI, hałaśliwy i nieustannie zatłoczony. Pocieszająca jest wtedy świadomość, że bez trudu można stąd wyjechać, chociaż historia miasta aż do XX w. mówiła raczej o przyjeżdżających niż wyjeżdżających. Wielki system kolejowy w Anglii XIX w. zbudowano po to, by przywoził ludzi i towary do Londynu, który już od czasów średniowiecznych był największym miastem na tej niedużej wyspie.

Obecnie, przy zatłoczonych drogach kolej stała się najważniejszym środkiem ucieczki z miasta. Podróżowanie koleją jest łatwe, są też liczne możliwości kupienia tanich biletów. Można dokonać rezerwacji przez telefon, łącznie z wynajęciem samochodu na miejscu przeznaczenia *(National Rail Inquires – informacja kolejowa – tel.0345-484950).*

Punkt informacyjny British Tourist Authority *(1 Regent Street, W1)* udostępnia dane o zabytkach, ogrodach, festiwalach muzycznych i zakwaterowaniu. Znaczną częścią historycznych rezydencji zajmuje się National Trust, ich listę wraz z dodatkowymi informacjami można znaleźć w przewodniku *National Trust Handbook.* Dla członków Trustu wstęp do wszystkich obiektów jest bezpłatny *(tel. 0181-315 1111).* Członkostwo w English Heritage także zapewnia bezpłatny wstęp do obiektów znajdujących się pod jego opieką *(tel. 0171-973 3000).* Dla miłośników ogrodów bardzo istotna jest doroczna lista National Garden's Scheme wymieniająca ogrody dostępne dla zwiedzających, w przewodniku National Trust figuruje też 200 ogrodów. Niemal wszędzie istnieją różne możliwości noclegów – nie tylko w hotelach. Na przykład Landmark Trust *(tel. 01628-825925)* ma ponad 150 budynków do wynajęcia, od dawnych świątyń i wież do domków i altanek. Distinctly Different *(tel. 01225-866648)* proponuje noclegi w miejscach niezwykłych, jak zamki, wiatraki czy latarnie morskie. Wolsley Lodges *(wysokiej klasy noclegi na kwaterach ze śniadaniem – B&B, tel. 01473-822058),* cieszy się dużą popularnością wśród wybrednych turystów, wydaje grubą broszurę informacyjną. Po 40 min jazdy pociągiem na zachód z dworca Waterloo przyjeżdżamy do Windsoru. Prócz zamku można tu obejrzeć bliźniacze miasteczka Windsor i Eton, Wielki Park, popłynąć statkiem po Tamizie i odwiedzić Legoland. Pociągi z Waterloo jeżdżą do Salisbury, gdzie znajduje się wspaniała katedra i jej otoczenie. Kilka mil od Salisbury Plain stoją monumentalne głazy Stonehenge, a na zachód znajduje się Wilton House Inigo Jonesa i klasyczne ogrody krajobrazowe Stourhead.

Pociągi Eurostar wyruszają z międzynarodowego dworca Waterloo w trzygodzinną podróż do centrum Paryża, wspaniała wycieczka całodniowa lub weeekendowa. Jeszcze bliżej do Lille (2 godz.) i Brukseli (2 godz. 40 min) *(Informacja Eurostar 0990-186186).*

Z dworca Paddington odjeżdżają pociągi na zach. do college'ów Oksfordu. Niewiarygodnie bogaty Blenheim Palace stoi w pobliskim Woodstock. Nieco dalej urocza stacyjka Kemble z kamienia w kolorze miodu sygnalizuje, że przyjechaliśmy do Cotswolds. Kemble leży poza centralnym targowym miasteczkiem regionu – Cirencester, otoczonym łagodnymi wzgórzami, na których pasą się owce. Inna linia z Paddingtonu zawiezie nas do miejsca urodzenia Szekspira Stratford-upon-Avon i dobrze znanych miejscowości Broadway i Moreton-in-Mars. Z Paddington można też pojechać do Bath, by obejrzeć eleganckie półkoliste rzędy domów w stylu georgiańskim.

Do hrabstwa Kent pociągi jadą z dworców Charing Cross, Victoria i Waterloo. W Canterbury nad miastem dominuje wspaniała katedra, zachowały się średniowieczne uliczki i normańska wieża. Do romantycznego zamku Leeds, kupionego przez królową Eleanor w 1278 r., wysiadamy na dworcu Bearstead w pobliżu Maidstone i dalej jedziemy autobusem. Pociągiem z dworca Victoria można pojechać do Lewes na wieczór operowy w Glyndebourne i do Brighton na spacer nad morzem, zakupy w sklepach z antykami i do pawilonu księcia regenta. Pociągi z Liverpool Street i King's Cross jadą na północ. do Cambridge, skąd niedaleko do cudownych katedr w Ely i Peterborough.

W York – wspaniała katedra, Jorvik Viking Centre i stare mury miejskie. Ładne miasto Leeds położone wśród wzgórz Yorkshire, tak plastycznie opisanych w powieściach sióstr Brontë. W pobliżu ciągną się rozległe wrzosowiska Parku Narodowego North Yorkshire Moors. ■

Windsor

Windsor
Mapa s. 221 C2
Informacje praktyczne
24 High Street
01753-743900. Zakwaterowanie: 01753-743907

DO WINDSORU, POŁOŻONEGO NAD TAMIZĄ 32 KM NA zachód od śródmieścia Londynu, można dojechać szybko i bez trudu. Zamek jest wspaniały, ale jest tu jeszcze do obejrzenia wiele innych atrakcji. Wśród dorocznych imprez należy wymienić pokaz koni Royal Windsor Horse Show w maju, karnawał w czerwcu, wystawę róż Royal Windsor Rose Show i mecze polo w lipcu, a także Windsor Festiwal we wrześniu. Są to bardzo miłe i interesujące imprezy.

Wspaniała droga wyjazdowa z Windsoru.

Windsor Castle
01753-868286
Całodobowa informacja: 01753-831118
Czynny codziennie, jeśli nie odbywają się uroczystości państwowe. Kaplica: dla wiernych tylko niedz. nabożeństwa: 10.45, 11.45, 17.15

Każdemu sprawi przyjemność wizyta w zamku **Windsor**, stojącym na wzgórzu w centrum miasteczka. Tę obronną twierdzę wzniósł Wilhelm Zdobywca ok. 1080 r. jako część kręgu fortyfikacji wokół Londynu. Edward II przerobił normański zamek na gotycki pałac. Ufundował College św. Jerzego w warowni Lower Ward i odbudował warownię Upper Ward. Edward IV wybudował St. George's Chapel (kaplicę św. Jerzego), a Henryk VIII dodał wielką bramę w Lower Ward. Karol II chciał uczynić Windsor swoim głównym pałacem poza Londynem, toteż architekt Hugh May stworzył dla niego najwspanialszą w Anglii amfiladę barokowych apartamentów reprezentacyjnych – **State Apartaments**, ozdobionych przez snycerza Grinlinga Gibbonsa i malarza Antonio Verrio. Później Jerzy III sprowadził Jamesa Watta, by nadał zamkowi bardziej romantyczny charakter. Jerzy IV zatrudnił Jeffreya Wyatville'a, by podwyższył słynną **Round Tower** (Okrągłą Wieżę) Henryka II do jej obecnej wysokości 64,5 m i dostawił dodatkowe wieże. Wyatville także przerobił z przepychem amfiladę apartamentów i uzupełnił **Long Walk** (Długa Trasa) w parku, rozpoczętą przez Karola II.

Królowa Wiktoria uczyniła Windsor swoim głównym pałacem, nic więc dziwnego, że kiedy jej małżonek książę Albert zmarł w zamku w 1861 r., zbudowała mu tutaj marmurową kaplicę nagrobną.

Po rujnującym pożarze 20 listopada 1992 r. wielką salę recepcyjną, jadalnię, salon purpurowy i inne pomieszczenia z pietyzmem odrestaurowano. Prace zajęły pięć lat, częściowo zostały sfinansowane z dochodów za zwiedzanie pałacu Buckingham, udostępnionego publiczności w 1993 roku. Części zamku, których nie dało się odrestaurować, odbudowała firma Sidell Gibson Partnership. Stworzyła przy tym nowoczesny styl gotycki wywodzący się ze średniowiecza. Widać go szczególnie w **Lantern Lobby**.

Apartamenty reprezentacyjne mogą stanowić najciekawszy punkt wycieczki, ale pamiętajmy, że warto zobaczyć jeszcze inne obiekty. Wspaniały jest Queen Mary's Doll's House (dom lalek królowej Marii) zaprojektowany przez Edwina Lutyensa dla królowej w 1924 r. w skali 1:12, **China Museum** (Muzeum Porcelany), gdzie wystawione są m.in. wyroby Sèvres, Worcester i Miśni; **kaplica św. Jerzego** z lat 1475–1528 i **Albert Memorial Chapel** (kaplica nagrobna Alberta) proj. Scotta.

U stóp miasteczka Windsor, za **Theatre Royal** *(Thames Street, tel. 01753-853888)* i domem, w którym mieszkał Christopher Wren, płynie Tamiza.

Cudownie spaceruje się po ścieżkach holowniczych, można też popływać statkiem wycieczkowym. Za mostem leży **Eton**, w tutejszym college'u uczyło się m.in. wielu późniejszych premierów.

Od południa i wschodu miasteczko otacza **Windsor Great Park** (Wielki Park Windsor), o powierzchni 19 km^2, rośnie tu wiele 500-letnich drzew. Dalej na pd. – **Legoland**. ■

Okrągła Wieża Henryka II poprawiona później przez Wyatville'a.

Zmiana warty codz. przed Guardrooms V–pocz.VIII, resztę roku co drugi dzień

$ $$$ lub mniej, kiedy część sal zamknięta

Legoland

☎ 0990-626 375

$ $$$$

Po lewej widać Tom Quard (dziedziniec Toma) w Christ Church z Tom Tower (wieża Toma) proj. Wrena, po prawej kopuła Radcliffe Camera.

Oxford

POŁOŻONE MIĘDZY RZEKAMI CHERWELL I TAMIZĄ (ZWANĄ tutaj Isis) mury i wieże starych budynków uniwersyteckich Oksfordu w kolorze miodu stwarzają w centrum tego ruchliwego miasta atmosferę ponadczasowego spokoju. Korzystając z usług przewodnika, turyści mogą obejrzeć college'e, których wygląd i tradycje niewiele się zmieniły od czasu ich ufundowania w średniowieczu czy za Tudorów.

Oxford

- Mapa s. 221 B2
- 1 godz. pociągiem z dworca Paddington; autobusem (National Coach service) ok. 90 min z dworca autobusowego Victoria Coach Station
- Informacje: 01865-712 250
- The Old School (na stacji autobusowej), Gloucester Green, Oksford
- 01865-726871 Informacje i mapy, spacery i wycieczki z przewodnikiem

Do najstarszych college'ów należy **Merton** *(Merton Street, tel. 01865-273 610)* ufundowany w 1264 roku. Dziedziniec Mob Quad z XIV w. mieści najstarszą czynną bibliotekę w Anglii. W **Balliol** *(Broad Street, tel. 01865-277777)* wychowało się więcej polityków niż w jakimkolwiek innym college'u. Poetę Percy Bysshe Shelleya zawieszono na semestr za pisanie wywrotowych broszur w **University College** przy High Street, zwanej The High *(tel. 01865-276602)*. Prezydent Bill Clinton był tu stypendystą.

Magdalen *(The High, tel. 01865-276000)* zbudowano w końcu XV w., za budynkiem rozpościera się cudowny park. Największy college, **Christ Church** *(St. Aldate's, tel. 01865-276150)*, ufundował kardynał Wolsey w 1525 roku. Tutejsza kaplica jest najmniejszą brytyjską katedrą, zbudowaną w XII w. jako kościół opacki. Latem spacer ścieżką holowniczą prowadzi przez **Christ Church Meadow** do najstarszego na wyspie **ogrodu botanicznego**.

Można przejechać się łodzią „na pych", zwaną punt, po rzece Cherwell od mostu Magdalen czy po Isis od mostu Folly w pobliżu Christ Church (stąd odpływają również statki wycieczkowe). W końcu maja odbywają się zawody wioślarskie Eight Week.

Poza miasteczkiem Garsington, w **Garsington Manor** *(tel. 01865-361636)* w czerwcu wystawiane są opery, elegancko ubrana publiczność w ogrodzie stwarza atmosferę prawdziwego *fête champetre.*

Wspaniałe muzea Oksfordu czynne są przez cały rok. **Ashmolean** *(Beaumont Street, tel. 01865-278 000, nieczynny pon.)* założone w 1683 r., najstarsze muzeum w Wielkiej Brytanii, eksponuje m.in. sztukę egipską, klasyczną, orientalną i europejską, a także srebro i ceramikę. Historię samego miasta opowiada **Museum of Oxford** (Muzeum Oksfordu) *(St. Aldate's, tel. 01865-815559),* dzieje uniwersytetu przedstawione w **Oxford Story** *(Broad Street, tel. 01865-790055),* a we wspaniałym budynku **University Museum of Natural History** (uniwersyteckie muzeum przyrodnicze) obejrzeć można szczątki ptaka dodo *(Parks Road, tel. 01865-272 950).* **Pitt Rivers Museum** *(Parks Road, tel.01865-270927)* poświęcone jest archeologii i antropologii. Inne budowle warte obejrzenia to biblioteka **Bodleian Library**, założona w 1598 r., i okrągły budynek **Sheldonian Theatre**, obydwa przy Broad Street; **Radcliffe Camera**, stanowiąca część biblioteki, stoi obok teatru.

OKOLICE OKSFORDU

W sąsiedztwie Oksfordu – trzy ciekawe wiejskie rezydencje z pięknymi ogrodami. Pałac **Blenheim** diuka Marlborough stoi na skraju uroczego miasteczka Woodstock, ok. 13 km od Oksfordu, przy drodze A44. Zamek zbudowano jako dar wdzięcznego narodu dla diuka po zwycięskiej bitwie pod Blenheim w 1704 roku. Pałac w stylu włoskim proj. Johna Vanbrugha otacza bardzo angielski park krajobrazowy proj. Capability Browna. W 1874 r. urodził się tutaj Winston Churchill. Gobeliny, obrazy i wspaniałe meble w dalszym ciągu zdobią złocone komnaty reprezentacyjne i Long Library (Długą Bibliotekę). W olbrzymim parku kolejka wąskotorowa, jezioro i labirynt Marlborough.

Inna wielka rezydencja w pobliżu Oksfordu to **Waddesdon Manor**, château w stylu francuskiego renesansu zbudowane przez barona Ferdinanda de Rotschilda w latach 1874–1889. Dom położony ok. 32 km na północny wschód od Oksfordu należy teraz do National Trust. W salonach francuskie meble i porcelana, a francuskie ogrody są idealnie przystrzyżone.

Mniej imponujące **Rousham** 19 km na północ od Oksfordu przy drodze A4260 to XVII-wieczny dom z ogrodem, który w XVIII w. zaprojektował William Kent. ■

Blenheim Palace

- Mapa s. 221 B2
- Woodstock, Oxfordshire
- 01993-811325
- Nieczynne koniec X–poł. III
- $$ w tym park i większość atrakcji. Dodatkowo za labirynt i wynajęcie łodzi.

Waddesdon Manor

- Mapa s. 221 B3
- Waddesdon obok Aylesbury, Buckinghamshire
- 01296-651226. Informacja automatyczna: 01296-653211
- Dom zamknięty pon.–wt., śr., otwarty VII–VIII. Ogród zamknięty pon.–wt. I–II
- $$$. Bilety na określoną godzinę

Rousham House & Garden

- Rousham, Oxfordshire
- 01869-347110
- Dom otwarty śr., niedz. i święta IV–IX, pon. po południu. Dzieci nie mają wstępu,
- $$

Na łódkach można znaleźć spokój.

Salisbury i Stonehenge

POŁUDNIOWE WILTSHIRE ZNANE JEST Z DWÓCH WSPANIAłych zabytków: wysmukłej elegancji katedry w Salisbury i jej cudownego otoczenia oraz z głazów Stonehenge stojących na zielonej murawie równiny Salisbury. To wymarzona okolica na spacery, jazdę konną lub rowerową z postojami w uroczych miasteczkach.

Salisbury

Mapa s. 221 B2

Fish Row, Salisbury

01722-334956

Salisbury Cathedral

The Close, Salisbury

01722-555100 albo 555113

Czynna codziennie. Nabożeństwo wieczorne codz. o 17.30

Opłata dowolna. Z przewodnikiem: $

Mompesson House

The Close, Salisbury

01722-335659

Zamknięty pon.–wt. i XI–III

$

SALISBURY

Rzeki Avon, Wylve i Bourne wiją się przez kredowe doliny, by spotkać się w New Sarum, czyli Salisbury. Jednak zwiedzanie miasta dobrze rozpocząć od pn. strony i od **Old Sarum**. Tutaj fosy, okopy i mury opowiadają bez słów historię fortu z epoki żelaza, potem rzymskiej osady, ufortyfikowanego saskiego miasta, normańskiego zamku i **katedry** (*Castle Road, tel. 01722-335398)*.

Biskup Richard Poore w 1220 r. rozpoczął wznoszenie jedynej średniowiecznej katedry w Anglii, która miała być zbudowana w całości w jednym stylu. Katedrę ukończono w 1258 r,. wysoką na 120 m wieżę dobudowano później. Budowlę zdobią gotyckie okna o maswerkowych motywach dekoracyjnych i fryzy, a prostą symetrię wnętrza podkreśla brak wyposażenia i średniowieczne witraże. Znajdują się tu wspaniałe nagrobki, m.in. biskupa Gilesa de Bridporta (1260). W sali kapitulnej w wirydarzu wystawiono jeden z czterech zachowanych egzemplarzy *Magna Carta*. Otoczenie wokół katedry – **Cathedral Close** – należy do najwspanialszych i największych w kraju. Niegdyś siedziba duchownych katedralnych, dziś jest to spokojny placyk z eleganckimi domami. Mury z trzema bramami wzniesiono ok. 1330 roku. Bramy w dalszym ciągu zamyka się na noc.

Wiele budynków wokół placyku można zwiedzać. Dom **Mompesson House**, należący do National Trust, zbudowano dla Charlesa Mompessona w 1711 roku. Później Charles Longeville ozdobił go

Gotyckie posągi w niszach nad drzwiami katedry w Salisbury.

pięknymi stiukami i dębowymi, rzeźbionymi schodami. Garderoba pochodzi z 1254 r., zbudowano ją jako miejsce przechowywania szat biskupich, obecnie jest siedzibą **Royal Regimental Museum Gloucestershire, Berkshire and Wiltshire** (Muzeum Regimentów Królewskich) *(tel. 01722-414536).* Warto zasiąść pod pięknym sklepieniem **Medieval Hall** *(tel. 01722-412472),* by obejrzeć półgodzinny spektakl o dziejach Salisbury. Aby dowiedzieć się czegoś więcej o Stonehenge, trzeba pójść do **Muzeum Salisbury** i **South Wiltshire**.

OKOLICE SALISBURY

Inna elegancka budowla na zachód od miasta to **Wilton House**, siedziba rodziny Herbertów od 1544 roku. Wspaniałościom komnat dorównuje romantyczny park. W miasteczku Wilton słynącym z tkania dywanów, odkąd tę umiejętność wprowadzili tu francuscy tkacze na początku XVIII w., można obejrzeć **Wilton Carpet Factory** (Wytwórnię Dywanów Wilton). Miłośnicy ogrodów powinni pojechać 8 km na północ do **Heale Garden** *(Middle Woodford, tel. 01722-782504).* Nad rzeką Test w Hampshire znajdują się **Houghton Lodge Gardens** i **Hydroponicum** *(obok Stockbridge, tel. 01264-810502).*

STONEHENGE

Jeden z najważniejszych prehistorycznych obiektów stoi na rozległych kredowych terenach równiny Salisbury. Ten zagadkowy i symboliczny krąg gigantycznych stojących głazów mógł wyznaczać środek dawnego terytorium administracyjnego, kulturalnego i społecznego, które miało wielkie znaczenie 3000 lat p.n.e. Krąg stoi w pobliżu pięciu siedzib prehistorycznych społeczności, których ślad stanowią pozostałości budowli ceremonialnych i mieszkalnych, w tym kurhanów – grzebalnych kopców ludów z epoki neolitu i brązu – i prostokątnych zarysów celtyckich farm i pól.

O pierwotnym przeznaczeniu kamiennego kręgu dyskutuje się bez końca. Może było to miejsce religijnych obchodów letniego i zimowego przesilenia, może był to gigantyczny kamienny kalendarz astronomiczny. W późniejszym okresie dodano aleję długości 3,2 km wyznaczającą linię wschodu słońca w dzień letniego przesilenia. Około 80 niebieskich głazów, niektóre o wadze 2 ton, przetransportowano na odległość 384 km z Preseli Hills w Południowej Walii. Jeszcze później w samym sercu kręgu dodano konstrukcję złożoną z dwóch głazów zwieńczonych trzecim. Stonehenge stało się ośrodkiem odrodzonych ceremonii druidów. Wiele tysięcy ludzi zjawia się tu na moment letniego przesilenia. ■

Stonehenge zachowało swą tajemniczość i moc.

Salisbury i South Wiltshire Museum
- ✉ The King's House, The Close, Salisbury
- ☎ 01722-332151
- 🕒 Nieczynne niedz. IX–VI
- $ $$

Wilton House
- ✉ Wilton, Salisbury
- ☎ 01722-746729
- 🕒 Zamknięte XI–III
- $ $$$

Wilton Carpet Factory
- ✉ King Street, Wilton, Salisbury
- ☎ 01722-744919 lub 742733
- $ $

Stonehenge
- Mapa s. 221 B2
- ✉ Boczna od A303 i A360
- ☎ Informacja automatyczna: 01980-624715
- $ $$ (w tym wspaniały audioprzewodnik)

Kamienna głowa gorgony w muzeum Roman Baths.

Bath
Mapa s. 221 A2
Abbey Church Yard, Abbey Chambers, Bath
01225-477101

Telefony dla turystów
Automatyczna informacja; Bath: Festiwale 0891-360387; Roman Baths, Muzeum of Costume 0891-141178. Building of Bath Museum, No. 1 Royal Crescent, Abbey Heritage Vaults and William Herschel Museum 0891-141180. Piesze wycieczki po mieście 0891-360393.

Roman Baths & Museum
Pump Room, Stall Street
01225-477785 lub 447 784
$$$

Bath

W WIELKIEJ DOLINIE POŚRÓD ŁAGODNYCH WZGÓRZ NA obu brzegach rzeki Avon leży Bath, niegdyś rzmskie uzdrowisko Aquae Salis, popularne od I do V wieku. Wody mineralne i naturalne gorące źródła przez stulecia zapewniały miastu prosperity.

Pociąg z Londynu jedzie najpierw wysoko nad doliną Avonu, potem trochę zwalnia i wtedy widać wspaniałą panoramę miasta z **Bath Abbey** (opactwo Bath) *(Abbey Courtyard, tel. 01225-422462)*, którego zdobiona pinaklami wieża wznosi się ponad georgiańskie szeregi i półkola domów. Zwiedzanie dobrze rozpocząć od opactwa. Dzięki olbrzymim oknom wnętrze wydaje się wielką latarnią z rozległym wachlarzowym sklepieniem, znacznie przebudowanym przez George'a Gilberta Scotta w 1864 roku. W pobliżu **Roman Baths**, ze świątynią, kąpieliskiem, muzeum rzeźb, monet i innych pozostałości. Jeden z lepiej zachowanych obiektów rzymskich w Europie. Łaźnie, choć nie używane, zachowano. Sąsiadująca z nimi Pump Room (Pompownia) stanowiła centrum towarzyskie w Bath w XVIII w., do bywalców należeli książę Walii, późniejszy Jerzy IV, i początkujący malarz wyższych sfer Thomas Gainsborough.

Właśnie w XVIII w. powstała większa część Bath. Z miejscowego kamienia zbudowano eleganckie georgiańskie miasto, bardzo dziś podziwiane i chronione. Szczególnie ładna jest Great Pulteney Street, na którą wchodzi się z mostu Pulteney proj. Roberta Adama z 1770 roku. Inne ciekawe budynki to **Guildhall** przy High Street, obok starej hali targowej, piękny **Theatre Royal** przy Milsom Street, i pobliski **Octagon** (ośmiokątny budynek). **Circus** i **Royal Crescent** to dwa wspaniałe dzieła architektoniczne, stworzone przez dwóch głównych architektów Bath – Johna Wooda Starszego i jego syna Johna Wooda Młodszego. **Dom pod nr 1** przy Royal Crescent, zaprojektowany przez młodszego Wooda dla teścia, został starannie odrestaurowany i umeblowany, udostępniony zwiedzającym. Warto porównać go z **domem** astronoma i uczonego **Williama Herschla** przy New King Street.

W Bath istnieją liczne muzea, wiele poświęconych historii miasta. **Building of Bath Museum** (Muzeum Budowy Bath) *(The Vineyards, tel. 01225-333895)* opowiada dzieje georgiańskiego Bath, a **Georgian Garden** pod nr 4, The Circus, idealnie odtwarza XVIII-wieczny miejski ogród. **The Book Museum** (Muzeum Książki) zajmuje się sztuką oprawy i miejscem Bath w literaturze angielskiej; **Bath Industrial Heritage Centre** (Centrum Dziedzictwa Przemysłowego) *(Julian Road, tel. 01225-318348)* pokazuje stuletnią historię jednej niewielkiej firmy pana Bowlera. **Bath Postal Museum** (Muzeum Poczty) *(8 Broad Street, tel. 01225-460333)* przypomina, że pierwszy znaczek na świecie, Penny Black, został wysłany z Bath 2 maja 1840 roku. **Bath Boating Station** (przystań łodzi) jest żywym muzeum skiffów, puntów i kajaków, które można wynająć.

Warto zobaczyć **Holburne Museum** i **Craft Study Centre**, zbiór sreber, porcelany i obrazów Williama Holburne'a, usytuowane

Tama poniżej Pulteney Bridge.

w XVIII-wiecznym hotelu Sydney, są tu także brytyjskie wyroby rękodzielnicze, m.in. prace architekta i projektanta Arts and Crafts Ernesta Gimsona i wytwórcy ceramiki Bernarda Leacha. **Museum of Costume** (Muzeum Strojów) *(Bennett Street, tel. 01225 -477789)* pokazuje wspaniałą kolekcję strojów od epoki Tudorów do dziś.

Można przejechać się po mieście otwartym autobusem, konnym zaprzęgiem lub statkiem wycieczkowym po rzece Avon.

OKOLICE BATH

Na pd.-wsch. obrzeżach miasta **American Museum in Britain** (Amerykańskie Muzeum w Wielkiej Brytanii) pokazuje swe wspaniałe kolekcje w 18 odtworzonych pomieszczeniach z epoki od XVII do XIX wieku.

Bradford-on-Avon to urocze nadrzeczne miasteczko zbudowane z kamienia, 13 km od Bath przy A363. Trochę dalej National Trust prowadzi trzy wspaniałe obiekty: **Dyrham Park** ok. 13 km na północ przy A46, dom z początków XVIII w. otoczony parkiem z płową zwierzyną; **Lacock Abbey**, 19 km na wschód od Bath, to wiejska rezydencja wybudowana jako opactwo w XIII w., obok w nowym budynku muzeum Henry Foxa Talbota, ojca fotografii, oraz **Stourhead**, 32 km od Bath przy B3092, piękny XVIII-wieczny angielski ogród krajobrazowy. ■

American Museum in Britain
- ✉ Claverton Manor, Bath
- ☎ 01225-460503
- ⏲ Nieczynne pon. i XI–II
- $ $$

Bradford-on-Avon
- ✉ 34 Silver Street
- ☎ 01225-865797

Dyrham Park
- N Mapa s. 221 A
- ✉ Obok Chipping Sodbury, Wiltshire
- ☎ 01179-372501
- ⏲ Dom: zamknięty śr. i czw., XI–II
- $ $$

Lacock Abbey
- N Plan s. 221 B2
- ✉ Lacock, obok Chippenham, Wiltshire
- ☎ 01249-730227
- ⏲ Opactwo: zamknięte wt., X–III. Krużganki i otoczenie codziennie.
- $ $$

Stourhead
- N Plan s. 221 A2
- ✉ Stourton, Wiltshire
- ☎ 01747-841152. Informacja automatyczna: 0891-335205
- ⏲ Dom: zamknięty czw. i pt. od XI–III; ogrody: codz.
- $ $$

Stratford i Cotswolds

MIASTO, GDZIE URODZIŁ SIĘ POETA, AKTOR I DRAMATURG William Szekspir, jest tak znane i sławne, że po prostu nie da się tu uniknąć tłumu turystów. To samo dotyczy najbliższej okolicy i Cotswolds położonych na południe od miasta. Warto spróbować po sezonie – wcześniej należy zarezerwować bilety do Royal Shakespeare Theatre.

Farma Ann Hathaway z epoki Tudorów.

Stratford-upon--Avon

Mapa s. 221 B3

Royal Shakespeare Theatre, Box Office

01789-295623

Ośrodki informacji turystycznej

Bridgefoot, Stratford-upon-Avon

01789-293127

Corn Hall, Market Place, Cirencester

01285-654180

77 Promenade, Cheltenham

01242-522878

Szekspirowscy pielgrzymi muszą odwiedzić pięć miejsc. W Stratfordzie **Sheakespeare's Birthplace** (miejsce urodzenia Szekspira) przy Henley Street *(tel. 01789-204016)*, **Nash's House** i **New Place** *(tel. 01789-292325)* przy Chapel Street, dom wnuczki Szekspira i miejsce jego domku, gdzie założono elżbietański ogród; **Hall's Croft** z epoki Tudorów *(tel. 01789-292107)*, gdzie mieszkała jego córka i zięć John Hall. Za miastem można odwiedzić domek jego żony, **Anne Hathaway's Cottage**, *(tel. 01789-292100)*, pokryty strzechą wiejski dom z epoki Tudorów w Shottery; a także dom o konstrukcji szkieletowej w **Wilmcote**, gdzie mieszkała jego matka Mary Arden.

Oprócz pamiątek szekspirowskich w mieście znajduje się ozdobny elżbietański dwór, w którym w 1607 r. urodził się założyciel uniwersytetu Harvarda, John Harvard. Wycieczki statkiem po rzece Avon.

16 km na północ od Stratfordu przy A46 zamek **Warwick** *(tel. 01926-406600)*, jeden z ładniejszych w Anglii, rozrósł się bowiem z drewnianej warowni i muru w olbrzymi zespół z wieżami. Kilka kilometrów dalej na północ ruiny zamku **Kenilworth** *(tel. 0196-52078)*, z normańską wieżą, wielką salą i odrestaurowanym tudorowskim ogrodem. Tutaj Robert Dudley podejmował Elżbietę I, to on wybudował dom dla wojskowych weteranów w Warwick. **Ragley Hall** otoczony parkiem o pow. 160 km^2 *(ok. 13 km na zachód od miasta, tel. 01789-762090)* ma swoje mniejsze odpowiedniki w sąsiedztwie, w tym **Snowshill Manor** z wieloma antykami i ciekawy **Hidcote Manor Gardens**.

COTSWOLDS

Na południe od Stratfordu owce pasące się na rozległych stokach wzgórz Cotswolds przyniosły okolicy zamożność, którą dziś jeszcze widać w ładnych targowych miasteczkach z kamiennymi domami, z których największe to **Cirencester**. W **Burford** ciekawa główna ulica. **Charlbury** leży w dolinie Evenlode. **Tetbury** i **Chipping Norton** także świadczą o wełnianym bogactwie. Warto zobaczyć urokliwe miasteczka Bourton-on-the-Water, Moreton-in-Marsh i Stow-on-the-Wold. ■

Canterbury i Leeds Castle

KATEDRA W CANTERBURY UFUNDOWANA W 597 R. JEST Kościołem Macierzystym Anglikańskiej Wspólnoty i siedzibą arcybiskupa Canterbury. W jej wnętrzu masa pamiątek historycznych, a sama katedra dominuje w dziejach miasta. Aby poznać uliczki i zabytki, można spacerować indywidualnie lub wynająć przewodnika, obejrzeć miasto z łódki lub z konnego zaprzęgu.

Zamek Leeds otoczony jest jeziorem.

Obecny budynek **katedry** *(tel. 01227-7628620)* z 1070 r. świadczy o ponadczterechsetletnim rozwoju architektury, od normańskiego prezbiterium i krypty do wysokiej gotyckiej nawy. Wieża Bell Harry, wysokości 70,5 m, zbudowana w 1595 r., także jest gotycka. Rycerze Henryka II zamordowali tu arcybiskupa Tomasza Becketa w 1170 r., ponieważ ośmielił się krytykować króla. Złoty nagrobek świętego stał się jednym z głównych celów pielgrzymek w średniowieczu. Fikcyjni pielgrzymi z *Opowieści kanterberyjskich* Geoffreya Chaucera byli następcami wielu prawdziwych pielgrzymów. Świątynię złupił Henryk VIII, jednak świece w dalszym ciągu palą się na miejscu kaplicy św. Trójcy.

Z katedry idziemy średniowiecznymi uliczkami do **St. Augustine's Abbey** (opactwa św. Augustyna) *(Longport, tel. 01227-767345)*, do **Roman Museum** (Muzeum Rzymskiego) *(Longmarket, tel. 01227-785575)* i do **Canterbury Tales** *(St. Margaret Street, tel. 01227-454888)* gdzie odgrywane są opowieści Chaucera.

Na wschód od Maidstone leży zamek Henryka VIII **Leeds**. Zbudowany pośrodku jeziora i otoczony parkiem o pow. 200 ha – niemal symbol romantycznego zamku średniowiecznego. ■

Canterbury

- Mapa s. 221 D2
- 34 St. Margaret's Street
- 01227-766567
- Zamknięty niedz., XI–Wielkanoc. Codz. z przewodnikiem

Leeds Castle

- Broomfield, Maidstone
- 01622-765400.
- $$$

Pawilon Królewski księcia regenta.

Brighton i Hove

BRIGHTON STAŁO SIĘ SŁAWNE, ODKĄD KSIĄŻĘ REGENT zbudował tu swój Pawilon Królewski – pałac inspirowany architekturą indyjską.

Brighton
Mapa s. 221 C1
Bartholomew Square
01273-292599

Glyndebourne
Mapa s. 221 C1
Festival Opera
Glyndebourne, Lewes, East Sussex
01273-812321
Spektakle późnym wieczorem V–koniec VIII

Zwiedzamy najpierw Pawilon Królewski. Potem można pójść labiryntem uliczek pełnych sklepów z antykami; spacer brzegiem morza pozwala obejrzeć szeregowe domy z okresu regencji i słynne molo Palace Pier. W Brighton istnieje także wspaniałe **Museum and Art Gallery** (Muzeum i Galeria Sztuki) *(Church Street, tel. 01273-603005)*, na cmentarzu **Lewes Road Cemeteries** nagrobki wiktoriańskie. Jest tu też **Booth Museum of Natural History** (Muzeum Przyrodnicze) *(194 Dyke Road, tel. 01273-552586)*, **Fishing Museum** (Muzeum Rybołówstwa) *(201 Kings Road Arches, tel. 01723-723064)*, cudowny teatr oraz kalendarium festiwali sztuki i jarmarków. Na pn. od śródmieścia edwardiański **Preston Manor** *(tel. 01273-603005)*. W sąsiednim **Hove** ratusz z czasów regencji (*13 Brunswick Square, tel 01273-206306*) odrestaurowany i udostępniony zwiedzającym, na obrzeżach miasta camera obscura **Foredown Tower** *(Foredown Road, Portslade, tel. 01273-292092)*, a także przerobiona edwardiańska wieża ciśnień, z której roztaczają się piękne widoki na Sussex Downs.

Warto odwiedzić urocze miasteczka Alfriston czy Firle, które dzieli odległość kilku kilometrów. Obydwa leżą ok. 26 km na wschód od Brighton w pobliżu **Charleston Farm House** *(tel. 01835-823260)* powiązanej z intelektualistami z grupy Bloomsbury. Entuzjaści opery mogą mogą pójść do teatru Michaela Hopkinsa w **Glyndebourne**. ■

Cambridge

Rzeka Cam mija budynki college'ów; na drugim brzegu rzeki łąki „Backs".

POŁOŻONE NA RÓWNINIE W ZAKOLU RZEKI CAM, MIASTECZKO uniwersyteckie Cambridge – idylliczne, spokojne, całkiem różne od zatłoczonego, ruchliwego Oksfordu.

Najstarszy college to **Peterhouse**, założony w 1284 roku. Każdy następny college to przykład panującego akurat stylu w angielskiej architekturze. Najpiękniejszy jest **King's College** *(tel. 01223-331417)*, a najlepiej oglądać go z łódki na rzece Cam lub z odludnych ścieżek „Backs", czyli łąk po drugiej stronie rzeki. Kaplica King's College to zapewne najlepszy przykład architektury gotyckiej nurtu perpendicular.

College **Queens'** *(tel. 01223-337733)* ma cudowne tudorowskie dziedzińce i **Mathematical Bridge** (Most Matematyczny) zbudowany w 1749 r. bez użycia gwoździ (dodanych jednak przy pracach remontowych). W **Trinity** *(tel. 0123-467790)* biblioteka zaprojektowana przez Wrena, znajduje się nad rzeką. Studenci starają się przebiec przez wielki dziedziniec w czasie, gdy zegar bije godzinę dwunastą. Inne college'e warte obejrzenia to **Clare**, **Magdalene**, **St. John's**, **Jesus** i **Emmanuel**. Zwiedzający mogą spacerować po dziedzińcach, wchodzić do kaplic, czasami też do ogrodów lub skorzystać z usług przewodnika. (W pewnych okresach wstęp może być ograniczony.)

ELY I PETERBOROUGH

Obydwa te miasta położone na płaskich bagniskach na północ od Cambridge mają cudowne normańskie katedry. Katedra w Ely słynie z wieży i witraży, Peterborough z zach. fasady i sklepienia. Ely to miasteczko targowe nad rzeką Great Ouse ok. 24 km na północ od Cambridge, Peterborough leży 24 km na północny zachód od Ely. ■

Cambridge

Mapa s. 221 C3

Wheeler Street

01223-322640. Informacja automatyczna: 01223-463290

Ely

Mapa s. 221 C3

Oliver Cromwell's House, 29 St. Mary's Street

01353-662062

Peterborough

Mapa s. 221 C3

45 Bridge Street

01733-452336

York i Leeds

York
Mapa s. 221 B5
Informacja turystyczna
Exhibition Square
01904-611690

PO TRZECH GODZINACH JAZDY POCIĄGIEM Z LONDYNU dojeżdżamy do wrzosowisk Yorkshire w północnej Anglii. Na Yorku widać piętno Rzymian, Sasów, wikingów i Normanów.

Zwiedzający mogą odbyć spacer po murach miejskich zbudowanych przez Rzymian i obejrzeć **Jorvik Viking Centre** *(Coppergate, tel. 01904-643211)*, gdzie odbędą podróż w czasie w specjalnych kapsułach. Jednak nad wąskimi uliczkami dominuje przede wszystkim kościół **York Minster**. Rozpoczęty w XIII w. jest największym gotyckim kościołem Anglii o pięknych witrażach. Inne ciekawe obiekty to **York Castle Museum** (Muzeum Zamku York) *(The Eye of York, tel. 01904-653611)* z odtworzonymi pomieszczeniami z epoki, olbrzymie **National Railway Museum** (Muzeum Kolejnictwa) *(Leeman Road, tel. 01904-621261)*, **Merchant Adventure's Hall** (Dom Kupieckich Poszukiwaczy Przygód) zbudowany przez silne średniowieczne gildie Yorku, a także **City Art Gallery** (Miejska Galeria Sztuki) *(Exhibition Square, tel. 0194-551861)*.

Wieże York Minster.

LEEDS

Po drugiej stronie wrzosowisk leży **Leeds** *(Informacja turystyczna, City Station, tel. 0113-242 52420)*, ładne miasto, którego targowiska i budowle użyteczności publicznej świadczą o stuleciach zamożności. **Miejska Galeria Sztuki** *(The Headrow, tel. 0113-247 8248)* znana z dzieł z XX w. i **Royal Armouries Museum** (Muzeum Królewskiej Zbrojowni) *(The Waterfront, tel. 0113-245 6456)*, gdzie można obejrzeć inscenizowane turnieje. **Henry Moore Institute** (Instytut Henry'ego Moore'a) *(The Headrow, tel. 0113-234 3158)* – rzeźbiarz studiował w Leeds – urządza rozmaite wystawy. W sąsiedztwie miasta trzy parki narodowe: Yorkshire Dales, North York Moors i Peak District, z cudownymi trasami spacerowymi. ■

Rady praktyczne

Lew z Trafalgar Square.

RADY PRAKTYCZNE

PLANOWANIE PODRÓŻY

KIEDY JECHAĆ

Przez cały rok Londyn jest atrakcyjny dla turystów. Nie ma tu martwych okresów, są jednak pory szczególnie sprzyjające pewnym zainteresowaniom, takim jak zwiedzanie ogrodów czy słuchanie muzyki kościelnej.

Styczeń, luty i marzec to – po szaleństwach Bożego Narodzenia – dobre miesiące na obejrzenie popularnych sztuk i oper, na stosunkowo spokojne zwiedzanie muzeów. Nawet w najmodniejszych restauracjach łatwiej zarezerwować stolik, a w sklepach można skorzystać z wyprzedaży. W ostatnią niedzielę stycznia odbywają się uroczystości upamiętniające ścięcie Karola I; do tradycji lutego należą obchody chińskiego Nowego Roku w Soho. Wielkanoc, która może wypaść w marcu lub kwietniu, to okres niezwykłej muzyki, kiedy śpiewa się wielkanocne pasje w katedrach, kościołach i salach koncertowych. O tej porze roku odbywa się wiele wyścigów konnych; na Tamizie między mostem Putney a Hammersmith trwa wyścig wioślarski między załogami Oksfordu i Cambridge. Trawniki w parkach okrywa dywan żonkili, a liście rozwijają się z pąków. W Hyde Parku można zobaczyć paradę wielkanocną i pokaz konnych zaprzęgów.

W kwietniu i maju zwiększa się liczba imprez kulturalnych. Trwają festiwale sztuki, rezydencje otwierają się tylko na letnie miesiące, odbywają się mecze polo w Ascot i Windsor Horse Trials. Zaczynają się też targi antyków, pokazy kwiatów w salach Królewskiego Towarzystwa Ogrodniczego w Pimlico, a najważniejszy z nich – to Chelsea Flower Show. Królowa większość tego okresu spędza w Windsorze, więc State Apartments (sale reprezentacyjne) mogą być zamknięte. Warto zwracać uwagę na imprezy w pierwszy i ostatni poniedziałek maja, bo obydwa te dni są wolne od pracy.

W czerwcu pojawia się nadzieja na dobrą pogodę. Festiwale sztuki odbywają się w Greenwich i Spitafields, rozpoczynają się letnie koncerty na wolnym powietrzu w Kenwood House i Marble Hill House. Do tradycyjnych wydarzeń sportowych należą Derby w Epsom, tydzień wyścigów konnych w Ascot, Henley Royal Regatta, turniej tenisowy Stella Artois w Queen's i mistrzostwa Angli w tenisie na Wimbledonie. Na wszystkie te imprezy trzeba wcześniej dokonać rezerwacji. Do tradycyjnych wydarzeń należą też: Beating the Retreat (capstrzyk), Garter Ceremony w Windsorze (Ceremonia Orderu Podwiązki) i Trooping the Colour (parada gwardii królewskiej). Królowa często przebywa w Windsorze, więc sale reprezentacyjne są nadal nieczynne.

W lipcu i sierpniu biura pustoszeją, a wielu londyńczyków wyjeżdża na urlop. Ale muzea i teatry wypełniają turyści. Odbywa się festiwal sztuki City of London Festival i wieczorne koncerty Henry'ego Wooda „Proms" w Royal Albert Hall. Po powrocie mieszkańców z wakacji we wrześniu i październiku odbywają się festiwale na Tamizie i w Covent Garden, a także ważne wystawy i premiery teatralne.

W listopadzie i grudniu odbywa się wiele tradycyjnych imprez: uroczyste otwarcie sesji parlamentu (październik albo listopad), dzień Guy Fawkesa, parada Lorda Mayora, a potem już obchody Bożego Narodzenia. Sklepy i ulice są udekorowane, bilety do teatrów trzeba rezerwować wcześniej, a w katedrach, kościołach i salach koncertowych można posłuchać wspaniałej muzyki kościelnej.

KLIMAT

Brytyjska pogoda codziennie zaskakuje każdego Brytyjczyka. Nic więc dziwnego, że w Londynie pogoda stanowi nieustanny temat rozmów, zazwyczaj pełnych zdumienia, a ponieważ wszystko jest możliwe, tylko nieliczni noszą parasole lub płaszcze od deszczu. Teoretycznie w Londynie występują określone pory roku. W zimie (listopad –marzec) powinno być zimno, trochę mrozu, czasami lekki śnieg; wiosną (kwiecień–maj) powinno się ocieplać; w lecie (czerwiec–sierpień) powinno być wystarczająco ciepło, by jeść kolację na powietrzu, może być nawet wilgotno i duszno; a jesienią (wrzesień–październik) chłodne poranki powinny zapowiadać słoneczne dni. Motto dla turystów brzmi: „Bądź przygotowany". Lepiej mieć przy sobie składaną parasolkę i płaszcz od deszczu, warto założyć obuwie, które nie przemaka. Zawsze też lepiej zaplanować dwa warianty zwiedzania każdego dnia: na zewnątrz i we wnętrzu, na wypadek deszczu lub czegoś gorszego.

PASZPORT I WIZA

Obywatele Polski mogą wjechać do Wielkiej Brytanii tylko z paszportem (wiza nie jest wymagana).

JAK DOJECHAĆ DO CENTRUM LONDYNU

Z LOTNISKA

Gatwick (tel.01293-535353) Lotnisko leży 48 km od centrum miasta, więc szybciej i pewniej dojechać koleją niż drogą. Pociąg Gatwick Express do dworca jedzie 30–35 min, odjeżdża co 15 min w dzień, rzadziej w nocy. Pociągi Connex South Central na tej samej trasie jadą dłużej, ponieważ zatrzymują się po drodze. Pociągi Thameslink przystają na London Bridge, Blackfriars, City Thameslink, Farringdon i King's Cross Thameslink. Autobus Flightline 777 jedzie 75 min, odjeżdża co godzinę w godz. 5–20. Taksówka kosztuje ponad 50 funtów (75 dol.).

Heathrow (tel. 0181-759 4321)
Główne londyńskie lotnisko leży 24 km od centrum, można więc jechać koleją lub drogą. W godzinach szczytu kolej jest pewniejsza. Kolej Heathrow Express do dworca Paddington jedzie 20 min, odchodzi co 15 min w godz. 5.07–23.52. Metrem linii Piccadilly jedzie się 40–60 min, pociągi odchodzą regularnie od 5.30 do 23.30, wśród licznych przystanków: Knightsbridge (30 min), Piccadilly Circus i Oxford Street. Autobusy Airbus A1 i A2 jadą 60–80 min, zatrzymują się wielokrotnie w śródmieściu. Taksówka kosztuje 25–45 funtów (37,5–70 dol.).

London City Airport (tel. 0171-646 0000)
To niewielkie lotnisko leży na Isle of Dogs w Doklandach, 14,5 km na wschód od centrum Londynu. Autobusy do Canary Wharf Station, skąd Docklands Ligh Railway jedzie do stacji Bank. Cała podróż zabiera 20 min, łączy się z systemem metra. Airbus jedzie aż do Liverpool Street Station (25 min), odjeżdża co 10 min, jeśli lotnisko jest czynne. Taksówką jedzie się 20–40 min za 15–20 funtów (22,5–30 dol.).

Stanstead (tel. 01279-680500)
Najnowsze londyńskie lotnisko leży 56 km od centrum, toteż szybciej jedzie się koleją. Pociąg Stanstead Express jedzie do Liverpool Street Station 42 min, odchodzi co 30 min w godz. 6.00–23.59. Taksówka kosztuje ponad 50 funtów (75 dol.).

POCIĄG LUB AUTOKAR

Pociągi Eurostar (tel. 0990-186186) przyjeżdżają na międzynarodowy dworzec Waterloo International z Paryża, paryskiego Disneylandu, Brukseli i Lille.

Pociągi zwykłe (tel. 0345-484950) przyjeżdżają na stacje Charing Cross, Euston, King's Cross, Liverpool Street, Paddington, Victoria i Waterloo.

Autokary międzymiastowe przyjeżdżają na dworzec Coach Station (tel. 0171-730 3466). Linie National Express (tel. 0990-808080) to największy brytyjski przewoźnik. Eurolines (tel. 01582-404511) jeżdżą na kontynent.

JAK SIĘ PORUSZAĆ PO MIEŚCIE

KOMUNIKACJA MIEJSKA

Żeby wizyta w Londynie była przyjemna, musimy przede wszystkim oswoić się z transportem miejskim. Podróżowanie taksówką jest co prawda przyjemne, ale korki na ulicach błyskawicznie nabijają rachunek. Jazda metrem czy autobusem, za przykładem londyńczyków, oszczędza czas i może być bardzo ciekawa. W razie wątpliwości wystarczy po prostu zapytać.

TAKSÓWKA
Są dwa rodzaje taksówek: czarne (black cab) i mini (minicab) Czarne taksówki (zdarzają się w innym kolorze) rzucają się w oczy ze względu na kształt, ich liczba jest ograniczona, a kierowcy zdali specjalny egzamin, więc świetnie znają miasto. Mają opłacone wszystkie ubezpieczenia i można bezpiecznie wysłać taksówką przesyłkę. Można wziąć taksówkę na postoju, zadzwonić do jednej z firm, takich jak Radio Taxis (tel 0171-272 0272) czy Dial a Cab (tel.0171-253 5000) lub zatrzymać przejeżdżającą z zapalonym żółtym napisem „For Hire" (do wynajęcia). Opłata wzrasta wraz z odległością i porą dnia, więcej płacimy wieczorem i w weekendy. Kierowca jest zobowiązany jechać najkrótszą drogą, jeśli pasażer nie poinstruuje go inaczej. Zażalenia składa się w Public Carriage Office (tel.0171-230 1631).

W minicabach często jeżdżą niewyszkoleni kierowcy w nieubezpieczonych samochodach. Legalnie można ich wezwać tylko przez telefon, nie można ich zatrzymywać na ulicy – co zresztą byłoby wyjątkowo nierozsądne. Można korzystać tylko z minicabów, których firmę polecił nam ktoś znajomy. Wyjątkiem są Lady Cabs (0171-272 3019), które jako kierowców zatrudniają wyłącznie kobiety, co szczególnie odpowiada wielu samotnym pasażerkom.

AUTOBUS I METRO
London Transport zarządza metrem i większością linii autobusowych. Ceny biletów w obydwu środkach transportu kształtują się według sześciu koncentrycznych stref – strefa 1 i 2 obejmuje większą część śródmieścia. Bilety można kupować pojedynczo na każdy przejazd, ale łatwiej, szybciej i taniej jest kupić Travelcard A. Można się nią posługiwać w metrze, autobusach, w kolejce DLR i w niektórych pociągach. Istnieją różne rodzaje Travelcard, jednodniowa (ważna przed godz. 9.30), jednodniowa (ważna dopiero po 9.30), tygodniowa, weekendowa i rodzinna. Każda karta może obejmować albo wybrane strefy, albo wszystkie. Kartę okazujemy na żądanie kontrolera, sobie zaś oszczędzamy stania w kolejkach do kasy czy kłopotów z automatami.

Komunikacja autobusowa
Nic nie da się porównać z przyjemnością oglądania Londynu z przedniego siedzenia na górnym pokładzie autobusu. Przystanki autobusowe oznaczone są słupkiem z czerwonym znakiem. Na każdym jest lista autobusów, jakie się tu zatrzymują, jest także podana cała trasa. Przy jednoosobowej obsłudze kupujemy bilet lub pokazujemy kartę kierowcy przy wejściu. Jeśli jest konduktor, możemy od razu zająć miejsce, gdyż przyjdzie sprzedać bilet lub skontrolować kartę.

Metro
Olbrzymia sieć metra obejmuje cały Londyn, 12 linii rozwozi codziennie 2,5 mln pasażerów przez 300 stacji. Londyńska kolejka podziemna jest dobrze oświetlona i bezpieczna, łatwo z niej korzystać. Najpierw trzeba zaplanować trasę na planie metra, potem kupić Travelcard. Należy wybrać odpowiednią linię według kolorowego kodu i upewnić się, że pojedziemy we właściwym kierunku. Przy przesiadkach trzymamy się znaków prowadzących na odpowiedni peron. Bilet (lub karta) potrzebna jest do wejścia i przy wyjściu przez automatyczne bramki, należy uważać, żeby nie pognieść karty przed kolejną podróżą. W razie wątpliwości trzeba pytać.

Dockland Light Railway (DLR) (tel. 0171-363 9700)
Kolejka jedzie po wysoko umieszczonych szynach od stacji Bank do Tower Gateway – obie stacje łączą się z siecią metra – a potem przez całe Doklandy.

ZWIEDZANIE ZORGANIZOWANE

Nawet najbardziej niezależny turysta czasami potrzebuje pomocy przewodnika. Trasy autokarowe dają ogląd ogólny miasta, trasy piesze pozwalają poznać historię ulic i pomniki; wycieczki statkiem pokazują inny Londyn, ale z niektórymi zorganizowanymi wycieczkami można obejrzeć miejsca zazwyczaj niedostępne dla publiczności. Dokładniejsze informacje w lokalnych ośrodkach turystycznych, warto też zajrzeć do działu *Around Town* w tygodniku *Time Out*. Większość podanych telefonów nadaje automatyczne informacje szczegółowe.

WYCIECZKI AUTOKAROWE
Big Bus Company (tel. 0181-944 7810); London Pride (tel. 01708-631122): Original London Sightseeing Tour (tel. 0181-877 1722).

WYCIECZKI STATKIEM
Westminster Passenger Services Association (tel. 0171-930 2062) udziela informacji o statkach odpływających z przystani Westminster w dół rzeki, które zatrzymują się w Tower of London, Greenwich i Thames Barrier, i w górę rzeki z przystankami w Richmond, Kew i Hampton Court Palace.

WYCIECZKI PIESZE
Citisights (tel. 0181-806 4325); Historical Tours (tel. 0181-668 4019); Original London Walks (tel. 0171-624 3978).

WYCIECZKI NA ZAMÓWIENIE
Przewodnika z najwyższymi kwalifikacjami, The Blue Badge, można zamówić w Tour Guides (tel. 0171-495 5504)

Z LOTU PTAKA
Adventure Balloons (tel. 0181-840 0108): Cabair Helicopters (tel. 0181-953 4411).

TRASY SPECJALNE
Przede wszystkim trasa po Opactwie Westminsterskim i katedrze św. Pawła, zwiedzanie teatru Royal National Theatre i Linley Sambourne House, Dennis Saver's House czy trasy poświęcone architekturze: Architecture Dialogue (tel. 0181-341 1371), Beatles Walk (tel. 0171-624 3978), Garden Day Tours (tel. 0171 720 4891) i Royal & Celebrity Tour (tel. 01932-854721).

WSKAZÓWKI PRAKTYCZNE

ELEKTRYCZNOŚĆ

Napięcie 230 V, dopuszczalne 216,2–253 V, 50 cykli na sekundę (kHz). Wtyczki mają trzy bolce. Sprzęt z USA i Europy wymaga transformatora napięcia i korygującej wtyczki.

PIENIĄDZE

W Wielkiej Brytanii używane są funty szterlingi. 100 pensów (p) to 1 funt. Monety mają następujące nominały: 1p, 5 p, 10 p, 20 p, 50 p, 1 funt i 2 funty. Baknoty: 5, 10, 20 i 50 funtów.

GAZETY

Gazety na wysokim poziomie to: *The Times, Financial Times, Daily Telegraph, Independent, Guardian.* Gazety niedzielne: *The Sunday Times, Sunday Telegraph, Observer* i *Independent on Sunday.* Jedyna londyńska popołudniówka *Evening Standard,* wychodzi codziennie od pon. do pt. Duży dział rozrywki. *Time Out* wychodzi we wtorki, obszerna lista imprez wszelkiego typu.

GODZINY OTWARCIA

Większość najważniejszych obiektów czynna siedem dni w tygodniu, choć niektóre otwierają się późno w niedzielę. Sklepy czynne sześć dni w tygodniu, niektóre także w niedzielę. Zakupy wieczorne w środy (Knightsbridge) i czwartki (Oxford Street, Regent Street i Covent Garden). Banki czynne od pon. do pt., w godz. 9.30–17. Niektóre oddziały czynne także w sob. 9.30–15.30. Czynne całą dobę oddziały Chequepoint to m.in.: 548 Oxford Street i 23 Earls Court Road. Przy realizowaniu czeków podróżnych konieczny dowód tożsamości.

URZĘDY POCZTOWE

Znaczki można kupić na poczcie, w niektórych kioskach z gazetami i w sklepach. Poczta Trafalgar Square przy William IV Street otwarta do późnego wieczora. Skrzynki pocztowe są czerwone.

DNI WOLNE OD PRACY

1 stycznia, Wielki Piątek, Poniedziałek Wielkanocny, pierwszy poniedziałek maja, ostatni poniedziałek maja, ostatni poniedziałek sierpnia, 25 i 26 grudnia.

TOALETY (REST ROOMS)

Toalety, umywalnie, WC dla pań i panów. Jeśli publiczne toalety nie wyglądają zbyt zachęcająco, wchodzimy do najbliższego hotelu lub domu towarowego. W teatrach często toalet jest niewiele i bardzo długie kolejki.

TELEFONY

Do połączenia miejscowego używamy monet albo karty BT kupionej w kiosku z gazetami lub w innym sklepie. Nakręcamy 0171 plus siedmiocyfrowy numer w środmieściu Londynu, a 0181 plus siedmiocyfrowy do dalszych dzielnic. Numery poza Londynem mają pięciocyfrowy kod i sześciocyfrowy numer. Równomierny brzęczyk oznacza, że numer zajęty, bardziej solidny i stały dźwięk – że jest niedostępny.
Do rozmów międzynarodowych najlepiej zaopatrzyć się w międzynarodową kartę, można ją kupić w kioskach z gazetami lub w sklepach. Wykręcamy 00, potem kod kraju i żądany numer. Zanim skorzystamy z telefonu w hotelu, dobrze się upewnić w recepcji, jakie są opłaty, należy także sprawdzić, jakie numery są bezpłatne.

Informacje telefoniczne:
192 – numery brytyjskie
153 – numery międzynarodowe
100 – pomoc operatora.

RÓŻNICE CZASU

GMT (Greenwich Mean Time) jest czasem standardowym; BST (brytyjski czas letni) wyprzedza GMT o 1 godz. od końca III do końca X. GMT wyprzedza o 5 godz. standardowy czas wschodni.

NAPIWKI I MIEJSCOWE ZWYCZAJE

W restauracjach należy sprawdzić, czy napiwek wliczono do rachunku (service charge). Jeśli nie, zwyczajowo daje się 10% napiwku. Palenie cygar uważa się na ogół za niezbyt grzeczne.
W pubach i barach nie daje się napiwków, chyba że za obsługę przy stole.
W teatrach, kinach i salach koncertowych nie daje się napiwków. Widzowie na ogół nie urządzają artystom owacji na stojąco. Taksówkarze spodziewają się 10% napiwku, więcej, jeśli noszą bagaże, muszą czekać itd.

BIURA INFORMACJI TURYSTYCZNEJ

W LONDYNIE
British Tourist Authority
Pod nr 1 przy Regent Street znajduje się biuro informacyjne, rezerwacja miejsc hotelowych i innych, bilety teatralne i kantor wymiany walut. Numer informacji telefonicznej: 0181-846 9000.
London Tourist Board
Główne biuro w budynku dworca SW1, tel. 0171-971 0026 (informacje automatyczna). Rezerwacja hoteli: tel. 0171-824 8844 (niewielka opłata za usługę). Pozostałe biura: lotnisko Heathrow, terminale 1, 2 i 3, na stacjach metra, na dworcach Liverpool Street Station, Waterloo International Station i podziemna arkada Selfridges.
Miejscowe biura informacji
City of London Information Centre, St.Paul's Churchyard, EC4, (tel. 0171-332 1456); Greenwich Tourist Information Centre, 46 Greenwich Church Street, Greenwich, SE10 (tel. 0181-858 6376); Richmond Tourist Information Centre, Old Town Hall, Whittaker Avenue, Richmond, Surrey (tel. 0181-940 9125) oraz Southwark Tourist Information Centre, Lower Lewel, Cottons Centre, Middle Yard, SE1.
Visitorcall, tel. 0839-123456
Całodobowa automatyczna informacja przedstawia imprezy w Londynie uporządkowane tematycznie, w tym teatry, imprezy dla dzieci i targi uliczne. Wysoka opłata za telefon. Aby dodzwonić się do konkretnej informacji bezpośrednio, nakręcamy 0839-123 plus 400 (co się dzieje w danym tygodniu), plus 401 (imprezy sezonowe) i 411 (zmiana warty).

TURYŚCI NIEPEŁNOSPRAWNI

Na ogół ułatwienia dla turystów niepełnosprawnych są zadowalające. Aby uzyskać dodatkową pomoc, a także informację na temat dostępności poszczególnych miejsc, trzeba się skontaktować z Artsline, 54 Charlton Street, NW1 (tel. 0171-388 2227). Disability Arts in London, RADAR (the Royal Society for Disability and Rehabilitation) dostarcza informacji na temat organizatorów wycieczek dla niepełnosprawnych (tel. 0171-637 5400).

GDY POTRZEBNA JEST POMOC

POLICJA, STRAŻ POŻARNA, POGOTOWIE

Aby wezwać którąkolwiek z tych służb, wykręcamy 999 z jakiegokolwiek telefonu, bezpłatnie. Ważne jest dokładne podanie dyspozytorowi adresu, najbliższego punktu charakterystycznego, skrzyżowania czy numeru domu, należy także podać swoje dane. Należy zostać przy telefonie, dopóki nie przyjadą odpowiednie służby.

RZECZY ZAGUBIONE
Należy zawsze informować policję o zgubach lub kradzieży, żeby

uprawomocnić wniosek o wypłatę ubezpieczenia. O stracie paszportu należy poinformować swoją ambasadę (zawsze wozimy z sobą fotokopie stron informacyjnych, bo to przyspiesza wystawienie nowego paszportu).

W metrze: London Transport Lost Property Office, 200 Baker Street, NW1, tel. 0171- 486 2496, można wypełnić odpowiedni formularz na każdej stacji metra.
W autobusie: Dzwonimy pod nr 0171-222 1234 i prosimy o połączenie z zajezdniami na obu krańcach trasy danego autobusu.
W taksówce: Taxi Lost Property, 15 Penton Street, N1, tel 0171-833 0996.

Zagubione karty kredytowe
Natychmiast należy zgłosić stratę do firmy, która wydała kartę i do najbliższego komisariatu policji, należy też zadzwonić do swojego banku. Aby znaleźć numer firmy, która wydała kartę, dzwonić do biura numerów 192.

ZDROWIE

Jeśli potrzebny jest lekarz lub dentysta, trzeba o to pytać w recepcji hotelu. Jeśli nie jest to poważna sprawa, wystarczy pójść do najbliższej apteki i porozmawiać z farmaceutą. Zachowujemy wszystkie kwity za usługi medyczne do celów ubezpieczeniowych. Aby wezwać karetkę, dzwonimy pod numer 999 (zob. Nagłe wypadki, s. 239)

Szpitale National Health Service (N.H.S. – publiczna służba zdrowia)
Całodobowy dyżur w nagłych wypadkach:
University College Hospital, Gower Street (wejście od Grafton Way), WC1, tel. 0171-387 9300.
Chelsea and Westminster Hospital, 369 Fulham Road, SW10, tel 0181-746 8000.
Szpitale prywatne (nie ma oddziału nagłych wypadków): Cromwell Hospital, Cromwell Road, SW5, tel. 0171-460 2000.
Inne usługi medyczne
Great Chapel Street Medical Centre, (13 Great Chapel Street, W1, tel 0171-437 9360) – gabinet lekarza publicznej służby zdrowia dostępny dla wszystkich, jednak pacjenci nieuprawnieni do korzystania z bezpłatnej opieki muszą płacić.
Optyk, drobne sprawy:
Dolland and Aitchison, 229-31 Regent Street, W1, tel. 0171-499 8777. Przy poważniejszych problemach z oczami: Moorfields Eye Hospital, City Road, EC1, tel. 0171-253 3411.
Apteki homeopatyczne:
British Homeopatic Association, 27A Devonshire Street W1, tel. 0171-935 2163
Apteki (Chemists=Pharmacies)
Nie wszystkie leki, łatwo dostępne np. w USA, można dostać bez recepty. Toteż najlepiej przywieźć z sobą wystarczające zapasy. Jeśli trzeba będzie dokupić, przyda się ulotka ze starego opakowania, aptekarz doradzi najbliższy dostępny odpowiednik. Apteki otwarte od godz. 9 do północy, m.in.: Bliss Chemist, 5 Marble Arch, W1 (tel. 0171-723 6116).

ŚRODKI OSTROŻNOŚCI

Rzeczy wartościowe najlepiej przechowywać w hotelowym sejfie. Należy zrobić fotokopie ważnych stron paszportu, biletów i kart kredytowych i trzymać je osobno.
Nosić przy sobie niewielką sumę pieniędzy, resztę zostawiać w hotelowym sejfie. Dokumenty i pieniądze, które nosimy z sobą, trzymamy w zamkniętej torbie. Nie zostawiamy torby bez opieki, nie stawiamy jej na podłodze w restauracji, teatrze czy kinie. Nie podróżujemy samotnie w nocy, chyba że „black cab", chodzimy tylko po dobrze oświetlonych ulicach, nie wsiadamy do pustych autobusów. Po zmroku raczej unikamy parków.

AMBASADY I KONSULATY

Ambasada RP, 47 Portland Place, London W1N 4JH (tel. 0.044171-580-4324/9, 5802969, fax 323-4018, Internet http://www.poland-embasy.org.uk.
Konsulat Generalny RP, 73 New Cavendish Street, London W1N 8LS (tel. 020-758-00475, 020-758-00476).

LONDYN TEMATEM KSIĄŻEK I FILMÓW

W okresie największego rozkwitu brytyjskiego kina w Londynie istniało ponad 100 studiów filmowych. Akcja wielu filmów rozgrywa się w Londynie. Często można te filmy obejrzeć w TV. Są to m.in: *The Lady Killer, Passpport to Pimlico. My Fair Lady, Oliver i Alfie*, a z nowszych *Szaleństwo króla Jerzego* i *Ryszard III.* Mnóstwo jest dzienników i listów pisanych w Londynie, od bardzo dobrze znanych dzienników Samuela Pepysa i listów dra Johnsona do Jamesa Boswella, Virginii Woolf, Harolda Nicolsona i Cecila Beatona. Niektóre z nich opublikowano w wydaniu kieszonkowym, inne cytuje się w antologiach literackich. Powieści, wiersze i sztuki rozgrywające się w Londynie są niezliczone, od pierwszych wersów *Opowieści kanterberyjskich* Chaucera przez sztuki Szekspira, wiersze Wordswortha, powieści Thackeraya, Dickensa i Conan Doyle'a (historie Sherlocka Holmesa) do bliższych naszym czasom wierszy sir Johna Betjemana czy historycznych powieści Petera Ackroyda. Dużo tych utworów jest w stałej sprzedaży, a rzut oka na streszczenie pozwoli się przekonać, w jakim okresie, a być może również w jakiej dzielnicy Londynu rozgrywa się akcja.
W ciągu długiego czasu istnienia miasta napisano liczne książki o jego historii – John Stow pisał w XVI w., Christopher Hibbert w wieku XX. W Londynie znajduje się dużo doskonałych księgarń, m.in.: Daunt Books for Travellers, 83 Marylebone High Street, W1 (tel. 0171-224 2295) i Hatchards, 187 Piccadilly, W1 (tel. 0171-439 9921). Obydwie przyjmują zamówienia telefoniczne z całego świata.

HOTELE I RESTAURACJE

HOTELE

Lokalizacja wybranego hotelu to klucz do udanej wizyty w Londynie. Standard hotelowy rozciąga się od niecodziennej wspaniałości do zupełnej prostoty, ale najważniejsza jest lokalizacja. Londyn jest olbrzymi i można zmarnować długie godziny na dojazdy. Lepiej zastanowić się, gdzie będziemy spędzać dni i wieczory i wybrać hotel, który odpowiada naszym oczekiwaniom i kieszeni.

Hotele londyńskie przeżywają rewolucję, szczególnie te najlepsze. Takie hotele jak Number One Aldwych dołączają do nowych luksusowych hoteli jak Hempel czy Metropolitan z modnym Met barem. Myhotel, otwarty pod koniec 1998 r., jest pierwszym hotelem Terence'a Conrana, projektowanym wraz z ekspertem feng shui jako „oaza spokoju". Ian Schrager i Phillipe Starck wprowadzają do Londynu nowojorski styl w czterech hotelach, które wkrótce otworzą.

Do bardziej tradycyjnych luksusowych hoteli, takich jak Savoy, Berkeley, Claridge's i Dorchester dołączyły teraz odnowione Hyde Park Hotel i Meridian Waldorf należące do grupy Mandarin Oriental. Do grupy tej należą także Piccadilly i Grosvenor House. Prawie wszystkie stare hotele przechodzą kosztowne renowacje, a niemal co miesiąc otwierają się nowe w najróżniejszych cenach.

Ważne jest jednak, by dużo wcześniej dokonać rezerwacji. Hotele londyńskie należą do najdroższych na świecie, toteż przy rezerwacji trzeba koniecznie zapytać o wszystkie możliwe zniżki. Mogą one dotyczyć weekendów lub małego ruchu w lutym, czasami można taniej dostać pokój w hotelu luksusowym niż w turystycznym. Nowe hotele często oferują rabat, kiedy mają kłopoty z rozruchem. W niektórych hotelach są tańsze pokoje rodzinne, w innych, jak np. nowym Orion Trafalgar Square w każdym pokoju jest kuchnia. Przy rezerwacji trzeba czasami wpłacić zaliczkę lub podać numer karty kredytowej. Dokładnie sprawdzamy cenę pokoju, powinna zawierać wysoki 17,5% VAT, ale czasami ceny podaje się bez tego narzutu.

W razie jakichkolwiek problemów, trzeba się zwrócić do kierownika zmiany, a jeśli to nie pomoże – do dyrektora, a następnie złożyć zażalenie na piśmie. London Tourist Board prowadzi rezerwacje (tel. 0171-932 2020), załatwia także poważne skargi.

W tym przewodniku przedstawiamy hotele (ułożone według cen, a potem alfabetycznie) od dwu do pięciogwiazdkowych według klasyfikacji Automobile Association (AA). Oto, czego można oczekiwać:

★★ Własność grupy lub indywidualnego właściciela. Pokoje nieduże do średnich, przynajmniej połowa z nich ma łazienkę lub prysznic. Może być telefon i TV.

★★★ Zazwyczaj większe pokoje z większą liczbą udogodnień, lepsza restauracja i bar. W każdym pokoju łazienka.

★★★★ Pokoje znacznie większe, wysoki standard komfortu i jedzenia. W każdym pokoju łazienka i prysznic.

★★★★★ Duże luksusowe hotele oferujące najwyższe standardy międzynarodowe.

Czerwone gwiazdki ★, od jednej do pięciu, dostają hotele, wyróżniające się poziomem usług w swojej grupie gwiazdkowej.

Proszę pamiętać, że jeśli nie poinformowano nas inaczej, to:

1) wszystkie pokoje mają prywatne łazienki, TV i telefon,
2) w pokojach nie ma klimatyzacji,
3) hotel czynny przez cały rok,.
4) cena nie obejmuje śniadania.

Wszystkie hotele w rankingu AA mają odpowiednią liczbę gwiazdek. Kwatery prywatne nie są oceniane, choć oferują luksusowe sypialnie i wysokiej jakości obsługę, ale nie mają pomieszczeń wspólnych ani restauracji. Czasami umieszcza się na tej liście także niektóre pensjonaty typu bed & breakfast (nocleg ze śniadaniem).

Turyści niepełnosprawni mogą uzyskać informacje na temat odpowiednich miejsc hotelowych w: Holiday Care Service, drugie piętro, Imperial Buildings, Victoria Road, Horley, Surrey, tel. 01293-7745325, faks 01293-784647.

Osoby przyjeżdżające na dłuższy pobyt mogą wynająć mieszkanie z obsługą, płatne za tydzień, co nawet w centrum może być tańsze od hotelu. Agencje specjalizujące się w wynajmie to m.in. The Apartment Service (tel.0181-944 1444, faks 0181-944 6744), Aston's (tel. 0171-370 0737, faks 0171-835 1419); Holiday Serviced Apartments (tel. 0171-373 4477, faks 0171-373 4282), Palace Court Holiday Apartments (tel. 0171-727 3467, faks 0171-221 7824).

CENY

HOTELE

Znak **$** wskazuje cenę dwuosobowego pokoju bez śniadania

$$$$$	ponad 280 dol.
$$$$	200–280 dol.
$$$	120–200 dol.
$$	80–120 dol.
$	poniżej 80 dol.

RESTAURACJE

Znak **$** wskazuje cenę trzydaniowej kolacji bez alkoholu

$$$$$	ponad 80 dol.
$$$$	50–80 dol.
$$$	35–50 dol.
$$	20–35 dol.
$	poniżej 20 dol.

RESTAURACJE

Jeśli wiemy, gdzie pójść, możemy tu znaleźć dobrą kuchnię niemal z całego świata, od tajskiej do nowoczesnej kalifornijskiej, od indyjskiej do północnowłoskiej.

Restauracje londyńskie stają się coraz lepsze. Szefowie kuchni wyrastają na gwiazdy, coraz częściej wydostają się spod skrzydeł swoich protektorów i zakładają własne lokale, piszą do gazet, wydają książki kucharskie, prowadzą programy telewizyjne. W modnych restauracjach, wymienianych na kolumnach towarzyskich i ciągle ocenianych w gazetach, trzeba rezerwować miejsce na kilka dni naprzód, ale zawsze znajdą się tam stoliki dla stałych bywalców. Niektóre stoliki są nie do przyjęcia, przy kuchni, przy toaletach czy w przeciągu, nie należy się krępować, lecz odmówić zajęcia takiego miejsca. W lecie trzeba dużo szczęścia lub czasu, żeby zdobyć stolik na zewnątrz na chodniku lub w ogródku na tyłach.

Ceny często są wysokie, toteż warto sprawdzić takie szczegóły jak ewentualna opłata za nakrycie na jedną osobę. Koszty obsługi mogą być wliczone do rachunku, jeśli nie, to za dobry posiłek trzeba dopłacić 10%, a więcej za wyjątkową obsługę. W razie wątpliwości, trzeba pytać. Zazwyczaj dobre jedzenia za rozsądną cenę można zjeść w porze lunchu. W dobrej restauracji na pewno będą dobre tzw. domowe wina (house wine). Woda z kranu, którą można w Londynie pić bez obawy, jest tak niemodna, że trzeba ją specjalnie zamawiać, inaczej podadzą nam drogie butelki egzotycznych wód.

W nielicznych restauracjach obowiązują stroje wieczorowe, jednak w droższej lepiej być starannie ubranym. Eleganckie restauracje w hotelu Savoy oczekują, że goście zjawią się w marynarkach i krawatach. Przepisy w sprawie palenia są ściśle przestrzegane, zazwyczaj można wybrać stolik dla palących lub niepalących. Palenie cygara lub fajki w restauracji uważa się za niegrzeczne, podobnie jak korzystanie przy stole z telefonu komórkowego.

Coraz więcej modnych barów w centrum Londynu także wymaga eleganckiego stroju. Niektóre bary znajdują się w luksusowych hotelach lub przy wejściu do restauracji, jak np. Mezzo w Covent Garden. W pubach natomiast tolerowany jest każdy rodzaj stroju, wolno palić prawie wszędzie, podaje się też dobre jedzenie. Na naszej liście podajemy kilka wybranych pubów.

Aby dać możliwie najlepsze wyobrażenie o bogactwie londyńskich restauracji, barów i pubów, restauracje i bary hotelowe podajemy przy hotelach. Podobnie przy znanych szefach kuchni i restauratorach jak Oliver Peyton czy Jean-Christophe Novelli podajemy tylko ich główną restaurację, a przy tym wzmiankę o pozostałych. Niemal we wszystkich podanych niżej restauracjach trzeba rezerwować stolik.

Restauracjom (lista według cen i w kolejności alfabetycznej) za poziom kuchni przyznaje się od jednej do pięciu rozetek, według systemu ocen AA. W naszym spisie podajemy restauracje od trzech rozetek oznaczonych symbolami ❀.

A oto, czego można oczekiwać:
❀❀❀ kuchnia o najwyższym standardzie, z wyobraźnią, wszystko musi być należycie ugotowane, świadczące o wysokich umiejętnościach technicznych i wyczuciu.
❀❀❀❀ kuchnia musi być nowatorska, wyjątkowo staranna o wysokich standardach smaku, akuratności i wyczucia.
❀❀❀❀❀ niezwykle wysoki standard kuchni na międzynarodowym poziomie. Bezbłędnie zaprezentowane dania, idealnie przyrządzone, o wyrazistych, niezwykłych smakach przy użyciu luksusowych ingrediencji (dzięki pełnemu wyobraźni wyczuciu doświadczonego i zdolnego szefa kuchni).

Oprócz restauracji w hotelach wszystkie inne mogą mieć co roku różne dni wolne, więc lepiej to sprawdzić. Zawsze lepiej zarezerwować stolik, precyzując, czy ma być dla palących, czy nie.
L=lunch,
D=kolacja (dinner)

TAMIZA

W hotelach na pn. brzegu Tamizy istnieje ograniczona liczba pokoi z widokiem na rzekę. Koniecznie więc trzeba rezerwować je wcześniej. Puby nad rzeką należą do najlepszych w Londynie, w wielu podaje się znakomite jedzenie, proponowane inne puby leżą w pobliżu atrakcyjnych obiektów turystycznych.

HOTELE

CONRAD INTERNATIONAL LONDON
$$$$$ ★★★★★
CHELSEA HARBOUR
SW10 0XG
TEL. 0171-823 3000
FAKS 0171-351 6525
Wychodzi na przystań na zach. skraju Chelsea. Wszystkie pokoje z łazienkami, większość ma balkony z widokiem na rzekę. Kawiarnia na tarasie nadbrzeżnym.
160 80 Fulham Broadway (15 min spacerem)
Wszystkie ważniejsze

THE SAVOY
$$$$$ ★★★★★❀❀❀
STRAND
WC2 0EU
TEL. 0171-836 4343
FAKS 0171-240 6040
Idealna lokalizacja. W nowych łazienkach wspaniałe prysznice, z niektórych pokojów widok na rzekę. American Bar, Pavillon Room – herbata i River Room – restauracja najwyższej klasy.
207 160 Aldwych
58
Wszystkie ważniejsze

THISTLE ROYAL HORSEGUARDS
$$$$$ ❀❀❀❀
WHITEHALL COURT
SW1 2EJ
TEL.0171-839 3400
FAKS 0171-925 2263
W części olbrzymiego budynku, blisko Westminsteru. Niektóre pokoje z widokiem na

rzekę. Wspaniałe pomieszczenia ogólne.
280 Westminster Wszystkie ważniejsze

RESTAURACJE

THE RIVER CAFE

$$$$

THAMES WHARF STUDIOS
RAINVILLE RD.
W6 9HA
TEL. 0171-381 8824

Rose Gray i Ruth Rogers przygotowują wspaniałe potrawy kuchni z pn. Włoch. Warto spróbować pieczonych w piecu opalanym drewnem faszerowanych prosiąt. Niezwykła lista win. Stoliki na zewnątrz z widokiem na rzekę.
95 Hammersmith (15 min spacerem) Zamknięte niedz; Wszystkie ważniejsze

THE CANTEEN

$$$

HARBOUR YARD
CHELSEA HARBOUR
SW10 0XD
TEL. 0171-351 7330

Restauracja utworzona przez Michaela Caine'a i Marco Pierre'a White'a. Idealna kuchnia, o francuskich inspiracjach, pieczone kurczęta karmione kukurydzą i owoce w galarecie z szampana. Kilka stolików z widokiem na rzekę.
120 Fulham Broodway (10 min spacerem) Zamknięte sob. L, niedz. D Wszystkie ważniejsze

PUTNEY BRIDGE

$$$

THE EMBANKMENT
SW15 1LB
TEL. 0171-780 1811

Nowoczesna kuchnia europejska (znakomite risotto) w drugiej już restauracji Trevora Gullivera (pierwsza to St.John w Clerkenwell). Wyjątkowo nowoczesny budynek, wszystkie stoliki z widokiem na rzekę.
148 Putney Bridge Wszystkie ważniejsze

TATE GALLERY RESTAURANT

$$$

TATE GALLERY
MILLBANK
SW1 4RG
TEL. 0171-887 8877

Z podziemia nie ma widoków na rzekę, ale ściany pokrywają malowidła Rexa Whistlera. Bardzo dobra lista win uzupełnia dania kuchni brytyjskiej, takie jak dorsz pieczony w ziołach.
85 Pimlico Zamknięte D., wszystkie niedz. Wszystkie ważniejsze

NADRZECZNE PUBY

(w kolejności od zachodu na wschód)

THE DOVE

$

19 UPPER MALL
W6 9TA
TEL.0181-748 5405

Krótki spacer z Chiswick House po pięknej ścieżce holowniczej. Bezpretensjonalny pub, liczący 300 lat, dobra atmosfera, jedząc tradycyjny chleb z serem lub danie kuchni tajskiej, podziwiamy wioślarzy.
Hammersmith
Wszystkie ważniejsze

THE BULL'S HEAD

$

STRAND-ON-THE-GREEN KEW
W4 3PQ
TEL. 0181-944 0647

Rozmaite rodzaje piwa, piękna ścieżka holownicza, idealne miejsce przed lub po wizycie w ogrodach Kew. Jedzenie serwowane codz. od południa do godz. 22.
Kew Gardens/Gunnersbury Park Wszystkie ważniejsze

LONDON APPRENTICE

$

CHURCH ST. ISLEWORTH
TW6 6BG
TEL. 0181-560 1915

Kilka metrów od bramy wjazdowej do Syon House. Dobre jedzenie i dobre piwo.
Hannslow East (potem autobus H37) Wszystkie ważniejsze

TOWN OF RAMSGATE

$

62 WAPPING HIGH ST.
E1 9PL
TEL. 0171-264 0001

Tradycyjny pub, niegdyś pewnie używany przez przemytników, krótki spacer od Tower of London.
Wapping Wszystkie ważniejsze

THE BARLEY MOW

$

OBOK LIMEHOUSE BASIN
E1 8DP
TEL 0171-265 8931

Niektóre stoliki na tarasie zapewniają wpaniałe widoki na poszerzającą się tu Tamizę.
Limehause (DLR)
Zamknięte niedz.
Wszystkie ważniejsze

THE CUTTY SARK

$

BALLAST QUAY
LASSELL ST.
SE10 9PJ
TEL. 0181-858 3146

Zachwycający stary wiejski pub, ogień na kominku, ciepłe zupy, smażone młode ryby, żeberka i steki. Ławki na zewnątrz.
Greenwich (DLR) do Greenwich (5 min spaceru po ścieżce holowniczej)
Wszystkie ważniejsze

CITY, CLERKENWELL I ISLINGTON

Restauracje w City są zatłoczone, a po 5–10 min jazdy taksówką dotrzemy do Clerkenwell i Islington, gdzie po teatrze przyjemnie jest pójść na kolację.

HOTELE

THE CITY HOTEL

$$$$

12 OSBORN ST.
E1 6TE
TEL. 0171-247 3313
FAKS 0171-375 2949

Otwarty w 1998 r., hotel w City, w uroczej okolicy koło Whitechapel.
54 60 Aldgate

East ⬘ ⬙ Pomieszczenia ogólne ⬙ Wszystkie ważniejsze

THE BARBICAN

$$$ ★★★
CENTRAL ST.
ECIV 8DS
TEL. 0171-251 1565
FAKS 0171-253 1005
Dobrze usytuowany hotel, zaledwie 10 min spacerem do Barbican Centre, City czy stacji metra Old Street.
600 (167 dodatkowych)
P 12 Old Sweet/Barbican
Wszystkie ważniejsze

RESTAURACJE

LOLA'S

$$$$
359 UPPER ST.
N1 0PD
TEL. 0171-359 1932
Julia Peterson (poprzednio u Allistaira Little w Soho, zob. s. 250)) gotuje potrawy nowoczesnej kuchni europejskiej w przestronnej, oświetlonej od góry dawnej zajezdni tramwajowej koło Camden Passage. Wspaniałe warzywa i mozzarella calzone.
80 Angel
Zamkniete niedz.
Wszystkie ważniejsze

TATSUSO

$$$$ ❀❀❀
32 BROADGATE CIRCLE
ECIM 6BT
TEL. 0171-638 5863
Jedna z najlepszych japońskich restauracji w Londynie, na placyku program rozrywkowy w porze lunchu. Polecamy sushi bar i stoły teppanyaki, a także zupę dobin mushi.
125 Liverpool Street
zamknięte sob. i niedz.
Wszystkie ważniejsze

ALBA

$$$
107 WHITECROSS ST.
ECI Y 8JD
TEL. 0171-588 1798
Bardzo włoska restauracja w pobliżu Barbican Centre. Świeży makaron z sosem z kurzych wątróbek, eskalopki cielęce, liczne dania wegetariańskie, wspaniały nugat z lodami.
60 Barbican
Zamknięte sob. i niedz.
Wszystkie ważniejsze

COŚ SPECJALNEGO

MAISON NOVELLI

Pierwsza i ciągle sztandarowa restauracja Jean-Christophe'a Novelli. Teraz szefem kuchni jest Richard Guest przygotowujący swoje nowatorskie dania francuskie, jak *cassoulet terrine*. Popisowe dania to piramida galaretki pomidorowej, biały krab, jajka przepiórcze i olej szczypiorkowy. Brasserie Novelli, Novelli EC1 (tel. 0171-251 6606) znajduje się obok, a Les Saveurs de Jean-Christophe Novelli przy Curzon Street, W1 (tel. 0171-491 8919).
$$$$ ❀❀❀
29 Clerkenwell Green, ECIR 0DU
0171-7251 6606
45 Farringdon
Zamknięte sob. i niedz.
Wszystkie ważniejsze

LE CAFE DU MARCHE

$$$
CHARTERHOUSE MEWS
CHARTERHOUSE SQUARE
ECIM 6AH
TEL. 0171-608 1609
Francuskie dania typu *daube de boeuf* czy tarta z owocami w bardzo swobodnej, luźnej atmosferze.
60 Barbican Zamknięte sob. i niedz.
Wszystkie ważniejsze

EUPHORIUIM

$$$
203 UPPER ST.
N1 1RQ
TEL. 0171-704 6909
Proste nowoczesne dania z całego świata , jak np. *papardelle* czy confit z królika. Miła atmosfera, barwne wnętrze i współczesna sztuka.
60 Highburg i Islington
Wszystkie ważniejsze

FREDERICK'S

$$$
CAMDEN PASSAGE
N1 8EG
TEL.0171-359 2888
Jedna z najstarszych restauracji Islingtonu, nowoczesne europejskie dania podawane w dwukondygnacyjnej oranżerii. Confit z jagnięciny, pieczony łosoś i beef wellington, a także mnóstwo dań wegetariańskich.
130 Angel
Zamknięte niedz.
Wszystkie ważniejsze

GLADWIN'S

$$$
MINSTER COURT
MARK LANE
EC3R 7AA
TEL.0171-444-0004
Potrawy Petera Gladwina pochodzą z całego świata, z Nowego Orleanu – krewetki i sałatka z papai, z Francji prowansalska tarta cytrynowa, a ze Szkocji słonki.
120 Bank Monument
Zamknięte sob. i niedz. i 2 tygodnie w środku VIII
Wszystkie ważniejsze

MORO

$$$
34-36 EXMOUTH MARKET
ECIR 4QE
TEL.0171-833 8336
Małżeństwo Sam i Sam Clark (zob. The River Cafe s. 243 i The Eagle poniżej) przygotowuje nowatorskie dania, często pod wpływem Hiszpanii. Warto spróbować *cecina* (wołowina) z karczochami i hiszpańskiego ciasta migdałowego.
75 Farringdon
Zamknięte niedz.
Wszystkie ważniejsze

QUALITY CHOP HOUSE

$$$
94 FARRINGDON ROAD

EC1 3EA
TEL. 0171-837 5093
W przerobionej kafejce robotniczej, proste angielskie dania np. wątróbka z bekonem w cebulowym sosie z ziemniakami puree.
40 Farringdon/ /King's Cross Zamk-nięte sob. L i 10 dni przed Bożym Narodzeniem
Wszystkie ważniejsze

SEARCY'S BRASSERIE
$$$ ❀❀❀
PIĘTRO BIBLIOTECZNE
BARBICAN CENTRE SILK ST.
EC2Y 8DS
TEL. 0171-588 3008
Tę anonimową restaurację rozsławił Richard Corrigan. Produkty naturalne i żywność ekologiczna używane do wyrobu dań inspirowanych kuchnią irlandzką, jak krokiety z wędzonego łupacza w ziołach. Nowa restauracja Corrigana to Lindsay House (Romilly Street, W1, tel. 0171-439 0450).
120 G Barbican
Zamknięte sob. L
Wszystkie ważniejsze

WHITE ONION
$$$
297 UPPER ST.
N1 2TU
TEL. 0171-359 3533
Wspaniałe jedzenie po niewygórowanych cenach przygotowane przez Erica Guignarda (zob. ex-Capital s. 256), któremu bardziej odpowiada tempo życia na Islington niż w Knightsbridge. Polecamy jagnięcinę i właściwie wszystkie puddingi.
60 Angel/Highbury i Islington Zamknięte pon.– pt. L Wszystkie ważniejsze

CICADA
$$
132-136 ST JOHN ST.
EC1V 1XX
TEL. 0171-608 1550
Duże nowoczesne wnętrze z centralnym barem i przyjazną atmosferą; wszystkie rodzaje dań azjatyckich, w tym łosoś, kraby i placki imbirowe.
70 Farringdon
Zamknięte pt., L niedz.
Wszystkie ważniejsze

THE EAGLE
$$
159 FARRINGDON RD.
EC1R 3AL
TEL.0171-837 1353
Wesoła atmosfera w przerobionym pubie o podłodze z wyszorowanych desek. Krótkie menu wypisane na tablicy może zawierać włoskie kiełbaski z fasolą czy miecznika z grilla.
55 Farringdon
Wszystkie ważniejsze

WESTMINSTER, ST. JAMES'S, MAYFAIR I MARYLEBONE

Największe hotele stolicy, położone w samym jej sercu mają wyjątkowe restauracje i bary, idealne miejsca spotkań.

HOTELE

ATHENAEUM
$$$$$ ★★★★
116 PICCADILLY
W1V 0BJ
TEL. 0171-499 3464
FAKS 0171-493 1860
Elegancki wystrój, komfort i wspaniała obsługa sprawiają, że goście zwykle wracają tu wiele razy. Bullocks Restaurant, herbata w Windsor Lounge i gabinet odnowy biologicznej. Z okien na wyższych piętrach widać park.
156 55 Hyde Park Corner
Wszystkie ważniejsze

BROWN'S
$$$$$ ★★★★
Dover St.
W1X 4BP
TEL. 0171-493 6020
FAKS 0171-493 9381
Tradycyjna angielska elegancja w samym sercu starego Mayfair, obok Bond Street. Ogień na kominku i skrzypiące deski podłogi, wspomnienie po dawnych rezydencjach w tej dzielnicy.
118 Green Park
Wszystkie ważniejsze

CENY

HOTELE
Znak $ wskazuje cenę dwuosobowego pokoju bez śniadania

$$$$$	ponad 280 dol.
$$$$	200–280 dol.
$$$	120–200 dol.
$$	80–120 dol.
$	poniżej 80 dol.

RESTAURACJE
Znak $ wskazuje cenę trzydaniowej kolacji bez alkoholu

$$$$$	ponad 80 dol.
$$$$	50–80 dol.
$$$	35–50 dol.
$$	20–35 dol.
$	poniżej 20 dol.

COŚ SPECJALNEGO

CLARIDGE'S

Tutaj przenoszą się z pałacu Buckingham oficjalni goście królowej. Olbrzymie apartamenty narożne. Bogate pomieszczenia ogólne w stylu art déco, w tym wspaniała jadalnia (angielsko-francuska); najlepsza herbata w mieście.
$$$$$ ★★★★★
Brook St., W1A 2JQ
0171-629 8860
Fax 0171-499 2210
198 120
Bond Street
Wszystkie ważniejsze

CHURCHILL INTERCONTINENTAL
$$$$$ ★★★★★
30 PORTMAN SQUARE
W1A 4ZX
TEL. 0171-486 5800/486 1255
Nowoczesność, przytulność i najnowsze wygody, szczególnie na piętrze Club. Bogato dekorowane ogólne pomieszczenia m.in. restauracja Clementine's (kuchnia śródziemnomorska). Kort tenisowy.

448 102 Marble Arch Wszystkie ważniejsze

THE CONNAUGHT
$$$$$ ★★★★★

CARLOS PLACE
WIY 6PL
TEL. 0171-499 7070
FAKS 0171-495 3262

Uważany za najdyskretniejszy z londyńskich hoteli, w którym sławy mogą występować incognito. Goście i odwiedzający mogą korzystać z maleńkiego barku na zapleczu, restauracji i kameralnej Zielonej Sali, wyśmienita francuska kuchnia.

90 75 restauracja, 35 Zielona Sala Bond Street Wszystkie ważniejsze

THE DORCHESTER
$$$$$ ★★★★★

PARK LANE
WIA 2HJ
TEL.0171-629 8888
FAKS 0171409 0114

Umeblowany z przepychem, na samej górze pokoje Olivera Messela. Wspaniała herbata, pełen życia bar. Dwie restauracje: tradycyjny grill i bogata orientalna (kantońska).

244 81 grill, 51 orientalna 21 Hyde Park Corner Wszystkie ważniejsze

DUKES
$$$$$ ★★★★

35 ST. JAMES'S PLACE
SWIA INY
TEL. 0171-491 4840
FAKS 0171-493 1264

Wyjątkowo dyskretny hotel przy niewielkiej ulicy arystokratycznej dzielnicy St. James's. Goście mogą cieszyć się prywatnością restauracji, dostępnej jedynie dla nich, i salą gimnastyczną.

82 Green Park Wszystkie ważniejsze

FOUR SEASONS
$$$$$ ★★★★★

HAMILTON PLACE
HYDE PARK CORNER
WIA IAZ
TEL. 0171-499 0888
FAKS 0171-493 6629

Nowoczesny, inteligentnie zaprojektowany hotel, doskonale wyposażone pokoje, w restauracji pracowali najlepsi szefowie kuchni w Londynie (nowoczesna kuchnia europejska).

227 60 50 Hyde Park Corner Wszystkie ważniejsze

GROSVENOR HOUSE
$$$$$ ★★★★★

PARK LANE
WIA 3AA
TEL. 0171-499 6263
FAKS 0171-493 3341

Hotel należy do grupy Meridien, jest olbrzymi, ma liczne sale konferencyjne i balowe, kilka restauracji m.in. Nico Landenisa Chez Nico i mniej imponująca Cafe Nico (jego pozostałe lokale to Nico Central, 35 Great Portland Street (tel. 0171-436 8846); Simply Nico, 48a Rochester Row (tel. 0171-630 8061); 7 Garwell Road (tel. 0171-336 7677); 7 Park Walk (tel. 0171-349 8866).

454 Hyde Park Corner 65 Chez Nico, 100 Cafe Nico Wszystkie ważniejsze

LANDMARK
$$$$$ ★★★★★

222 MARYLEBONE RD.
NW6JQ
TEL. 0171-631 8000
FAKS 0171-631 8080

Widowiskowy ogród zimowy, dziedziniec palmowy otwarty codziennie decydują o charakterze tego przerobionego późnowiktoriańskiego budynku. Duże sypialnie z wygodnymi łazienkami.

302 90 Merylebone łaźnia turecka Wszystkie ważniejsze

THE LEONARD
$$$$$

15 SEYMOUR ST.
WIH 5AA
TEL. 0171-935 2010
FAKS 0171-935 6700

Luksusowy hotel w dawnej miejskiej rezydencji tuż za Marble Arch. Piękny wystrój sypialni i nowoczesne wyposażenie z odtwarzaczem CD, faks i nowoczesne połączenia.

28 Marble Arch Wszystkie ważniejsze

MAYFAIR INTERCONTINENTAL LONDON
$$$$$ ★★★★★

STRATTON ST.
WIA 2AN
TEL. 0171-629 7777
FAKS 0171-629 1459

Po przeróbkach klimatyzacja i kilka luksusowych apartamentów. W restauracji Opus 70 podaje się brytyjskie potrawy Michaela Coakera.

287 85 Green Park Wszystkie ważniejsze

COŚ SPECJALNEGO

THE METROPOLITAN

Otwarty ponownie w lutym 1997 r. The Metropolitan natychmiast stał się najmodniejszym nowoczesnym hotelem w Londynie. Trudno zarezerwować stolik w japońskiej restauracji Nobu, a jeszcze trudniej dostać się do baru Met.

$$$$$ ★★★★★
19 Old Park Lane,
WIK ILB
Tel 0171-447 1000
Fax 0171-447 1100
155 Hyde Park Corner 150 Zamknięte sob. L, niedz. Wszystkie ważniejsze

LE MERIDIEN PICCADILLY
$$$$$ ★★★★★

21 PICCADILLY
WIV 0BH
TEL.0 171-734 8000

FAKS 0171-437 3574
Położony na skrzyżowaniu St. James's, Mayfair i krainy teatrów. Dobre pokoje, wspaniały klub fitness. W Sali Dębowej zachwycające jedzenie Marco Pierre'a White'a.
266 90 Piccadilly Circus Wszystkie ważniejsze

THE RITZ
$$$$$ ★★★★★
150 PICCADILLY
WIV 9DG
TEL. 0171-493 8181
FAKS 0171-493 2687
Wspaniały hotel wychodzący na Green Park; malowana jadalnia ze złoceniami należy do najpiękniejszych w Londynie. Herbata rozczarowuje, w barze parada mody.
131 120 Green Park Wszystkie ważniejsze

THE STAFFORD
$$$$$ ★★★★
16-18 ST. JAMES'S PLACE
SWIA INJ
TEL. 0171-493 0111
FAKS 0171-493 7121
Jeden z najbardziej luksusowych niewielkich hoteli w Londynie, ukryty przy przecznicy St. James's Street. Zachwycająca jadalnia, doskonałe wina przechowywane w piwnicach sprzed 350 lat.
80 Green Park Wszystkie ważniejsze

ST. JAMES COURT HOTEL
$$$$$ ★★★★
BUCKINGHAM GATE
SWIE 6AF
TEL. 0171-834 6655
FAKS 0171-630 7587
Wspaniały edwardiański budynek wokół dziedzińca z fontanną. Odrestaurowany, pokoje i apartamenty. Wśród restauracji m.in. Auberge de Provence.
471 (120 apartamentów) St. James's Wszystkie ważniejsze

22 JERMYN STREET
$$$$$
22 JERMYN ST.
SWIY 6HL
TEL. 0171-734 2353
FAKS 171-734 0750
Luksusowa rezydencja przy ulicy najwspanialszych sklepów dzielnicy St. James's. Oprócz zwykłego room service można zamówić do pokoju dania z pobliskiego L'Odeon (zob. s. 254).
18 Piccadilly W pobliżu Wszystkie ważniejsze

LONDON MEWS HILTON
$$$$
2 STANHOPE RD.
PARK LANE
WIY 7HE
TEL. 0171-493 7222
FAKS 0171-629 9423
Hotel w miejskiej rezydencji, bardzo spokojny i kameralny, można korzystać z udogodnień pobliskiego dużego hotelu Hilton.
72 5 Marble Arch Wszystkie ważniejsze

MOUNT ROYAL
$$$$ ★★★★
BRYANSTON ST.
MARBLE ARCH
WIA 4UR
TEL. 0171-629 8040
FAKS 0171-499 7792
Należy do grupy Thistle, niedawno przemeblowany, w pobliżu Oxford Street i Mayfair, spacerem przez Hyde Park do Knightsbridge.
689 Duży Marble Arch Wszystkie ważniejsze

RESTAURACJE

LE GAVROCHE
$$$$$
43 UPPER BROOK ST.
WIY IPF
TEL.0171-408 0881
Spokojny wystrój, idealna obsługa, długa lista win tworzą tło dla teatru Michela Roux, który prowadzi tę restaurację od 25 lat. Idealne dania francuskie, m.in. *dame de boeuf a l'ancienne*. Nowy aneks Roux mieści się pod niebem w wieżowcu NatWest w City (tel. 0171-877 7703).
60 Marble Arch
Zamknięte sob., niedz.
Wszystkie ważniejsze

AL SAN VICENZO
$$$$
30 CONNAUGHT ST.
W2 2AF
TEL. 0171-262 9623
Goście wracają do restauracji Vincenza i Elaine Borgonzolo na gęsią pierś z musztardą z Cremony, dziczyznę z sosem z pigwy i smażone węgorze.
24 Marble Arch
Zamknięte sob. L, niedz.
Wszystkie ważniejsze

BICE
$$$$
13 ALBEMARLE ST.
WIX 3HA
TEL. 0171-409 1011
Filia oryginalnej restauracji Bice w Mediolanie, wystrój z lat 20., szybka obsługa, włoskie menu obejmuje m.in. dobre *risotto alla milanese*, świeże makarony typu quadrucci i tartę pistacjową.
90 Green Park
Zamknięte sob. L, niedz.
Wszystkie ważniejsze

LE CAPRICE
$$$$
ARLINGTON ST.
SWIA IRT
TEL. 0171-629 2239
Tę restaurację oraz The Ivy (zob. s. 250), gdzie jeszcze trudniej o stolik, prowadzi z wielkim powodzeniem ten sam zespół. Atmosfera przypomina klub, wytworni goście pozdrawiają się nawzajem kieliszkami szampana znad talerza z *risotto nero* czy z pieczoną rybą. Bardzo modna nowoczesna, europejska.
150 Green Park
Wszystkie ważniejsze

COAST
$$$$
ALBEMARLE ST.
WIX 3FA

HOTELE I RESTAURACJE

TEL.0171-495 5999
Restauracja Olivera Peytona w dawnym salonie samochodowym, zielone ściany, żółte krzesła, odważne dzieła sztuki współczesnej. Nowoczesne potrawy europejskie, m.in. pasztet z dziczyzny i kalmary smażone w woku. Peyton Atlantic Bar & Grill, (Glasshouse Street, tel. 0171-734 4888), Mash London (19-21 Great Portland Street, tel. 0171-637 5555), Isola (145 Knightsbridge, tel. 0171-637 5555).
150 Green Park
Wszystkie ważniejsze

MATSURI
$$$$
15 BURY ST.
SWIY 6AL
TEL. 0171-839 1101
Nazwa japońska oznaczajaca festiwal; jedzenie bardzo udekorowane, ale staranne. Warto spróbować sushi, prostej okonomi-yaki lub nowatorskiej teppan-yaki.
133 Green Park
Zamknięte niedz.
Wszystkie ważniejsze

MORTON'S RESTAURANT
$$$$
28 BERKELEY SQUARE
WIX 5HA
TEL. 0171-493 7171
Gary Holihead jest szefem klubowej restauracji, która otworzyła podwoje dla nie-członków klubu, warto spróbować tutejszej nowoczesnej kuchni europejskiej o wyraźnej preferencji dla ryb.
56 Bond St.
Zamknięte sob. L
Wszystkie ważniejsze

OLD DELHI
$$$$
48 KENDAL ST.
W2 2BP
TEL. 0171-723 3335
Jedna z najlepszych indyjskich restauracji w Londynie, bywa tu wielu przybyszów z Indii, którzy doceniają, bogate, odpowiednio ugotowane *mughal* i dania perskie, jak np. gotowane jagnię z całymi limetami.
56 Bayswater/Marble Arch
Wszystkie ważniejsze

LA PORTE DES INDES
$$$$
32 BRYANSTON ST.
WIH 7AE
TEL. 0171-224 0055
Po sukcesie w Brukseli (stąd francuska nazwa) ta ekstrawagancko ozdobiona, duża i piękna restauracja podaje wysokiej jakości potrawy indyjskie, dość kosztowne.
350 Marble Arch
Zamknięte sob. L
Wszystkie ważniejsze

THE SQUARE
$$$$ ❀❀❀
32 KING ST.
SWIY 6RJ
TEL. 0171-495 7100
Nowoczesne kuchnia europejska z akcentem francuskim Philipa Howarda; wysoka sala przestrzeni z dużymi oknami. Szczególnie dobry pasztet z gęsich wątróbek, perliczka i karczochy z szynką.
85 Green Park
Zamknięte sob. L, niedz. L
Wszystkie ważniejsze

TAMARIND
$$$$
20 QUEEN ST.
WIX 7PJ
TEL. 0171-629 3561
Prawdziwa kuchnia indyjska. Oryginalne przepisy, często z tradycyjnych domów, zachowują smak charakterystycznych przypraw, np. kurczak marynowany w zielonym chili i musztardzie.
95 Green Park
Zamknięte sob. L
Wszystkie ważniejsze

33 ST. JAMES'S
$$$$
33 ST. JAMES'S ST.
SWI IHD
TEL. 0171-930 4272
Nowojorski szyk w eleganckiom St. James's, gdzie równie eleganccy klienci zajadają podwędzane owoce morza z sosem curry Sauternes, duszone świńskie ryje i puddingi. Liczne wina na lampki.
75 Green Park
Zamknięte sob. L, niedz.
Wszystkie ważniejsze

THE AVENUE
$$$
7-9 ST. JAMES'S ST.
SWIA IEE
TEL. 0171-321 2111
Projekt Davida Coperfielda w połączeniu ze współpracą z Christie's to idealne miejsce do podawania niezbyt drogich win, oryginalnych dań europejskich jak, np.: *coq au vin* z puree z ziemniakami z pietruszką i czosnkiem.
180 Green Park
Wszystkie ważniejsze

CHOR BIZARRE
$$$
16 ALBEMARLE ST.
WIX 3HA
TEL. 0171-629 9802
Mimo wystroju jak w sklepie z tandetą, indyjskie potrawy zadziwiająco dobre, szczególnie ciekawe domowe przepisy właścicieli z Kaszmiru. Warto spróbować *boghare baingan* (bakłażany) i *missi roti*.
85 Green Park
Wszystkie ważniejsze

STEPHEN BULL RESTAURANT
$$$
5-7 BLANDFORD ST.
WIH 3AA
TEL. 0171-486 9696
John Hardwick gotuje nowoczesne europejskie potrawy w nowoczesnej, kameralnej sztandarowej restauracji Bulla, gdzie jedynie lustrzane ściany stwarzają iluzję przestrzeni. Polecamy pieczonego królika, potem rabarbarowe fondue z sorbetem. Dobrze dobrany asortyment win, można zamawiać na lampki. Inne lokale tej grupy: Stephen Bull Smithfield, (71 St. John Street, tel. 0171-490 1750), Stephen Bull (12 Upper St. Martin's Lane, tel. 0171-379 7811).
53 Bond Street

CENY

HOTELE

Znak $ wskazuje cenę dwuosobowego pokoju bez śniadania

$$$$$	ponad 280 dol.
$$$$	200–280 dol.
$$$	120–200 dol.
$$	80–120 dol.
$	poniżej 80 dol.

RESTAURACJE

Znak $ wskazuje cenę trzydaniowej kolacji bez alkoholu

$$$$$	ponad 80 dol.
$$$$	50–80 dol.
$$$	35–50 dol.
$$	20–35 dol.
$	poniżej 20 dol.

Zamknięte sob. L, niedz. L i tydzień przed Bożem Narodzeniem Wszystkie ważniejsze

UNION CAFÈ

$$$
96 MARYLEBONE LANE
WIM 5FP
TEL. 0171-486 4860

Jasna, przewiewna kawiarnia, gdzie podaje się nowoczesne dania europejskie ze świeżych surowców z całej Anglii, np. grillowany na węglu drzewnym królewski leszcz. Śniadania.
70 Bond Street Zamknięte niedz. Wszystkie ważniejsze

BROWNS BRASSERIE

$$
18 MADDOX ST.
WIR 9LA
TEL. 0171-491 4565

Jedna z najpogodniejszych piwiarni. Duża, hałaśliwa, charakterystyczna dla Mayfair. Doskonały stek i Guiness pie (pasztet), łosoś w cieście. Filie przy St. Martin's Lane, Covent Garden (tel. 0171-497 5050), Draycott Avenue, Chelsea (tel. 0171-584 5389).
180 Oxford Circus Zamknięte niedz. Wszystkie ważniejsze

OCEANA

$$
JASON COURT
76 WIGMORE ST.
WIM 6BE
TEL. 0171-224 2992

Bar w suterenie i restauracja przemeblowane przez Tony'ego Kitous. Modne minimalistyczne menu, odzwierciedla styl środka. Dzięki amerykańskim i innym wpływom podaje się tu m.in.: zupę krem z orzechów i marynowane krewetki.
90 Bond Street Zamknięte sob. L, niedz. Wszystkie ważniejsze

COŚ SPECJALNEGO

HAZLITT'S

Niegdyś dom pisarza Williama Hazlitta (1778–1830), teraz w tym pięknym budynku hotel w samym sercu Soho. W pięknie urządzonych pokojach antyki. Idealna lokalizacja dla miłośników teatrów i muzeów.
$$$$$
6 Frith St., W1V 5TZ
0171-434 1771
Fax 0171-439 1524
23 Tottenham Court Road Wszystkie ważniejsze

CAFE SHEEKEY

$$
43 WHITEHALL
SW1
TEL. 0171-930 5678

U Sheekeya na St. Martin's Court bywalcom teatralnym podaje się ryby (tel. 0171-240 2565). Obecnie otworzono filie: tę kawiarnię bliską Westminsteru i drugą przy Queen Victoria Street w City (tel. 0171-489 8067).
Westminster/Charing Cross Wszystkie ważniejsze

SILKS & SPICE

$$
23 FOLEY ST.
WIP 7LB
TEL. 0171-636 2718

Tajsko-malajskie potrawy w swobodnej, kawiarnianej atmosferze. Polecamy: *yum woon sen* (mielony kurczak z sałatą i kluskami) i nowozelandzkie małże.
75 Great Portland Street Zamknięte sob., niedz. L Wszystkie ważniejsze

SOFRA

$$
18 SHEPHERD ST.
WIY 7LN
TEL. 0171-493 3320

Wszystkie lokale Sofry mają charakterystyczny minimalistyczny wystrój z surowego drewna, a turecki sposób przyrządzania zmienia smak dań klasycznych. Dla ułatwienia zamówmy mieszane mezze.
100+ Green Park Wszystkie ważniejsze

TRAFALGAR SQUARE I SOHO

HOTELE

ORION TRAFALGAR SQUARE

$$$
18-21 NORTHUMBERLAND AVENUE
WC2N 5BJ
TEL. 0171-766 3701
FAKS 0171-766 3766

Praktyczny nowy pomysł hotelu w centrum Londynu: jedno-, dwu- i trzypokojowe apartamenty.
189 17 Charing Cross Wszystkie ważniejsze

RESTAURACJE

ALASTAIR LITTLE SOHO

$$$$ ❀❀❀
49 FRITH ST.
WIV 5TE
TEL. 0171-734 5183

Podawane w tej niewielkiej, nieozdobionej restauracji pomysłowe nowoczesne europejskie dania Alastaira Litle'a obejmują m.in. powoli pieczoną

wieprzowinę, a przygotowywane są zgodnie z jego zasadą „prostota, prostota, jakość, jakość". W restauracji Alastaira Little'a przy Lancaster Road w W11 (tel. 0171-243 2220) gotuje Toby Gush.
35 Licester Square/ Totenham Court Road
Zamknięte sob. L, niedz.
Wszystkie ważniejsze

ELENA'S AT L'ETOILE
$$$$
30 CHARLOTTE ST.
WIP IHJ
TEL. 0171-636 7189
Osiągnąwszy sławę w głównej restauracji w Soho L'Escargot (48 Greek Street, tel. 0171-437 2679) Elena Salvoni prowadzi również tę stuletnią restaurację w Soho. Wśród francuskich dań ryba z rzodkiewką i pietruszką.
80 Goodge Street/ Tottenham Court Road
Zamknięte sob. L, niedz.
Wszystkie ważniejsze

THE IVY
$$$$ ❀❀❀
1 WEST ST.
COVENT GARDEN
WC2H 9NE
TEL. 0171-836 4751
Najtrudniej jest zdobyć stolik. Kiedy to się uda, personel zapewni nam długo pozostający w pamięci posiłek w tej stuletnie restauracji Soho, na lunch goście zwykle zajadają pieczoną rybę i pyszny pudding.
100 Leicester Square/Covent Garden
Wszystkie ważniejsze

PIED À TERRE
$$$$ ❀❀❀
34 CHARLOTTE ST.
WIP IHJ
TEL. 0171-636 1178
Tom Aikens utrzymuje wysoki standard ustalony przez Richarda Neatsa. Wśród dań prawdziwe haute-cuisine dania – consomme ze ślimaków o wschodnich smakach, confit ze ślimaków, duszony świński ryj i ozór.
40 Goodge Street/ Tottenham Court Road
Zamknięte sob. L, niedz. i 2 tyg. w VIII
Wszystkie ważniejsze

QUO VADIS
$$$$ ❀❀❀
26-29 DEAN ST.
WIV 6LL
TEL. 0171-437 9585
Marco Pierre White i artysta Damien Hirst ożywili witraże i surowe drewno tej starej restauracji w Soho. Idealne foie gras i wątróbki kurze, pieczony kurczak. Ta sama para stworzyła The Pharmacy Restaurant i bar w Notting Hill Gate (tel. 0171-221 2442).
85-95 Leicester Square/Tottenham Court Road Zamknięte sob. L
Wszystkie ważniejsze

COŚ SPECJALNEGO

MEZZO
Olbrzymia restauracja Conrana, mieszcząca 350 osób, z dużym i zatłoczonym barem od frontu była w latach 60. XX w. miejscem słynnych imprez Marquee Club. Kiedy restauracja jest pełna, odbija się to niekorzystnie na akustyce, ale nie na nowoczesnej europejskiej kuchni. Warto spróbować pieczoną perliczkę albo łososia w czerwonym tajskim curry.
$$$$
100 Wardour St.
W1V 3LE
0171-314 4000
350 Piccadilly Circus
Zamknięte sob. L
Wszystkie ważniejsze

BAHN THAI
$$$
21A FRITH ST.
WIV 5TS
TEL. 0171-437 8504
Jedna z najlepszych tajskich restauracji w Londynie, od jej otwarcia w 1982 r. szefową kuchni jest pani Pen Squires. Polecamy krabowe ciasto z krabami i wieprzowiną i zielone curry z kurczaka.
120 Leicester Square/ Tottenham Court Road
Wszystkie ważniejsze

BERTORELLI'S
$$$
19 CHARLOTTE ST.
WIP IHP
TEL. 0171-636 4174
Po zainwestowaniu 1,2 mln funtów Bertorelli's stał się elegancką, nowoczesną włoską restauracją. Wśród potraw Maddaleny Bonino podawanych w górnej sali kalmary z grilla i risotto z wędzonego kurczaka.
100 Goodge Street/ Tottenham Court Road
Zamknięte sob. L, niedz.
Wszystkie ważniejsze

MON PLAISIR
$$$
21 MONMOUTH ST.
WC2H 9DD
TEL. 0171-836 7243
Tradycyjne, istniejące od dawna francuskie bistro. Duża lista głównych dań, do których można mieć zaufanie, na deser koniecznie *creme brûlée*.
96 Covent Garden/ Leicester Square
Zamknięte sob. L, niedz.
Wszystkie ważniejsze

ALPHABET
$$
61-63 BEAK ST.
WIR 3LF
TEL. 0171-439 2190
Cieszący się godną pozazdroszczenia opinią w całym Londynie bar koncentruje się raczej na napojach niż na jedzeniu. Dobrze przyrządzone koktajle, dobre wina w przystępnych cenach, miejsce bardzo popularne wśród londyńczyków.
Oxford Circus/Piccadilly
Wszystkie ważniejsze

BLUES BISTRO & BAR
$$
42-43 DEAN ST.
WI 5AV
TEL. 0171-494 1966
Wyszukana amerykańska stylizacja, chromowany bar, przyja-

zny personel i modna klientela; dobre sałatki, królik w musztardzie, flądra z kluskami i key lime pie (pasztet).
140 Leicester Square/ Tottenham Court Road
Zamknięte niedz.
Wszystkie ważniejsze

CHUEN CHENG KU
$$
17 WARDOUR ST.
W1V 3HD
TEL. 0171-437 1398
Jedna z ostatnich restauracji, w których podaje się dim sum ze stolika na kółkach (w godz. 11–18). Trzeba przyjść wcześnie, żeby dostać kluski świeżo gotowane na parze, ślimaki gotowane na parze i ok. 30 innych potraw.
500 Leicester Square/ Tottenham Court Road
Wszystkie ważniejsze

FUNG SHING
$$
15 LISLE ST.
WC2
TEL 0171-437 1539
Ta rodzinna chińska restauracja jest jedną z najlepszych w Soho. Jej specjalność to doskonałe owoce morza, a także pieczony węgorz z miodem lub duszona płetwa rekina.
115 Leicester Square
Wszystkie ważniejsze

GOLDEN HARVEST
$$
17 LISLE ST
WC2H 7BE
TEL. 0171-287 3822
Nowatorska chińska restauracja łączy tradycyjne smaki z nowymi ingrediencjami, np. w licznych daniach z owocami morza – pomfret, kalmary, karp, a także jagnięcina z miętą.
120 Leicester Square
Wszystkie ważniejsze

KULU KULU
$$
76 BREWER ST.
W1R 3PH
TEL. 0171-734 7316
Popularna japońska kawiarnia-restauracja, słynąca z sushi podawanego na długiej, wąskiej, ruchomej taśmie. Poza tym *ogedofu* i *tempura udon*.
26 Piccadilly Circus
Zamknięte niedz.
Wszystkie ważniejsze

OD COVENT GARDEN DO LUDGATE HILL

W tej znakomitej dzielnicy istnieje kilka dość luksusowych hoteli. Jest dużo restauracji, ale mniej dobrych, niż należałoby oczekiwać. Okolica ucierpiała z powodu wyniesienia się gazet z Fleet Street i równoczesnego przesunięcia się restauracji City na wschód.

HOTELE

COVENT GARDEN
$$$$$
10 MONMOUTH ST.
WC2H 9HB
TEL. 0171-806 1000
FAKS 0171-806 1100
Salonik z boazerią, nastrojowa biblioteka w stylu Tiffany, barwny, oryginalny jasny wystrój sprawia, że hotel wydaje się oddalony od miejskiego zgiełku.
50 Covent Garden
Wszystkie ważniejsze

COŚ SPECJALNEGO

ONE ALDWYCH

Najbardziej dynamiczny nabytek z 1998 r. Budynek wzniesiony w 1907 r. dla gazety *Morning Post*, przerobiony obecnie przez Gorgona Campbell-Graya i Mary Fox Linton na idealny hotel. Dobre dzieła sztuki na ścianach, luksusowe i różne urządzenia odnowy biologicznej. Obok restauracyjnego baru restauracja Indigo, w sąsiedztwie restauracja Axis.
$$$$$ ★★★★★
1 Aldwych, WC2B 4BZ
0171-300 1000
Fax 0171-300 1001
105 110 Axis, 62 Indigo Aldwych
Wszystkie ważniejsze

LE MERIDIEN WALDORF
$$$$$ ★★★★★
ALDWYCH
WC2B 4DD
TEL. 0171-836 2400
FAKS 0171-836 7244
Cudowny edwardiański hotel, luksusowo przemeblowany, w barze zachowano meble obite skórą, wielki Palm Court (nowoczesna kuchnia brytyjska), popularne potańcówki popołudniowe w weekendy.
292 Aldwych/Covent Garden W pobliżu Wszystkie ważniejsze

RESTAURACJE

BANK
$$$$
1 KINGSWAY
WC2B 6XF
TEL. 0171-379 9797
Niezwykły bar, otwarta kuchnia i wielka ruchliwa restauracja zajmuje narożnik opuszczony przez bank. Nowoczesne dania Christiana Deltella to głównie ryby, takie jak wędzony łupacz.
200 Holborn/Aldwych
Wszystkie ważniejsze

COŚ SPECJALNEGO

SIMPSONS ON THE STRAND

Niemal karykatura tradycyjnej angielskiej restauracji. Założona w 1828 r. jako kawiarnia, teraz podaje wołowinę i jagnięcinę ze srebrnych tac i roladę z syropem.
$$$
100 Strand, WC2R 0EW
0171-836 9112
350 Charing Cross/Covent Garden
Zamknięte 21.00 niedz. Wszystkie ważniejsze

CHRISTOPHER'S
$$$$
18 WELLINGTON ST.
WC2E 7DD
TEL. 0171-240 4222

Dawne duże kasyno mieści teraz restaurację Christophera Gilmoura w doskonałym miejscu, tuż przy Aldwych. Dobre amerykańskie jedzenie w podziemnym barze/kawiarni, na górze wysoka, piękna sala jadalna.
100 Covent Garden
Wszystkie ważniejsze

CITY RHODES
$$$$ ❀❀❀
1 NEW ST. SQUARE
EC4A 3BF
TEL. 0171-583 1313
Skromna sceneria dla brytyjskich dań Gary Rhodesa, któremu pomaga Wayne Tapsfield. Niemal bezbłędne potrawy.
96 Holborn
Zamknięte sob. i niedz.
Wszystkie ważniejsze

NEAL STREET RESTAURANT
$$$$ ❀❀❀
26 NEAL ST.
WC2H 9PS
TEL. 0171-836 8368
Prawdziwa włoska kuchnia w skromnej scenerii, w wykonaniu Antonia Carluccio z pomocą specjalisty od grzybów Eduardo Paolozzi. Polecamy gołębia z truflami, pieczoną flądrę z marynowanymi grzybami lub zająca z polentą.
65 Covent Garden
Zamknięte niedz., tydzień Bożego Narodzenia
Wszystkie ważniejsze

JOE ALLEN
$$$
13 EXETER ST.
WC2E 7DT
TEL. 0171-836 0651
Amerykańskie menu w stale pełnym podziemiu. Dobra sałatka Cezar, żeberka i ciasto z orzechami pekan. Dobre amerykańskie koktajle.
180 Covent Garden
AE, MC, V

ORSO
$$$
22 WELLINGTON ST.
WC2E 7DA
TEL. 0171-240 5269
Włoska restauracja regionalna, w dalszym ciągu dobra, tłoczno. Przed dziczyzną z granatami i selerem dobre kluski, duży wybór włoskich win.
120 Covent Garden
Wszystkie ważniejsze

RULES
$$$
35 MAIDEN LANE
WC2E 7LB
TEL. 0171-836 5314
Założona w 1789 r. tradycyjna angielska restauracja to miejsce, gdzie można zjeść kaczkę, szkockiego daniela i pudding ze stekiem, cynaderkami i ostrygami.
128 Covent Garden
Wszystkie ważniejsze

WORLD FOOD CAFÉ
$$
NEAL'S YARD DINING ROOM
14 NEAL'S YARD
WC2H 9DP
TEL. 0171-379 0298
Dobre jedzenie wegetariańskie, na ścianie fotografie właściciela. Polecamy: doskonałe sałatki, egipskie falafel, tartę cytrynową i napój z mango i jogurtu.
42 Covent Garden
Zamknięte od 17.30 pon.-sob., latem od 19.30 śr.–pt. Wszystkie ważniejsze

BLOOMSBURY

Kilka hoteli i restauracji w niewielkiej odległości od muzeów Bloomsbury i Covent Garden.

HOTELE

ACADEMY
$$$$ ★★★
17-21 GOWER ST.
WC1E 6HG
TEL. 0171-631 4115
FAKS 0171-636 3442
Cztery szeregowe domy georgiańskie tworzą ten odrestaurowany hotel w dzielnicy uniwersyteckiej. W restauracji potrawy śródziemnomorskie.
40 Goodge Street
Trochę Wszystkie ważniejsze

BLOOMS
$$$$
7 MONTAGUE ST.
WC1B 5BP
TEL. 0171-323 1717
FAKS 0171-636 6498
Hotel w eleganckim szeregu domów w pobliżu British Museum. Cudowny pokój śniadaniowy i taras w ogrodzie.
27 Russel Square
Wszystkie ważniejsze

MYHOTEL
$$$$
11-13 BAYLEY ST.
BEDFORD SQUARE
WC1B 3HD
TEL. 0171-580 7766
FAKS 0171-580 0588
Zespół projektantów Terence'a Conrana z pomocą eksperta feng shui starał się połączyć nowoczesne udogodnienia ze spokojną atmosferą domu. Biblioteka i pokój muzyczny.
76 Goodge Street
Wszystkie ważniejsze

CRESCENT
$$$
49 CARTWRIGHT GARDENS
WC1E 9EL
TEL. 0171-387 1515
FAKS 0171-383 2054
Rodzinny pensjonat w szeregu domów z okresu regencji ze śniadaniem wychodzi na ogrody; goście mogą skorzystać z kortów tenisowych; 10 min spacerem do British Museum.
24 (18 z łazienkami)
Russell Square MC, V

RESTAURACJE

ALFRED
$$$
245 SHAFTESBURY AVENUE
WC2 8EH
TEL.0171-240 2566
Nieskomplikowane brytyjskie potrawy przygotowane z doskonałych składników i podawane w odświeżającej scenerii. Polecamy: zupę z szynki

i groszku, ryby – łososia, gurnard na parze oraz pudding Sussex.
60 Tottenham Court Road/Covent Garden
Zamknięte niedz.
Wszystkie ważniejsze

BACK TO BASICS
$$
21A FOLEY ST.
WIP 7LA
TEL. 0171-436 2181
Lokalna restauracja rybna w dawnym sklepiku narożnym. Polecamy: solę z Dover z tarragonem, mahi mahi z sosem vineigret z soczewicy, doskonały angielski pudding chlebowo-maślany z sosem z whisky.
36-40 Goodge Street/Oxford Cirus
Zamknięte sob. i niedz.
Wszystkie ważniejsze

TABLE CAFÉ
$$
HABITAT
TOTTENHAM COURT RD
WIV 6LX
TEL. 0171-636 8330
Włoska kawiarnia Conrana w sklepie Habitat pozwala klientom nabrać energii do dalszych zakupów. Śniadania, na lunch makaron, sałata i ciabattas, na podwieczorek herbata i ciasto.
80 Goodge Street
Zamknięte D z wyjątkiem czw. (otwarte od 20.00)
Wszystkie ważniejsze

WAGAMAMA
$
4A STREATHAM ST.
WCIA IJB
TEL. 0171-323 9223
Japoński bar tuż przy British Museum. Nie trzeba rezerwować, trochę się czeka na *chicken ramen*, *gyoza* (faszerowane placki) i *edamame* (zielona fasola sojowa).
104 Tottenham Court Road
Wszystkie ważniejsze

LONDYN OKRESU REGENCJI: OD PICCADILLY CIRCUS DO HAMPSTEAD

Na drodze Nasha w kierunku pn. znajduje się tylko kilka hoteli. Dla wygody restauracje na tym długim pasie wymienione są od południa na północ.

HOTELE

THE LANGHAM HILTON LONDON
$$$$$ ★★★★★
1C PORTLAND PLACE
REGENT ST.
WIN 4JA
TEL. 0171-636 1000
FAKS 0171-323 2340
Wybudowany jako wspaniały hotel w 1865 r., obecnie do świetności z epoki przywrócono Palm Court, bar i restaurację. Pokoje nowoczesne i dobrze wyposażone. Kort tenisowy.
379 Oxford Circus
Wszystkie ważniejsze

QUALITY INN HAMPSTEAD
$$ ★★★
5-7 FROGNAL HAMPSTEAD
NW3 6AL
TEL. 0171-794 0101
FAKS 0171-794 0100
Nowoczesny hotel, słynący z przyjaznej atmosfery, niedaleko Hampstead Heath.

RESTAURACJE

PICCADILLY

ATLANTIC BAR & GRILL
$$$
28 GLASSHOUSE ST.
WIR 5RN
TEL. 0171-734 8888
Czeka się, nawet jeśli stolik jest zarezerwowany, w hałaśliwym podziemiu. Dobry bar, europejskie dania, np. jagnięcina z musztardą czy kalmary z węglowego grilla – godne polecenia.

CENY

HOTELE
Znak $ wskazuje cenę dwuosobowego pokoju bez śniadania

$$$$$	ponad 280 dol.
$$$$	200–280 dol.
$$$	120–200 dol.
$$	80–120 dol.
$	poniżej 80 dol.

RESTAURACJE
Znak $ wskazuje cenę trzydaniowej kolacji bez alkoholu

$$$$$	ponad 80 dol.
$$$$	50–80 dol.
$$$	35–50 dol.
$$	20–35 dol.
$	poniżej 20 dol.

180 Piccadilly Circus
Zamknięte sob. i niedz. L
Wszystkie ważniejsze

THE CRITERION
$$$
224 PICCADILLY
WIV 9LB
TEL. 0171-930 0488
Lokalizacja tuż obok posążka Erosa na Piccadilly Circus, wykładane marmurem ściany i mozaikowe sufity są scenerią, w której Marco Pierre White serwuje nowoczesne francuskie dania, takie jak kurczę pieczone po francusku.
180 Piccadilly Circus
Wszystkie ważniejsze

REGENT STREET

CAFE ROYAL GRILL ROOM
$$$$
68 REGENT ST.
WIR 6EZ
TEL. 0171-437 9090
W luksusowej sali jadalnej Herbert Berger podaje dania tradycyjnej kuchni francuskiej. Polecamy: jagnię i ziemniaki nadziewane truflami, kaczkę Barbary z soczewicą, gorące pitiviers z migdałami i jabłkami. Dobry wybór win.

45 Piccadilly Circus
Zamknięte sob. L, niedz.
Wszystkie ważniejsze

ATELIER
$$$
41 BEAK ST.
WIR 3LE
TEL. 0171-287 2057
W budynku, w którym miał pracownię Canaletto, Stephen Bulmer podaje nowoczesne potrawy francuskie z lekką domieszką wpływów orientalnych, smażony pstrąg, fricassee z żabich udek i smakowity bananowy mille-feuille, któremu nie można się oprzeć.
45 Piccadilly Circus
Zamknięte sob. L, niedz.
Wszystkie ważniejsze

L'ODEON
$$$ ❀❀❀
65 REGENT ST.
WIR 7HH
TEL.0171-287 1400
Do restauracji założonej przez Bruno Loubeta prowadzą olbrzymie schody. Jego klasyczną kuchnię francuską kontynuuje teraz Anthony Demetre. Polecamy ryby – tournedos z morszczuka, pieczony morski bass i gorącą szarlotkę.
220 Piccadilly Circus
Zamknięte sob. L, niedz.
Wszystkie ważniejsze

RK STANLEYS
$$$
6 LITTLE PORTLAND ST.
WIN 5AG
TEL. 0171-462 0099
Znana restauracja z prawdziwą brytyjską kuchnią. Polecamy kiełbaski we wszystkich postaciach i brytyjskie napoje (zwłaszcza piwo).
140 Oxford Circus
Wszystkie ważniejsze

VEERASWAMY
$$$
90-101 REGENT ST.
WIR 8RS
TEL. 0171-734 1401
Wejście od Swallow Street, potem po schodach do niezwykłego pomieszczenia, gdzie podaje się tradycyjne indyjskie potrawy w modnym nowoczesnym wydaniu.
121 Piccadilly Circus
Wszystkie ważniejsze

PRIMROSE HILL

LEMONIA
$$$
89 REGENT'S PARK RD
NW18 UY
TEL.0171-586 7454
Popularna w okolicy restauracja w pobliżu Primrose Hill podaje grecko-cypryjskie dania, takie jak *lauvia* (kolorowa fasola ze szpinakiem), kalmary i pudding z greckiego jogurtu, miodu i orzechów.
160 Chalk Farm
Zamknięte sob. L, niedz. D
Wszystkie ważniejsze

HAMPSTEAD

CUCINA
$$$
45A SOUTH END RD
NW3 2QB
TEL. 0171-435 7814
Bardzo dobre nowoczesne europejskie dania rekompensują nieciekawe wnętrze. Polecamy bliny z atramentem z kalmarów i z kawiorem łososiowym, pieczonego kurczaka z tymiankiem i wędzone pomidory.
96 Hampstead (10 min spacerem)
Zamknięte niedz. D
Wszystkie ważniejsze

COŚ SPECJALNEGO

THE HOLLYBUSH
Popularny pub wtłoczony w alejkę za miasteczkiem Hampstead. Oświetlenie gazowe, dobre piwo, gorący lunch: domowe mięso w cieście i niewielkie kolacje.
$
22 Holly Mount, NW3 6SG
020-7435 2892
Hampstead
Wszystkie ważniejsze

LOUIS PATISSERIE
$
32 HEATH ST.
NW3 6DE
TEL. 0171-435 9908
Idealne miejsce odpoczynku podczas zwiedzania Hampsteadu lub po spacerze w parku Heath. Dobre francuskie ciastka z jabłkami i węgierskie precle z cynamonem.
Hampstead
Zamknięte od 18
Wszystkie ważniejsze

KENSINGTON I SOUTH KENSINGTON

W tej mieszkaniowej dzielnicy na zachód od centralnego Londynu znajduje się wiele hoteli w zwykłych domach; liczne restauracje, chętnie odwiedzane przez mieszkańców.

HOTELE

BLAKES
$$$$$
33 ROLAND GARDENS
SW7 3PF
TEL. 0171-370 6701
FAKS 0171-373 0442
Pierwszy hotel Anouski Hempel: dwa wiktoriańskie budynki, z przepychem ozdobione materiałami w jaskrawych kolorach. Hotel przyciąga wielu sławnych ludzi obietnicą prywatności. Uroczy ogród. Zob. też najnowszy hotel The Hempel, s. 258.
50 Glancester Road/ South Kensington
W niektórych pokojach
Wszystkie ważniejsze

THE GORE
$$$$
189 QUEEN'S GATE
SW7 5EX
TEL. 0171-584 6601
FAKS 0171-589 8127
Hotel otwarty 100 lat temu starannie zachowuje wiktoriański wystrój, boazerie, paprocie w doniczkach, dywany i wspaniałe witrażowe okna. W tym samym budynku dwie dobre restauracje. Downstairs

SIECI I GRUPY

Szefowie kuchni i restauratorzy powiększają swoje imperia. Kuchnia Marco Pierre'a White'a w Sali Dębowej hotelu Le Meridien Piccadilly przyniosła mu pięć rozetek AA i trzy gwiazdki Michelina. Nadzoruje on także mniej bezbłędny Criterion, Mirabelle, Cafe Royal i Quo Vadis. Jean-Christophe Novelli prowadzi teraz pod swoim nazwiskiem cztery lokale, a grupa Conrana popiera nowości. Główne atuty grupy Belgo to: The Ivy, Le Caprice i Cafe Sheekey's, trzy londyńskie restauracje, w których zawsze można liczyć na dobre jedzenie, sprawną obsługę i przyjazną atmosferę.

pod nr. 190 i Bistro 190 (tel. 0171-581 5666).
54 South Kensington Wszystkie ważniejsze

THISTLE KENSINGTON PARK
$$$$ ★★★★
16-32 DE VERE GARDENS
W8 5AG
TEL. 0171-937 8080
FAKS 0171-937 7616
W pobliżu pałac Kensington, muzeum South Kensington i Royal Albert Hall. Nowoczesny hotel za starszą fasadą, dobra restauracja Cairngorm.
352 South Kensington Czasami Wszystkie ważniejsze

NUMBER SIXTEEN
$$$$
16 SUMNER PLACE
SW7 3EG
TEL. 0171-589 5232
FAKS 0171-584 8615
Hotel w szeregowym angielskim domu, niedaleko metra i muzeów South Kensington.
36 (34 z własnymi łazienkami) South Kensington Wszystkie ważniejsze

FIVE SUMNER PLACE
$$$
5 SUMNER PLACE
SW7 3EE
TEL. 0171-584 7586
FAKS 0171-823 9962
Nieco skromniejsza wersja Number Sixteen (zob. wyżej), tuż za rogiem, w równie pięknym szeregowym domu ze sztukateriami.
13 South Kensington Wszystkie ważniejsze

HOGARTH
$$$ ★★★
33 HOGARTH RD.
SW5 0QQ
TEL. 0171-370 6831
FAKS 0171-373 6179
Należy do grupy Best Western. Nowoczesny hotel w pobliżu Earls Court Road, bardzo przyjazny personel. Na najwyższym piętrze przebudowane pokoje z balkonami. Dobra restauracja.
85 P 20 Earls Court Read Czasami Wszystkie ważniejsze

HOTEL 167
$$$
167 OLD BROMPTON RD.
SW5 0AN
TEL. 0171-373 0672
FAKS 0171-373 3360
Przystępna cena, pokoje o indywidualnym wystroju urządzone ze smakiem, ciekawa wystawa sztuki nowoczesnej w jadalni.
19 (18 z własnymi łazienkami) Gloucester Road AE, MC, V

ABBEY HOUSE
$$
11 VICARAGE GATE
W8 4AG
TEL. 0171-727 2594
Przystępne ceny, hotelik typu bed-and-breakfast w uroczym wiktoriańskim domu. Dobrze usytuowany w sercu Kensingtonu, blisko metra i sklepów z antykami.
16 High Street Kensington/Notting Hill Gate Nie przyjmuje się

RESTAURACJE

HILAIRE
$$$$ ❀❀❀
68 OLD BROMPTON RD.
SW7 3LQ
TEL.0171-584 8993
Solidne nowoczesne europejskie dania Bryana Webba. Polecamy osso buco, pieczoną morską rybę – bassa z risottem i porami, królika z tagliatelle domowej roboty albo ostrygi z serem stilton.
60 South Kensington Zamknięte sob. L, niedz. Wszystkie ważniejsze

ABINGDON
$$$
54 ABINGDON RD.
W8 6AP
TEL. 0171-937 3339
Nowoczesne bistro w przerobionym narożnym pubie. Polecamy polędwicę z tuńczyka, grilowany stek z frytkami albo kacze udko w galarecie.
45 Hight Street Kensington MC, V

CLARKE'S
$$$ ❀❀❀
124 KENSINGTON CHURCH ST.
W8 4BH
TEL. 0171-221 9225
W końcu lat 70. XX w. produkty Cal-Ital Sally Clarke zainspirowały wielu młodych szefów kuchni. Świeże soki, domowy chleb, kurczaki grilowane na węglu drzewnym, a także idealne sery to część tutejszego menu.
90 Notting Hill Gate Zamknięte sob. L, niedz. AE, MC, V

LAUNCESTON PLACE
$$$
1A LAUNCESTON PLACE
W8 5RL
TEL. 0171-937 6912
Wyrafinowane wnętrze, nowoczesne dania. Polecamy risotto z krabów z jajkiem w koszulce, i roladę truskawkowo-czekoladową.
85 Gloucester Road/ High Street Kensington Zamknięte sob. L, niedz. D AE, MC, V

ST. QUENTIN BRASSERIE
$$$
243 BROMPTON RD.
SW3 2EP
TEL 0171-589 8005
Ta idealna francuska piwiarnia położona między Harrodsem a Muzeum V i A jakby zastygła w czasie. Miejscowi francuscy dyplomaci przychodzą tu na francuskie potrawy. Dobre wina.
75-80 South Kensington
Wszystkie ważniejsze

STAR OF INDIA
$$$
154 OLD BROMPTON RD.
SW5 0BE
TEL. 0171-373 2901
Kiedyś ulubione miejsce stęsknionych za ojczyzną Hindusów, teraz przerobione przez Rezę Mohammeda; ekstrawagancki wystrój i potrawy zapiekane w garnku albo małże z koriandrem.
95 Gloucester Road
Wszystkie ważniejsze

CHELSEA, BELGRAVIA I KNIGHTSBRIDGE

Wytworni londyńczycy i zagraniczni dyplomaci nadają ton eleganckim, dyskretnym hotelom, kosztownym restauracjom, a nawet sklepom.

HOTELE

BASIL STREET
$$$$$ ★★★
BASIL ST.
SW3 1AH
TEL. 0171-581 3311
FAKS 0171-581 3693
Stałym gościom podoba się to, co nazywają angielskością hotelu: edwardiański budynek z cichymi salonami i usłużnym personelem.
89 Knightsbridge
Niektóre pokoje
Wszystkie ważniejsze

THE BEAUFORT
$$$$$
33 BEAUFORT GARDENS
SW3 1PP
TEL. 0171-584 5252
FAKS 0171-589 2834
Sto metrów od Harrodsa, ten hotel w miejskiej kamienicy zapewnia gościom indywidualnie urządzone pokoje i wszelkie udogodnienia.
28 Knightsbridge
Wszystkie ważniejsze

THE BERKELEY
$$$$$ ★★★★★
WILTON PLACE
SW1X 7RL
TEL. 0171-235 6000
FAKS 0171-235 4330
Nowoczesny hotel prowadzony w sposób tradycyjny; ogień na kominku w foyer, dużo kwiatów, duże pokoje, lokaje. Na górnym piętrze wspaniały klub fitness i basen, doskonały bar, restauracje Vong (pd.-wsch. Azja) i nowoczesna brytyjska.
157 50 Knightsbridge/Hyde Park Corner
Wszystkie ważniejsze

CAPITAL
$$$$$ ★★★★ ❀❀❀❀
BASIL ST., KNIGHTSBRIDGE
SW3 1AT
TEL. 0171-589 5171
FAKS 0171-225 0011
Prześcieradła z egipskiej bawełny i nienaganny wystrój. Philip Britten znakomicie gotuje w restauracji The Capital, wspaniałe jedzenie w piwiarni Le Metro.
48 44 15
Knightsbridge
Wszystkie ważniejsze

THE CHELSEA
$$$$$ ★★★★
17 SLOANE ST.
SW1X 9NU
TEL. 0171 235 4377
FAKS 0171 235 3705
Całkowicie przemeblowany nowoczesny hotel, odpowiedni dla klientów kupujących haute couture na Sloane Street. Mózgiem Restauracji jest Bruno Loubet, a szefem Adam Gray.
224 10
Knightsbridge
Wszystkie ważniejsze

HYATT CARLTON TOWER
$$$$$ ★★★★★
CADOGAN PLACE
SW1X 9PY
TEL. 0171-235 1234
FAKS 0171-235 9129
Robiący wrażenie nowoczesny hotel, basen i klub fitness świadczą o tym, że usługi są bez zarzutu pod każdym względem. Podwieczorki z herbatą w Chinoiserie Lounge, w Rib Room tradycyjne potrawy, Grissini – nowoczesna restauracja włoska.
220 88 40
Knightsbridge
Wszystkie ważniejsze

COŚ SPECJALNEGO

THE HALKIN

Pierwszy w Londynie hotel tak zwracający uwagę na wzornictwo. Inspirowany klasycznym stylem włoskim, szczególnie dobra klimatyzacja i oświetlenie, personel w uniformach od Armaniego, doskonałe nowoczesne włoskie potrawy przygotowywane przez Stefano Cavalliniego.
$$$$$ ★★★★ ❀❀❀
Halkin Street, SW1X 7DJ
0171-333 1000
Fax 0171-333 1100
41 45
Knights-bridge
Wszystkie ważniejsze

GORING
$$$$$ ★★★★
BEESTON PLACE
GROSVENOR GARDENS
SW1W 0JW
TEL. 0171-396 9000
FAKS 0171-834 4393
Prowadzony przez rodzinę Goringów od 1910 r., hotel zapewnia idealną gościnność i obsługę. W restauracji tradycyjne dania angielskie.
76 8 Victoria
Czasami
Wszystkie ważniejsze

CENY

HOTELE
Znak $ wskazuje cenę dwuosobowego pokoju bez śniadania

$$$$$	ponad 280 dol.
$$$$	200–280 dol.
$$$	120–200 dol.
$$	80–120 dol.
$	poniżej 80 dol.

RESTAURACJE
Znak $ wskazuje cenę trzydaniowej kolacji bez alkoholu

$$$$$	ponad 80 dol.
$$$$	50–80 dol.
$$$	35–50 dol.
$$	20–35 dol.
$	poniżej 20 dol.

THE LOWNDES
$$$$$ ★★★★
21 LOWNDES ST.
SWIX 9ES
TEL. 0171-823 1234/235 1154
Bliźniak większego Hyatt Carlton Tower (zob. s. 256), sypialnie i apartamenty dobrze wyposażone, często z balkonami. Bardzo spokojne pomieszczenia ogólne, podobne jak w piwiarni Lowndes Brasserie 21.
78 Lokaje
Knightsbridge
Wszystkie ważniejsze

MANDARIN ORIENTAL HYDE PARK
$$$$$ ★★★★ ❀❀❀❀❀
66 KNIGHTSBRIDGE
SWIX 7LA
TEL. 0171-259 5599
FAKS 0171-259 5606
Piękny edwardiański budynek, ekstawagancko przerobiony. Duże pokoje, wielkie łazienki i piękne widoki na Hyde Park. W Park Restaurant bardzo subtelne potrawy, zaskakująco podane.
185 80
Knightsbridge
Wszystkie ważniejsze

THISTLE ROYAL WESTMINSTER
$$$$ ★★★★
49 BUCKINGHAM PALACE RD.
SWIW 0QT
TEL. 0171-934 1821
FAKS 0171-931 7542
Przemeblowany, dyskretny i przytulny hotel, duże pokoje, usłużny personel i dobra restauracja.
134 Victoria
Wszystkie ważniejsze

COŚ SPECJALNEGO

FIFTH FLOOR RESTAURANT
Największe marzenie kupującego: cztery piętra modnych ubiorów Harveya Nicholsa, a pomiędzy nimi wytworne restauracje. Ta na piątym piętrze jest najwytworniejsza, podaje dania takie jak ślimaki i ravioli z dyni. Popularność odbija się czasami na jakości obsługi i potraw, ale obok jest modny bar i skromniejsza kawiarnia, a także wspaniały sklep spożywczy. Restauracja Foundation w podziemiu jest równie wytworna, ale tańsza. Sklep prowadzi również Oxo Tower (zob. s. 260)
$$$
Harvey Nichols, Knightsbridge, SW1X 7RI
0171-235 5250
110 Knightsbridge
Zamknięte niedz.
Wszystkie ważniejsze

RESTAURACJE

AUBERGINE
$$$$ ❀❀❀❀❀
11 PARK WALK
SW10 8AJ
TEL. 0171-352 3449
Genialny Gordon Ramsay przeniósł się na Royal Hospital Road (zob. s. 259), zastąpił go bardzo poważany William Drabble, który niemal wiernie trzyma się nowoczesnej francuskiej kuchni Ramsaya.
45 Fulham Road
Zamknięte sob. L, niedz. 2 tyg. przed Bożym Narodzeniem, 2 tyg. w VIII
Wszystkie ważniejsze

BLUEBIRD
$$$$
350 KINGS RD.
SW3 5UU
TEL. 0171-559 1000
Olbrzymia restauracja Conrana w Chelsea w opuszczonym garażu. Miła obsługa, ale drogie nowoczesne dania europejskie; w sumie podobna do starszej „siostry" – Quaglino's – w St. James's (tel. 0171-930 6767).
288 Sloane Square
AE, MC

DAPHNE'S
$$$$ ❀❀❀
110-112 DRAYCOTT AVENUE
SW3 3AE
TEL. 0171-589 4257
Głośny, stylowy i modny lokal przebudowanej i doskonale prosperującej restauracji śródziemnomorskiej. Polecamy carpaccio z tuńczyka i pieczone, nadziewane ravioli.
118 South Kensington
Wszystkie ważniejsze

GORDON RAMSAY RESTAURANT
$$$$ ❀❀❀❀❀
68 ROYAL HOSPITAL RD
SW3 4HP
TEL. 0171-352 4441
Poprzednio La Tante Claire, w której gotował sławny Pierre Koffmann, teraz podziwiany szef Gordon Ramsay tworzy tu swoje nowoczesne francuskie dania w niewielkiej, kameralnej, zupełnie przemeblowanej restauracji.
48 Sloane Square (10 min spacerem) Zamknięte sob., niedz., 2 tyg. przed Bożym Narodzeniem i 2 tyg. VIII
Wszystkie ważniejsze

SALLOOS
$$$
62-64 Kinnerton St.
SWIX 8ER
Tel. 0171-235 4444

Elegancka pakistańska restauracja pana Salahuddina założona w 1979 r., podaje potrawy według przepisów rodzinnych., m.in. peklowane kotlety jagnięce, shish kebab z kurczaka i ślimaki z ciepłym chlebkiem nan.
65 Knightsbridge
Zamknięte niedz.
Wszystkie ważniejsze

LONDYN ZACHODNI (HOLLAND PARK WESTWARD)

Kilka wyjątkowych hoteli i restauracji, a także dużo do zwiedzania.

HOTELE

HALCYON

$$$$$ ★★★★
81 HOLLAND PARK
W11 3RZ
TEL. 0171-727 7288
FAKS 0171-229 8516
Duża kamienica przerobiona na niewielki elegancki hotel, urządzony ze smakiem. Duże pokoje i łazienki. Nowoczesna kuchnia Martina Haddona w restauracji w podziemiu.
43 Holland Park
Wszystkie ważniejsze

THE HEMPEL

$$$$$
31-35 CRAVEN HILL GARDENS
W2 3EA
TEL. 0171-298 9000
FAKS 0171-402 4666
Drugi hotel Anouski Hempel jest zupełnym przeciwieństwem pierwszego, Blakes (zob. s. 254). Tutaj posuwa prostotę dalej, niż ośmieliłby się jakikolwiek hotelarz – naturalne tkaniny, płytki ceramiczne, matowe szkło, ogródek Zen. Shadows Bar, restauracja włosko-tajska.
41 + 6 apartamentów
Lancaster Gate/ Queensway
Wszystkie ważniejsze

ABBEY COURT

$$$$
20 PEMBRIDGE GARDENS
W2 4DU
TEL. 0171-221 7518
FAKS 0271-792 0858
Tkaniny projektu Guilda w indywidualnie umeblowanych pokojach. Wygodny przyjazny hotel w miejskim domu.
We wszystkich pokojach dużo książek i odprężająca kąpiel jacuzzi.
22 Notting Hill Gate
W pobliżu Wszystkie ważniejsze

PORTOBELLO

$$$$
22 STANLEY GARDENS
W11 2NG
TEL. 0171-727 2777
FAKS 0171-792 9641
Hotel w miejskim domu, piękna wiktoriańska fasada podkreśla cudownie dziwaczne wnętrza, uwielbiane przez gości.
22 Holland Park/Notting Hill Gate
Wszystkie ważniejsze

DARLINGTON HYDE PARK

$$$
111-117 SUSSEX GARDENS
W2 2RU
TEL. 0171-460 8800
FAKS 0171-460 8828
Hotel typu bed-and-breakfast, w miejskim domu. Nieskazitelne pokoje wyposażone w duże biurka, dobra obsługa.
40 Lancaster Gate
Wszystkie ważniejsze

RESTAURACJE

JASON'S

$$$$
NAPRZECIWKO
60 BLOMFIELD RD
W9 2PD
TEL 0171-286 6752
Potrawy rybne z wyspy Mauritius w lokalu o ścianach z cegły w słonecznym szeregu domów Małej Wenecji, szczególnie dobra zupa rybna, a także kraby, sos kreolski, afrykańska ryba z imbirem.
40 Warwick Roads
Zamknięte niedz.
Wszystkie ważniejsze

LEITH'S

$$$$ ❀❀❀
92 KENSINGTON PARK RD.
W11 2PN
TEL. 0171-229 4482
Solidne nowoczesne potrawy haute-cuisine Prue Leith podawane w skromnym wnętrzu wiktoriańskiego budynku w Notting Hill. Polecamy pieczone małże, ostry cytrynowy kuskus albo dziczyznę. Jedynie goście jedzący kolację mają prawo do legendarnych przystawek. Doskonały, choć niezbyt duży wybór win.
75 Notting Hill Gate
Zamknięte pon. L, sob L,. niedz., 2 tyg. przed Bożym Narodzeniem i 2 tyg. VIII
Wszystkie ważniejsze

L'ALTRO

$$$
210 KENSINGTON PARK RD.
W11 1NR
TEL. 0171-792 1066
Nowoczesna włoska restauracja, z której wyrosły dalsze w całym Londynie. Tu mamy do czynienia z oryginałem i to bardzo rustykalnym. Polecamy ślimaki z polentą, kiełbasę Luganica, całego pieczonego małego kurczaka i włoskie sery.
45 Ladbroke Grove/ Notting Hill Gate
Wszystkie ważniejsze

COŚ SPECJALNEGO

THE BELVEDERE

Jak dotąd jedyna przyzwoita restauracja w jednym z licznych londyńskich parków. Teraz podaje się tu dobre nowoczesne dania kuchni europejskiej, w tym jagnięcinę faszerowaną grzybami, pieczoną perliczkę, tartę gruszkowo-migdałową z lodami imbirowymi.
$$$
Abbotsbury Road, Holland Park, W8 6LU
0171-602 1238
132 Holland Park
Zamknięte niedz.
Wszystkie ważniejsze

KENSINGTON PALACE
$$$
201-205 KENSINGTON CHURCH ST.
W8 7LX
TEL. 0171-727 3184
Duża, głośna i zatłoczona, oszklona sala. Równie nowoczesne potrawy, m.in. grilowane małże z puree z grochu i miętowym winaigrette, szczególnie polecamy chleb.
140 Notting Hill Gate
Wszystkie ważniejsze

RIVA
$$$
169 CHURCH RD., BARNES
SW13 9HR
TEL. 0181-748 0434
Warto tu przyjechać, żeby nacieszyć się niemal idealnym wiejskim włoskim jedzeniem Francesco Zanchetty. Wśród klasycznych regionalnych dań fritelle, *osso buco alla milanese* z szafranowym risotto i *sapori* – uczta rybna na dwie osoby.
50 Hammersmith (potem autobus 33, 72, 209, 283) Zamknięte sob. L, 2 tyg. przed Bożym Narodzeniem, 2 tyg. VIII
Wszystkie ważniejsze

CHINON
$$
22 RICHMOND WAY
W14 0AS
TEL. 0171-602 5968
Jonathan Hayes i Barbara Deane prowadzą tę restaurację, z najświeższych składników przyrządzają dania inspirowane kuchnią francuską, wszystko pięknie podane, jak choćby quenelle warzywne
60 Shepherd's Bush/ Olympia Zamknięte L
Wszystkie ważniejsze

LONDYN WSCHODNI

Poza tradycyjnym Thistle Tower Hotel dzielnica zachowała swój wielokulturowy (liczni imigranci) charakter. Osoby lubiące przygody tu właśnie powinny odwiedzić mniej znane indyjskie restauracje. Wystarczy skręcić z Whitechapel Road w Brick Lane i wybrać jeden z niezliczonych bangladeskich lokali.

HOTELE

THISTLE TOWER
$$$$
ST. KATHARINE'S WAY
E1 9LD
TEL. 0171-481 2575
FAKS 0171-488 4106
Bardzo dobry hotel usytuowany między City a Doklandami kryje się za brzydką fasadą. Piękne pokoje, apartamenty z kamerdynerem, doskonałe jedzenie w Princes Room. Widoki na most Tower i odrestaurowane budynki South Bank.
802 P118 Tower Hill/Tower Gateway (DLR)
Wszystkie ważniejsze

RESTAURACJE

THE AQUARIUM
$$$
ST. KATHARINE DOCK
E1 9AT
TEL. 0171-480 6116
Eleganckie szwedzkie jedzenie z widokiem na odnowione wybrzeże. Szef przygotowuje wszystkie gatunki ryb, a po tak zdrowym posiłku na deser dobrze zjeść suflet z jeżyn.
70 Tower Hill
Zamknięte sob. L, wszystkie niedz. i pon.
Wszystkie ważniejsze.

CAFÉ SPICE NAMASTE
$$$
16 PRESCOT ST., E1 8AZ
TEL. 0171-488 9242
Nowoczesne, pełne fantazji dania indyjskie, gotowane przez Cyrusa Todwalę. Polecamy kaczkę tandoori, pilaw z owoców morza a la Goa i każde z nowo wymyślonych dań.
115-120 Tower Hill
Zamknięte sob. L, niedz.
Wszystkie ważniejsze

CENY

HOTELE
Znak $ wskazuje cenę dwuosobowego pokoju bez śniadania

$$$$$	ponad 280 dol.
$$$$	200–280 dol.
$$$	120–200 dol.
$$	80–120 dol.
$	poniżej 80 dol.

RESTAURACJE
Znak $ wskazuje cenę trzydaniowej kolacji bez alkoholu

$$$$$	ponad 80 dol.
$$$$	50–80 dol.
$$$	35–50 dol.
$$	20–35 dol.
$	poniżej 20 dol.

MESON LOS BARRITES
$$
8A LAMB ST.
E1 6EA
TEL. 0171-375 3136
Ruchliwa hiszpańska kawiarnia, szczególnie w niedzielę (dzień targu w Spitafields), niedaleko od Petticoat Lane. Dobrze spróbować specjalne danie rybne, co dzień inne, regularnie powtarza się parrillada de pescada (grillowane owoce morza).
250 Zamknięte sob. i 3 tyg. VIII Wszystkie ważniejsze

SOUTH BANK

Pas nabrzeżny na pd. brzegu Tamizy odradza się i na pewno będzie to jedna z najbardziej nowoczesnych i ekscytujących dzielnic miasta.

HOTELE

LONDON MARRIOTT COUNTY HALL
$$$$$
COUNTY HALL
SE1 7PB
TEL. 0171-928 5200

POSIŁKI W MUZEACH

Tylko restauracja Tate Gallery znalazła się w przewodniku restauracji (bardziej z powodu malowideł ściennych i win niż jedzenia). Jednak przyzwoicie można zjeść w podziemiach Museum V & A ozdobionych muzealnymi skarbami, w skrzydle Sainsbury'ego National Gallery, gdzie jest dobry bar i piękny widok na Trafalgar Square, a także w Whitechapel Art Gallery.

FAKS 0171-928 5300
Hotel w części budynku z lat 30. XX w., w którym miały siedzibę władze miasta. Niektóre pokoje z widokiem na rzekę, tak jak restauracje County Hall i Library Lounge.
200 Westminster/Waterloo
Wszystkie ważniejsze

LONDON BRIDGE
$$$$ ★★★★
8-10 LONDON BRIDGE ST.
SEI 9SG
TEL. 0171-855 2200
FAKS 0171-855 2233
Dobry nowoczesny hotel na zachód od Mostu Londyńskiego, krótki spacer do City. Brak widoku na rzekę.
140 London Bridge
Wszystkie ważniejsze

NOVOTEL LONDON WATERLOO
$$$$ ★★★
113 LAMBETH RD.
SEI 7LS
TEL.0171-793 1010
FAKS 0171-793 0202
Należy do grupy Novotel, szczególnie udany wystrój. Z niektórych pokojów widok na pałac Lambeth lub na parlament, nie widać jednak Tamizy.
187 44 Lambeth North
Wszystkie ważniejsze

LONDON COUNTY HALL TRAVEL INN
$$
COUNTY HALL BELVEDERE RD. SEI 7PB
TEL. 0171-902 1600
FAKS 0171-902 1619
Doskonała lokalizacja tego bezpretensjonalnego niedrogiego hotelu ukrytego za luksusowym londyńskim Marriottem. Brak widoku na rzekę.
312 Westminster/Waterloo Wszystkie ważniejsze

MAD HATTER
$$$
3-7 STANFORD ST.
SEI 9NY
TEL. 0171-401 9222
FAKS 0171-401 7111
Użyteczny nowy nabytek, ukryty za teatrami South Bank, w pobliżu mostu Blacfriars, krótki spacer do City lub taksówką na West End. Brak widoku na rzekę.
30 Blackfriars
Wszystkie ważniejsze

RESTAURACJE

BLUE PRINT CAFE
$$$$
THE DESIGN MUSEUM
SHAD THAMES ST.
SEI 2YD
TEL. 0171-378 7031
Ze wszystkich restauracji Conrana z tej najlepszy widok na most Tower, najprzyjemniejsza obsługa, najlepsze stoliki z widokiem na rzekę. Polecamy bourride z dorsza. Inne restauracje Conrana: Le Port de la Tour (tel. 0171-403 8403), Butler's Wharf Chop House, (tel. 0171-403 3403) i Cantina del Ponte (tel. 0171-403 5403).
120 Tower Hill
Zamknięte niedz. D
Wszystkie ważniejsze

OXO TOWER
$$$$$
VIII PIĘTRO OXO TOWER WHARF
BARGE HOUSE ST.
SEI 9PH
TEL. 0171-803 3888
Wspaniałe widoki na Londyn ze specjalnego tarasu stanowią rekompensatę za nie najlepsze jedzenie i obsługę. Sąsiednia piwiarnia oferuje takie same widoki o połowę taniej.
135 Blackfriars
Zamknięte sob. L
Wszystkie ważniejsze

LIVEBAIT
$$$
43 THE CUT
SRI 8LF
TEL. 0171-928 7211
Ulubiona przez londyńczyków restauracja rybna, ciasno ustawione stoliki, ryby z całego w różnych daniach.
76 Waterloo
Zamknięte niedz.
Wszystkie ważniejsze

THE PEOPLE'S PALACE
$$$
ROYAL FESTIVAL HALL
BELVEDERE RD.
SEI 8XX
TEL. 0171-928 9999
Cudownym widokom na Tamizę dorównuje swobodna atmosfera i ciekawe potrawy, w tym szynki, kotlet jagnięcy z masłem Roquefort i pudding czekoladowy na parze.
200 Waterloo/Charing Cross
Wszystkie ważniejsze

RANSOME'S DOCK
$$$
RANSOME DOCK, BATTERSEA
SW11 4NP
TEL. 0171-223 1611
Warto przyjechać taksówką do tej dawnej wytwórni lodu; wśród wspaniałych nowoczesnych europejskich dań Martina i Vanessy Lam Loch Fyne z owoców morza, pierś kaczki Trelough i gorący suflet ze śliwkami i armaniakiem.
60 Sloane Square (20 min spacerem)
Zamknięte niedz. D
Wszystkie ważniejsze

ZAKUPY

Zakupy w Londynie można robić na wiele różnych sposobów. Ktoś przyjeżdża z gotową listą, ktoś inny chce zobaczyć najnowszą modę, a jeszcze inny decyduje się na coś w trakcie oglądania wystaw. W Londynie pełno jest centrów handlowych i róźnch możliwości robienia zakupów.

Fakty

Sklepy zazwyczaj otwarte są w godz. 9–17, ale godziny otwarcia nie są sztywne. Wiele sklepów przy Oxford Street, Regent Street i High Street Kensington pracuje do 19.00 czy 20.00 w czwartki; większość sklepów w Knightsbridge i Chelsea robi to samo w piątki, a niektóre – w tym sklepy przy Tottenham Court Road – są otwarte w niedziele. Sezonowe wyprzedaże odbywają się w styczniu i często trwają do lutego (w lipcu – aż do sierpnia).

Większość sklepów akceptuje najważniejsze karty karedytowe. Korzystanie z czeków podróżnych często wiąże się z dodatkową opłatą. VAT (aktualnie 17,5%) płaci się niemal od wszystkiego (do wyjątków należą książki, artykuły spożywcze, ubranka dziecięce).

Niebrytyjczycy nie podlegają obowiązkowi płacenia VAT-u, jeśli w ciągu trzech miesięcy wywiozą zakupione towary z terytorium Wielkiej Brytanii. Podatek trzeba zapłacić, a potem odzyskać. Jeden system obowiązuje w Unii Europejskiej, a inny obywateli spoza Unii. Sprzedawcy na ogół pomagają klientom wypełnić niezbędne formularze.

Kupujących w Londynie chroni prawo. Na przykład sklep, który pokazuje, że przyjmuje karty kredytowe, musi je akceptować; towary wystawione na sprzedaż nie mogą mieć usterek, chyba że są one zaznaczone na metce, w przeciwnym razie sklep zobowiązany jest do pełnego zwrotu kosztów.

PAMIĄTKI

W sklepach przy muzeach i galeriach można kupić towary wysokiej jakości, od kalendarzy przedstawiających muzealne skarby do pełnych serwisów stołowych i zabawek.

British Museum, Great Russell Street, tel. 0171-636 1555. Trzy sklepy i sklep dla dzieci.

Natural History Museum, Cromwell Road, tel. 0171-938 9123. Tysiące suwenirów związanych z dinozaurami.

Science Museum, Exhibition Road, tel. 0171-938 8000. Projekty dla przyszłych uczonych.

Tate Gallery, Millbank, tel. 0171-887 8000. Elegancki doroczny kalendarz Tate'a stał się obiektem kolekcjonerskim.

Victoria & Albert Museum, Cromwell Road, tel. 0171-938 8500. Wiele artykułów inspirowanych zbiorami.

London Tourist Board Shop, Victoria. Duży wybor obiektów z widokami Londynu.

The BBC Shop, Broadcasting House, Portland Place, tel. 0171-765 025. Duży wybór podarków związanych z BBC, w tym książki i wideokasety.

TARGI ULICZNE

Tu można kupić prawie wszystko, od antyków po warzywa i owoce, tanie naczynia i podróbki (należy uważać na perfumy, które tylko wyglądem przypominają oryginał), a także mnóstwo tandety (zob. s. 154-155).

Portobello Market, Portbello Road. Ponad 1,5 km długości, sprzedaż wartościowych antyków, owoców i warzyw.

Petticoat Lane Market, Middlesex Street. Okazyjne ceny modnych ubiorów, skór, artykułów gospodarstwa domowego i bibelotów na tym najbardziej znanym londyńskim targu.

DOMY TOWAROWE

Zakupy różnych towarów w jednym miejscu, co umożliwiają domy towarowe, mają swoje zalety.

Harrods, Knightsbridge, tel. 0171-730 1234. Wzorzec wielkiego, kilkupiętrowego domu towarowego. Często wyśmiewany przez londyńczyków, którzy mimo to przyznają, że chodzą tam przynajmniej do jednego działu – butów, produktów spożywczych, zabawek, zwierząt domowych, pocztówek, książek itp. (zob. s. 172–173).

Selfridges, 400 Oxford Street, tel.0171-629 1234. Olbrzymi magazyn, dobry dział spożywczy i kosmetyki.

Fortnum & Mason, 181 Piccadilly, tel. 0171-734 8040. Wysokie ceny, ale firmowe towary doskonale nadają się na prezenty.

Harvey Nichols, 109-25 Knightsbridge, tel. 0171-235 5000. Wytworne ubiory dla pań.

Fenwick, 63 New Bond Street, tel. 0171-629 9161. Moda, kosmetyki, tkaniny.

Liberty, Regent Street, tel. 0171-734 1234. Kosztowne materiały, najlepsza porcelana i szkło.

Dickens & Jones, Regent Street, tel. 0171-734 1234. Szaleństwo strojów, zapachów, dodatków i tkanin.

John Lewis, Oxford Street, tel. 0171-629 7711. Stosunkowo niedrogie artykuły domowego użytku dobrej jakości.

Peter Jones, Sloane Square, tel. 0171-730 3434. Trochę bardziej stylowy, siostrzany sklep John Lewis.

Marks & Spencer, 458 Marble Arch, tel. 0171-935 7954. Konieczna wizyta, jeśli się szuka światowej najmodniejszej bielizny.

SKLEPY SPECJALISTYCZNE

Te są najzabawniejsze, choć lepiej przed wyjściem sprawdzić wszystko na planie, żeby nie biegać po całym Londynie. Niektóre rodzaje sklepów często grupują się w jednym miejscu, jak Bond Street czy Sloane Square – moda, Brompton Cross, Soho i Clerkenwell – nowoczesne wzornictwo i jubilerzy,

St. James's i Mayfair – dzieła sztuki wysokiej klasy. A oto pewne sugestie:

DODATKI

Herbert Johnson, Bennett House, Bond Street, tel.0171-408 1174. Klasyczne kapelusze.
Tiffany & Co., Bond Street, tel. 0171-409 2790. Wytworna biżuteria.
James Smith & Sons, 53 New Oxford Street, tel. 0171-836 4731. Wszystkie rodzaje parasolek i lasek.

AUKCJE DZIEŁ SZTUKI

Dwa największe domy aukcyjne:
Christie's, 8 King Street, St. James's, tel. 0171-839 9060.
Sotheby's, 34 New Bond Street, Mayfair, tel. 0171-493 8080.

Warto też odwiedzić:
Phillips, New Bond Street, tel. 0171-629 6602.
Bonhams, Montpellier Galleries, Montpellier Street, tel. 0171-584 9161.

SPECJALISTYCZNE KSIĘGARNIE

Books for Cooks, 4 Blenheim Crescent, tel. 0171-221 1992. Prawdopodobnie najlepszy na świecie sklep z książkami kucharskimi.
Henry Sotheran, 2 Sackville Street, tel. 0171-439 6151
Murder One, 71 Charing Cross Road, tel. 0171-734 3483. Wszelkiego typu kryminały.
Maggs Brothers, 50 Berkeley Square, tel. 0171-493 7160. Książki wyczerpane, pierwsze wydania czy rzadkie egzemplarze antykwaryczne.

ARTYKUŁY DEKORACYJNE I WZORNICTWO

Designers Guild, 277 King's Road, tel. 0171-351 5775
Divertimenti, 45 Wigmore Street, tel. 0171-935 0689.
Emma Bernhardt, 30 Portobello Road, tel. 0181-960 2929.
Haus, 25 Mortimer Street, tel. 0171-255 2557.
Heal's, 196 Tottenham Court Roads, tel. 0171-636 1666.

UBIORY OD ZNANYCH PROJEKTANTÓW MODY

Najwięcej punktów haute couture znajduje się na Bond Street w Mayfair:
DKNY, tel. 0171-499 8089.
Donna Karan, tel. 0171-495 3100.
Gucci, tel. 0171-499 1081.
Joseph, tel. 0171-629 3713.
Louis Vuitton, tel. 0171-399 4056.
Jigsaw, tel. 0171-491 4244.
Nichole Farhi, tel. 0171-240 5240.
Browns, South Molton Street, tel. 0171-491 7833.
Whistles, 12 St Christopher's Place, tel. 0171-487 4484.
Vivienne Westwood, 6 Davies Street, tel. 0171-629 3757.
Comme des Garçons, 59 Brook Street, tel. 0171-493 1258.
Mulberry Company, 12 Gees Court, tel. 0171-493 2546.

W Covent Garden i okolicy znajdziecie:
Paul Smith, Covent Garden, tel. 0171-836 7826.
Agnes B, Floral Street, tel. 0171-379 1992.
Karen Millen, James Street, tel. 0171-836 5355.

Przy Sloane Square w Knightsbridge:
Prada, tel. 0171-235 0008.
Dolce & Gabbana, tel. 0171-235 0335.
Katharine Hamnett, tel. 0171-354 4400.
MaxMara, tel. 0171-235 7941.

A w pobliżu znajdują się:
Betty Jackson, 311 Brompton Road, tel. 0171-589 7884.
Issey Miyake, 270 Brompton Road, tel. 0171-581 3760.
Emporio Armani, 191 Brompton Road, tel. 0171-823 8818.
Jean-Paul Gaultier, 171 Draycott Avenue, tel. 0171-584 4648.
Egg, 36 Kinnerton Street, tel. 0171-235 9315.
Janet Reger, 2 Beauchamp Place, tel. 0171-548 9368.
Szukając bielizny, warto sprawdzić w domach towarowych, czy nie ma tam kolekcji projektantów mody.

PREZENTY

Paxton & Whitfield, 93 Jermyn Street, tel. 0171-930 0259. Sery.
Carluccio's, 30 Neal Street, tel. 0171-240 1487. Wyszukane delikatesy, sery, zioła i kosmetyki.
Alessi Oggetti, 143 Fulham Road, tel. 0171-584 9808. Eleganckie przykłady wzornictwa.
Waterford Wedgwood, 173-174 Piccadilly, tel. 0171-629 2614. Największy wybór szkła Waterfords i porcelany Wedgwooda.
Bibendum, 113 Regent's Park Road, tel. 0171-722 5577. Doskonały wybór win.
Falkiner Fine Papers, 76 Southampton Row, tel. 0171-831 1151. Piękne artykuły papiernicze.

BUTY

Sklepy wyspecjalizowane:
Natural Shoe Store, 21 Neal Street, tel. 0171-836 5254.
Emma Hope, 33 Amwell Street, tel. 0171-833 2367.
Shellys, 266 Regent Street, tel 0171-287 0939.
Manolo Blahnik, 49 Old Church Street, Chelsea, tel. 0171-823 3863.

SPRZĘT SPORTOWY

Lilywhite's, Lower Regent Street, tel.0171-930 3181. Sprzęt i strój do każdej dyscypliny sportu.

ZABAWKI I GRY

Hamleys, 188 Regent Street, tel. 0171-734 3161. Siedmiopiętrowy czarodziejski świat dla dzieci i dla dorosłych.

NIETYPOWE ROZMIARY

1647, 69 Gloucester Avenue, tel. 0171-722 1647. Przeznaczony dla ponad 47% brytyjskich kobiet, które noszą nr 16 i większe.
Base, 55 Monmouth Street, tel. 0171-240 8914. Podobny sklep jak 1647.

Wypożyczalnie strojów

Moss Bros., 88 Regent Street, tel. 0171-494 0666 i 4 Blomfield Street, tel.0 171-588 7550.

IMPREZY

Jeden z najbardziej ekscytujących, a równocześnie najbardziej frustrujących aspektów Londynu polega na tym, że zawsze jest tu tyle przedstawień, koncertów, filmów i innych imprez, że nie da się zobaczyć wszystkiego, co by się chciało. Równie szeroki jest zakres tych imprez, od poważnych oper, filmów czy muzyki sakralnej do restauracji jazzowych, meczów i ekstrawaganckich musicali. Nie mówiąc o sztukach teatralnych, które są często największym magnesem dla turystów. Niemożliwe jest wyliczenie wszystkich imprez rozrywkowych w Londynie – magazyn *Time Out* potrzebuje na to 200 stron. Podajemy tu jednak pewne sugestie i podstawowe informacje, które pomogą wybrać rozrywkę odpowiednią do gustów.

INFORMACJE

W *Time Out*, który wychodzi co wtorek, znajduje się niemal kompletna lista imprez. Bardzo zjadliwych recenzji nie należy traktować zbyt serio. *Evening Standard*, wychodzący od poniedziałku do piątku, to jedyna wieczorna gazeta Londynu, która nazajutrz po premierze publikuje recenzje nowych przedstawień i imprez. Rzetelne recenzje można znaleźć w *The Times*, *Financial Times* i innych poważnych gazetach.

TEATRY

TEATRY SPONSOROWANE PRZEZ PAŃSTWO

Royal National Theatre i Royal Shakespeare Theatre są zazwyczaj bardzo wysoko oceniane. Obydwa mają bogaty repertuar, często wystawiają niezwykłe sztuki, na ogół Szekspira i młodych autorów.

Royal National Theatre, South Bank, tel. 0171-633 0880, kasy 0171-928 2252. Trzy sceny w jednym budynku.

Royal Shakespeare Theatre, Barbican Centre, Silk Street, tel. 0171-638 4141, kasy 0171-638 8891. Spektakle w dwóch salach w Barbicanie.

TEATRY KOMERCYJNE

Teatry komercyjne West Endu wystawiają sztuki i musicale dla szerokiej publiczności.

TEATRY SPOZA WEST ENDU

Czasami są to najciekawsze teatry Londynu:

Royal Court, St. Martins Lane, Strand, tel. 0171-565 5000. Znany z wystawiania nowych sztuk.

The Old Vic, Waterloo Road, tel. 0171-928 7616. Ostatnio ocalony przed zamknięciem.

Almeida, Almeida Street, tel. 0171-359 4404. Najlepsi aktorzy w poważnych sztukach.

Donmar Warehouse, Earlham Street, tel. 0171-369 1732.

Hampstead Theatre, Swiss Cottage Centre, tel. 0171-722 9301.

The Gate, 11 Pembridge Road, tel. 0171-229 0706.

The Kings Head, 115 Upper Street, tel. 0171-226 1916.

Theatre Royal Stratford East, tel. 0181-534 0310.

Young Vic, The Cut, tel. 0171-928 6363.

FRINGE

Są to maleńkie teatry rozsiane po całym Londynie, sale często bardzo prymitywne, wiele z nich w pubach, na ogół promują młodych i nowe idee. Warto odwiedzić:

Etcetera Theatre, Oxfords Arms Pub, tel.0171-267 4945.

The Finborough, Hen & Chickens, 109 St.Paul's Road, tel. 0171-704 2001.

INNE TEATRY

Globe Theatre – zob. s. 215.

Regent's Park – zob. s. 135.

INFORMACJA TEATRALNA I BILETY

Bilety można kupić bez problemu niemal na wszystkie przedstawienia. Bardzo nierozsądne jest kupowanie od koników. Dwie dobre agencje to: Ticketmaster, (tel. 0171-344 4444) i Firs Call (tel. 0171-497 9977), obydwie pobierają opłatę za rezerwację. Harrods (tel. 0171-730 1234/ 235 6666) ma bardzo dobre miejsca i może załatwić bilety w ostatniej chwili, za wysoką opłatą 25%. Uwaga: kasy teatralne dokonujące rezerwacji przez telefon również mogą pobierać opłatę. Artsline (tel. 0171-388 2227) udziela bezpłatnych porad na temat sztuki w Londynie turystom niepełnosprawnym. Kasa biletowa za pół ceny (Leicester Square, WC2, bez telefonu) czynna od pon. do sob. 14.30 –18.30 i od południa w dni poranków, sprzedaje bilety tylko na dzień przedstawienia. Jedna osoba może kupić maksimum cztery bilety (tylko za gotówkę, opłata manipulacyjna 2 funty).

TANIEC

Taniec w Londynie staje się coraz bardziej popularny i różnorodny, czego przykładem może być choćby odbudowa Saddler's Wells Theatre (otwarty ponownie w końcu 1998 r.) – londyńskiego centrum tańca.

Sadler's Wells Theatre, Rosebery Avenue, tel. 0171-312 1996.

London Coliseum, St. Martin's Lane, tel. 0171-632 8300.

The Place, Dukes Road, tel. 0171-387 0031.

Bhavan Centre, 4A Castletown Road, tel. 0171-381 4608. Tradycyjny taniec indyjski na wysokim poziomie.

The South Bank i **Barbican Centre** (zob. Teatry) to także ważne dla tańca sceny.

Dance Umbrella (tel. 0181-741 5881) to festiwal tańca, który odbywa się późną jesienią w całym Londynie.

MUZYKA

KLASYCZNA

Mówi się, że w każdym tygodniu w Londynie odbywa się tysiąc koncertów. W stolicy działają cztery orkiestry światowej klasy, wiele mniejszych zespołów i niezliczone miejsca koncertów, od wielkich sal koncertowych do niewielkich kościołów i sal muzealnych. Najważniejsze to:

Royal Festival Hall, Queen Elizabeth Hall i **Purcell Room** w South Bank, tel. 0171-960 4242.

Royal Albert Hall, Kensington Gore, tel. 0171-589 3203 i 0171-589 8912 (rezerwacje). Kolista sala koncertowa, miejsce koncertów Proms.
Wigmore Hall, 36 Wigmore Street, tel. 0171-935 2141
Barbican Centre – zob. Teatry

Kościoły
Katedra św.Pawła, Opactwo Westminsterskie, St. James's Piccadilly, St. John's Smith Square i St. Martin-in-the-Fields to tylko kilka z wielu kościołów, w których regularnie rozbrzmiewa muzyka, często w porze obiadowej.

Festiwale
Główne festiwale to: Hampton Court Palace Festival, City of London Festival, Henry Wood Promenade Concerts (Proms), Spitafields Festiwal i Almeida Festival. Koncerty odbywają się także w pałacach i rezydencjach, np. letnie koncerty nad wodą w Kenwood i Marble Hill.

Muzyka współczesna
Wielkie gwiazdy grają w takich miejscach, jak:
Wembley Arena, tel. 0181-902 0902.
London Arena, 36 Limeharbour, tel.0 171-538 1212.
Earl's Court Exhibition Centre, tel. 0171-373 8141.
Brixton Academy, 211 Stockwell Road, tel. 0171-924 9999. Grywają tu mniej znane lub najnowsze zespoły.
Astoria, 157 Charing Cross Road, tel. 0171-434 0404.
Hackney Empire, 291 Mare Street, tel. 0181-985 2424.

OPERA
W związku z długotrwałym zamknięciem Royal Opera House (Opera Królewska) siedzibą English National Opera (Angielska Opera Narodowa) jest **London Coliseum** (zob. Teatry) – obecnie główna scena operowa Londynu. Opery wystawia się także na wolnym powietrzu w **Holland Park Theatre,** tel. 0171-602 7856.

JAZZ
Najlepszy jazz w mieście:
Ronnie Scott's, 47 Frith Street, tel. 0171-439 0747. Lokal prowadzony przez muzyków jazzowych dla miłośników jazzu.
Pizza Express, 10 Dean Street, tel. 0171-439 8722. Doskonałe pizze i wspaniały jazz głównego nurtu.
Bull's Head, 373 Lonsdale Road, Barnes, tel. 0181-876 5241. Dobry jazz w przyjaznym nadrzecznym pubie.
Dover Street Wine Bar, 8-9 Dover Street, tel. 0171-629 9813. Popularny bar w podziemiu.
Jazz Cafe, 5 Parkway, tel. 0171-344 0044. Miejsce szczególnie popularne wśród młodzieży.

Festiwale jazzowe
Soho Jazz Festival i **Oris London Jazz Festival** odbywają się jesienią.

MUZYKA, TANIEC I JEDZENIE
W Londynie niełatwo znaleźć dobrą restaurację, w której się tańczy. Wyjątek stanowi **Savoy River Room** (zob. s. 243). Puby i bary z dobrą muzyką:
Bull & Gate, 389 Kentish Town Road, tel. 0171-485 5358.
Dublin Castle, 94 Parkway, tel. 0171-485 1773.

NOCNE KLUBY

Annabel's, 44 Hays Mews, tel. 0171-629 1096. Elegancki, bardzo kosmopolityczny.
Borderline, Orange Yard, przecznica Manette Street, tel. 0171-734 2095.
Dingwalls, 35 Camden Lock Place, tel.0 171-267 1577.
Mean Fiddler, 28A High Street, tel. 0181-961 5490.
100 Club, 100 Oxford Street, tel.0 171-636 0933.
Spitz, 109 Commercial Street, tel. 0171-247 9747.

W każdy sobotni wieczór działa ok. 60 legalnych klubów i tysiące nie całkiem legalnych. Wiele z nich otwiera się tylko raz w tygodniu, obowiązują określone stroje.

KINO

Kina w Londynie nie są tak dobre jak w innych miastach Europy, np. w Paryżu. Zwykle jednak można zobaczyć na ekranach dobrą mieszankę filmów hollywoodzkich, niezależnych, europejskich (bez dubbingu, z napisami) i starych.

Kina o panoramicznych ekranach
Najlepiej oglądać premiery filmów w:
Empire, Leicester Square, tel. 0171-734 7123.
Warner, West End, tel. 0171-437 3484.
Odeon, Leicester Square, tel. 0870-505 0007.

Inne kina
National Film Theatre, South Bank, tel. 0171-928 3232. Niezależne kino, dwie sale, program mieszany.
Everyman, Hampstead, tel. 0171-435 1525. Pokazuje dobre stare filmy, a także nowe.
IMAX Theatre, Pepsi Trocadero, Piccadilly Circus, tel. 0171-416 6020. Olbrzymi ekran.

Kina muzealne
W programie niektórych muzeów, jak Imperial War Museum, National Gallery, Tate Gallery i V & A. Odbywają się pokazy filmowe.

KOMEDIE

The Comedy Store, 1 Oxendon Street, tel. 01426-914433. Wielka próba dla początkujących komików przed ostrą, bezlitosną publicznością.
Circus Space, Coronet Street, tel. 0171-613 4141.
Comedy Cafe, 66 Rivington Street, tel. 0171-739 5706.

DZIECI

Dzieci mogą wytrzymać wizytę w Tower, wycieczkę statkiem, może pogapią się na pałac Buckingham i Big Ben z otwartego górnego piętra autobusu. Ale tak naprawdę chcą zobaczyć **Segaworld** w Pepsi Trocadero albo spędzić cały dzień w **Legolandzie** (Windsor, tel. 0990-040404).

SKOROWIDZ

Liczby **pogrubione** oznaczają ilustracje.

A

B

C

O ZDJĘCIACH

Zastosowane skróty: (g) na górze; (d) na dole; (l) po lewej; (p) po prawej.

Okładka, (gl), Pictor International; (gp), Eye Ubiquitous; (dl),Pictor International; (dp), Pictures Colour Library. 1, Pictor International. 2/3, Powerstock. 4, Image Bank. 9, AA Photo Library/Jenny McMillan. 11, Image Bank/Alan Becker. 12/13, Robert Harding Picture Library. 14, Jonathan Blair. 16/17,Tony Stone Images/Rex A. Butcher. 18/19, AA Photo Library/ Tim Woodcock. 21, Crown copyright: Historic Royal Palaces. 23, E.T. Archive. 24/5, Bridgeman Art Library London & New York/Museum of Fine Arts, Budapest, Hungary. 26, E.T. Archive. 27, Bridgeman Art Library London & New York/ Museum of London. 28, Popperfoto. 29, Rex Features. 31, Photostage, © Donald Cooper. 32/3, Chorley & Handford. 35, Richard Turpin. 37, Julian Cotton Photo Library/ Jason Hawkes. 38, Bridgeman Art Library London & New York/ Courtesy of the Trustees of Sir John Soane's Museum, London. 40, AA Photo Library/James Tims. 41, Bridgeman Art Library London & New York/Bonhams, London. 42, Bridgeman Art Library London & New York/Private Collection. 43, PowerStock/Zefa (Neil Setchfield). 44, Tony Stone Images/ Oliver Benn. 45, Image Bank/Derek Redfearn. 47 (g), AA Photo Library; (d), Richard Turpin. 48/9, Bridgeman Art Library London & New York/Roundnice Lobkowicz Coll., Nelahozeves Castle, Czech Republic. 49 (dl), Rex Features; (dp), Hulton Getty. 50/51,Pictor International. 51 (dl), Andrew Holt Photography; (dp), AA Photo Library/Rick Strange. 52, Viewfinder. 53, AA Photo Library/Stephen Gibson. 54, AA Photo Library/Peter Wilson. 55, AA Photo Library/Paul Kenward. 58, Richard Turpin. 59, Richard Turpin. 61, Julian Cotton Photo Library. 63, AA Photo Library. 66, Robert Harding Picture Library. 67, Richard Turpin. 68 & 69, (wszystkie), Museum of London. 70, AA Photo Library/Richard Turpin. 71, Robert Harding Picture Library. 74, Robert Harding Picture Library. 75, Michael Jenner. 76, AA Photo Library/Rick Strange. 77, AA Photo Library/James Tims. 78, Eye Ubiquitous /Paul Thompson. 79, Robert Harding Picture Library. 80, AA Photo Library/Peter Wilson. 82, John Freeman. 83, AA Photo Library/ Richard Turpin. 84, Robert Harding Picture Library. 85, Julian Cotton Photo Library/Jason Hawkes. 86/7, PowerStock/Zefa. 8889, © Her Majesty Queen Elizabeth II/Photo by Derry Moore, December 1994. 89(d), AA Photo Library/Rick Strange. 90/91, Tim Graham. 91(g), Impact/David Reed. 92, AA Photo Library/Rick Strange. 93, The Interior Archive/Fritz von der Schulenburg. 94, Reproduced by Permission of the Trustees of the Wallace Collection, London. 95, Impact/Tony Page. 96, Robert Harding Picture Library. 97, AA Photo Library. 98, Pictor International. 99–102 (wszystkie), © National Gallery, London. 103, AA Photo Library/Richard Turpin. 104–105 (wszystkie), By courtesy of the National Portrait Gallery, London. 106, AA Photo Library/Jenny McMillan. 107, Impact/David Reed. 108-11 (wszystkie), Robert Harding Picture Library. 112, Michael Jenner. 113, Andrew Holt Photography. 114, Rex Features. 115, Collections/ John Miller. 118–19 (oba), Robert Harding Picture Library. 120, AA Photo Library/Gregory Williams. 122, Michael Holford Photographs. 123, Robert Harding Picture Library. 125, Robert Harding Picture Library. 126, Michael Holford Photographs. 128/9, AA Photo Library/Gregory Williams. 128, AA Photo Library/ Martin Trelawny. 130, AA Photo Library/Rick Strange. 131, AA Photo Library/Roger Day. 134, AA Photo Library/Richard Turpin. 135, Robert Harding Picture Library. 136–7 (g), Bridgeman Art Library London & New York/Guildhall Library, Corporation of London. 136, (d), Collections/Dominic Cole. 137, (d), AA Photo Library/Robert Mort. 138, AA Photo Library. 139, Robert Harding Picture Library. 140, John Heseltine Archive. 141, Richard Turpin. 142, Bruce Coleman/Jeremy Grayson. 143, AA Photo Library/Rick Strange. 146, AA Photo Library/Paul Kenward. 147, Crown copyright: Historic Royal Palaces. 150–51 (oba), Michael Jenner. 152–3, Robert Harding Picture Library. 153, AA Photo Library/Roger Day. 154, AA Photo Library. 155, Andrew Holt Photography. 156, AA Photo Library/James Tims. 157, Robert Harding Picture Library. 158 (g), Rex Features; (d), Bridgeman Art Library London & New York/ Victoria & Albert Museum, London. 159, John Freeman. 160, Rex Features. 161, AA Photo Library/ Roger Day. 162 & 163, (wszystkie), Andrew Holt Photography. 163, Collections/ George Wright. 164, Collections/ George Wright. 165, AA Photo Library/Rick Strange. 168, Julian Cotton Photo Library/ Jason Hawkes. 169, Garden Picture Library. 170, Andrew Holt Photo-graphy. 171, Collections/Nigel Hawkins. 172–3, AA Photo Library. 174, Robert Harding Picture Library. 175, Pictures Colour Library. 176, Tate Gallery, London/David Hockney, "A Bigger Splash", 1967, acrylic on canvas, 96"x 96", © David Hockney. 177, Robert Harding Picture Library. 180 & 181 (oba), Robert Harding Picture Library. 182, AA Photo Library/Barrie Smith. 183, Robert Harding Picture Library. 184, AA Photo Library/Rick Strange. 185, John Freeman. 186, The Interior Archive /Fritz von der Schulenburg. 187, Collections/Liz Stares.188, Robert Harding Picture Library. 189, Crown copyright: Historic Royal Palaces. 190, Pictures Colour Library. 191, AA Photo Library/Rick Strange. 193, Michael Jenner. 194, Julian Cotton Photo Library. 196, Rex Features. 197 (g), Robert Harding Picture Library; 197 (d), AA Photo Library/Wyn Voysey, 198/9, Robert Harding Picture Library. 200, Tony Stone Images/Janet Gill. 201, AA Photo Library/James Tims. 202/203, Image Bank/Matthew Weinreb. 204, Michael Jenner. 205, Pictures Colour Library. 206, AA Photo Library/Richard Turpin. 207, Richard Turpin/RGT London. 210/11, Julian Cotton Photo Library. 211, Richard Ireland/AA Picture Library. 212, Rex Features. 213, Trustees of the Imperial War Museum, London. 214, AA Photo Library/Richard Turpin. 215, Rex Features. 216 & 217 (oba), Tate Gallery, London/Hayes Davidson (computer generated images). 218, AA Photo Library/R. Victor. 219, Bridgeman Art Library London & New York/Private Collection. 220, Michael Jenner. 221, AA Photo Library/Derek Forss. 222, Collections/Robert Pilgrim. 223, Collections/Roy Stedall Humphryes. 224, Stuart Franklin. 225, Robert Harding Picture Library. 226/7, AA Photo Library/Steve Day. 226, AA Photo Library/Wyn Voysey. 228, Michael Jenner. 229, AA Photo Library/Steve Day. 232, AA Photo Library/Derek Forss. 233, Robert Harding Picture Library. 234, AA Photo Library/Richard Newton. 235, Image Bank/Antonio M. Rosario.

Towarzystwo National Geographic

Największa na świecie naukowa i oświatowa organizacja – Towarzystwo National Geographic została założona w 1888 roku, aby „pogłębiać i upowszechniać wiedzę geograficzną". Od tego czasu Towarzystwo finansuje wyprawy naukowe i prace badawcze oraz popularyzuje wiedzę o świecie wśród ponad 9 milionów swoich członków. Magazyn National Geographic oraz książki, programy telewizyjne, filmy wideo, mapy i atlasy wydawane przez Towarzystwo National Geographic uczą i inspirują. Członkami Towarzystwa są wszyscy prenumeratorzy Magazynu, którzy opłacając prenumeratę współfinansują działalność Towarzystwa.

Więcej informacji na temat działalności Towarzystwa National Geographic w Internecie na stronach: www. nationalgeographic.pl oraz na łamach Magazynu National Geographic po polsku.

Published by the National Geographic Society
John M. Fahey, Jr., *President and Chief Executive Officer*
Gilbert M. Grosvenor, *Chairman of the Board*
Nina D. Hoffman, *Executive Vice President, President, Books and School Publishing*
William R. Gray, *Vice President and Director, Book Division*
David Griffin, *Design Director*
Elizabeth L. Newhouse, *Director of Travel Publishing*
Barbara A. Noe, *Senior Editor*
Caroline Hickey, *Senior Researcher*
Carl Mehler, *Director of Maps*
Victoria Garrett Jones, *Editorial Consultant*
R. Gary Colbert, *Production Director*
Richard S. Wain, *Production Project Manager*
DeShelle Downey, *Staff Assistant*

Edited and designed by AA Publishing (a trading name of Automobile Association Developments Limited, whose registered office is Norfolk House, Priestley Road, Basingstoke, Hampshire, England RG24 9NY. Registered number: 1878835).
Betty Sheldrick, *Project Manager*
David Austin, *Senior Art Editor*
Josephine Perry, *Editor*
Bob Johnson, *Designer*
Simon Mumford, *Senior Cartographic Editor*
Nicky Barker-Dix, Helen Beever, *Cartographers*
Richard Firth, *Production Director*
Picture Research by Kathy Lockley
Area maps drawn by Chris Orr Associates, Southampton, England
Cutaway illustrations drawn by Maltings Partnership, Derby, England

WYDANIE POLSKIE:
WYDAWNICTWO G+J RBA
Sp. z o.o. & Co. Spółka Komandytowa
Licencjobiorca National Geographic Society
ul. Wynalazek 4, 02-677 Warszawa

Dział handlowy: tel.(0-22) 607 02 56 – 59 w. 221, 380
Fax (0-22) 607 02 61
Sprzedaż wysyłkowa: Dział Obsługi Klienta tel. (0-22) 607 02 62
Fax (0-22) 607 03 49

TŁUMACZENIE: Hanna Pawlikowska-Gannon
REDAKCJA: Ewa Turyn
REDAKTOR PROWADZĄCY: Katarzyna Duran
KOREKTA: Ewa Garbowska
SKŁAD I ŁAMANIE: Protea TAFF, Warszawa
DRUK: Białostockie Zakłady Graficzne

ISBN: 83-88132-78-4